电气火灾
风险防控和隐患排查治理
完全手册

中安华邦(北京)安全生产技术研究院 编

前 言

随着经济建设的迅猛发展和人民生活水平的不断提高，电在工农业生产、国防、科研和人们的日常生活中应用得越来越广泛，各个领域、各个行业、各个部门、各条战线乃至各个家庭都需要电。一方面电虽然能大大提高生产力和自动化程度，方便和改善人民群众的生活，但另一方面却由于管理不善、用之不当，往往容易引起火灾，给国家和人民群众的生命财产带来严重损失，造成不良后果和影响。

为有效遏制电气火灾高发势头，确保人民群众生命财产安全，国务院安委会于 2017 年 5 月 2 日发布了《国务院安全生产委员会关于开展电气火灾综合治理工作的通知》(安委〔2017〕4 号)，提出全面排查整治电器产品生产质量、建设工程电气设计施工、电器产品及其线路使用管理等方面存在的隐患和问题，严厉打击违法生产、销售假冒伪劣电器产品行为，排查整治社会单位电气使用维护违章违规行为。

为帮助广大读者直观地辨识电气火灾安全风险和隐患，了解风险和隐患的危害，明确管控和治理的措施，编者从实际出发，针对电气火灾风险防控和隐患排查治理编写了本手册。

本手册采用了大量的电气火灾安全风险和隐患的实际场景图（实物照片），具有图文并茂的特点，生动直观地反映了配电设备、线路及用电设备电气火灾安全风险和隐患的现象及特点。本手册采用了“风险和隐患描述＋实际场景图（实物照片）＋管控和治理措施”的形式，以实现对电气火灾安全风险和隐患的识别、指出、管控与整改的目的。

本手册是管控电气火灾安全风险和排查治理电气火灾安全隐患的工具书，适用于从事电气安全作业及电气安全检查的人员使用，同时也为相关部门及企业提供理论与参考依据，保障企业安全生产。

希望本手册可以帮助广大读者提高电气安全防范意识，了解电气安全风险和隐患的危害，掌握管控和治理的措施，减少甚至杜绝电气火灾事故的发生。

由于笔者水平有限，书中不妥之处，敬请广大读者批评指正。

编　者

目录

管控和治理措施

根据《额定电压 1kV（Um＝1.2kV）到 35kV（Um＝40.5kV）挤包绝缘电力电缆及附件 第 1 部分：额定电压 1kV（Um＝1.2kV）和 3kV（Um＝3.6kV）电缆》(GB/T 12706.1－2008)

7.1.1 结构

内衬层可以挤包或绕包。

除五芯以上电缆外，圆形绝缘线芯电缆只有在绝缘线芯间的间隙被密实填充时，才可采用绕包内衬层。

挤包内衬层前允许用合适的带子扎紧。

铠装电缆钢材接头松散容易受力划伤绝缘层，应返修。

风险和隐患 36：电线电缆外套薄厚不均匀

风险和隐患描述

电线电缆外套薄厚不均匀，可能导致客户使用过程中，偏薄的绝缘皮处耐磨度衰减，易划伤、漏铜。

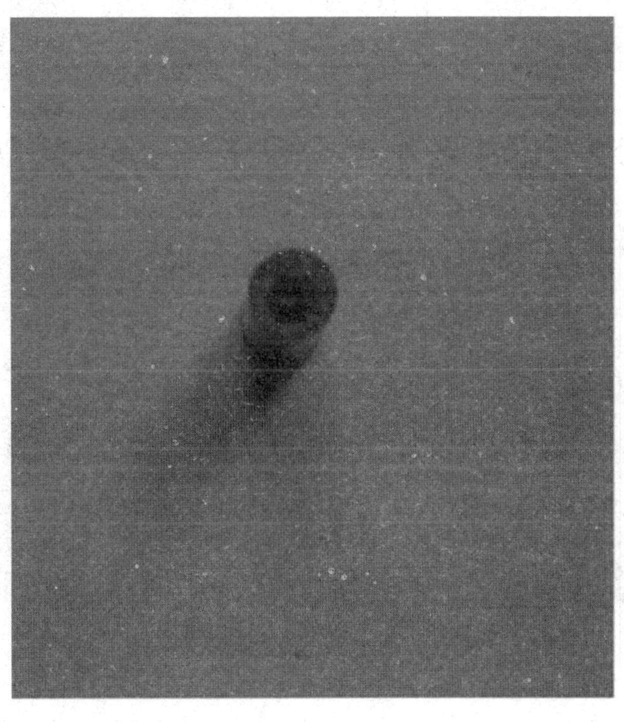

管控和治理措施

《电线电缆用可交联聚乙烯绝缘料》(JB/T 10437－2004)

6.2.3 辐照交联聚乙烯绝缘料试样制备

辐照交联聚乙烯绝缘料试片采用模压法制备。将绝缘料颗粒在（i50～155)℃的炼塑机上塑化、出片，再在（160～170)℃的液压机中不加压预热 6 min。然后经 4 nin 加压加热成形，液压机的压强应大 15 MPa，加压冷却至室温。试片应平整光洁、厚度均匀、无气泡。再对试片进行辐照交联处理（辐照剂量应由制造厂推荐)。辐照交联后试片仍应保持平整。

应检验电线是否偏芯，及时调整模具，避免给导体加绝缘外套时出现偏芯。

风险和隐患 37：电缆线拉丫后出现露铜

风险和隐患描述

电缆线拉丫后出现露铜说明该电线绝缘层质量不符合要求，容易在使用中发生短路等电气事故。

管控和治理措施

根据《强制性产品认证实施规则工厂质量保证能力要求》（编号：CNCA－00C－005）

3.7.1 对于采购、生产制造、检验等环节中发现的不合格品，工厂应采取标识、隔离、处置等措施，避免不合格品的非预期使用或交付。返工或返修后的产品应重新检验

绝缘应紧密挤包在导体上，除铜皮软线外的电缆，在剥离绝缘层时，应不损伤导体或镀锌层。

此类成品应判为不合格品，予以报废。

风险和隐患38：插头线身压线露铜、外观少料

风险和隐患描述

插头线身压线出现露铜、外观少料情况，在使用过程中容易触电或该处可能接地。

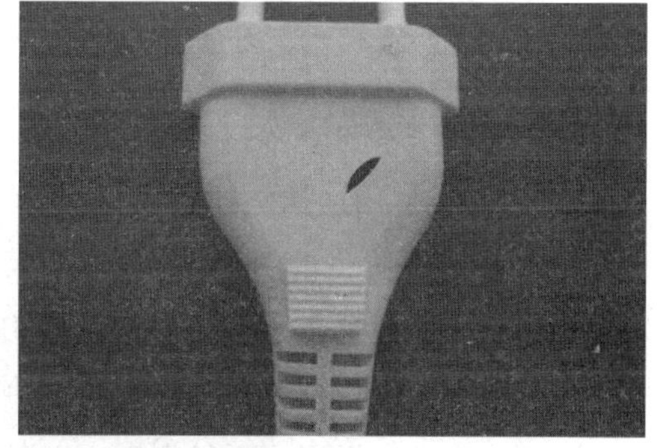

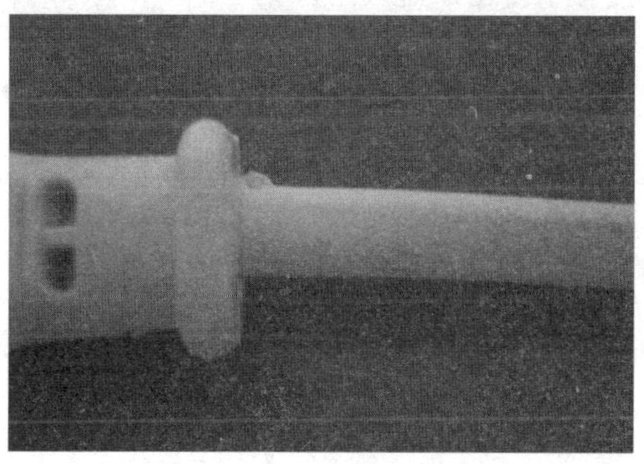

管控和治理措施

此类成品应予以报废处理。

风险和隐患39：插头网尾漏芯线

风险和隐患描述

此类情况可导致用户在使用时触电。

管控和治理措施

《家用和类似用途插头插座 第1部分：通用要求》(GB 2099.1—2008)

16.2 由外壳提供的防护

外壳应能提供符合电器附件标志的IP等级的防护。包括防危险部件的进入的防护、防由于固体物进入有害影响的防护和防水进入的有害影响的防护。

该插头应予以报废，不得出厂流入用户。

风险和隐患40：拖线板导线接头未固定

风险和隐患描述

用户在使用该拖线板时，会发生断路、短路、接地等电气事故。

管控和治理措施

《家用和类似用途插头插座 第1部分：通用要求》(GB 2099.1—2008)

12.2.5 螺纹夹紧型端子在设计和结构上应做到：在夹紧导线时，无过度损伤导线。

此类拖线板应判为不合格品，予以返工，用螺纹夹紧装置加装固定。

风险和隐患41：插头长短不一致且插头脚不平行、变形，有外八字与内八字现象

风险和隐患描述

插头成形时内部错位，使用时会发生短路或接触不良。

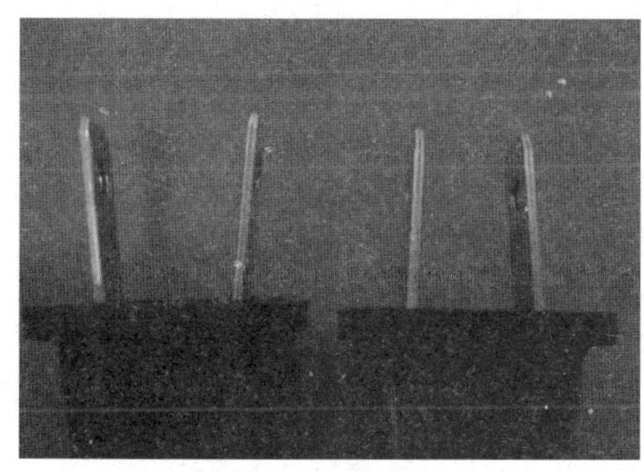

管控和治理措施

《家用和类似用途单相插头插座型式、基本参数和尺寸》（GB 1002—2008）

5.2 家用和类似用途单相插头插座的形式、基本参数和尺寸应符合图1～图5和表1～表5的规定。

该插头应予以报废，不得出厂流入用户。

风险和隐患42：插头片刮伤露铜

风险和隐患描述

插头片刮伤露铜后，铜片容易氧化，使用时会造成接触不良。

管控和治理措施

此类插头应予以返工或报废处理。

风险和隐患43：电力变压器绕组绝缘浸漆不良

风险和隐患描述

电力变压器绕组绝缘浸漆不良后，在运行中可能导致绝缘击穿，引起短路等电气事故。

管控和治理措施

绕组浸漆烘干的目的，是在于把绝缘材料中所含的潮气驱除，用绝缘漆填满所有空间气隙，这样既可提高绕组的绝缘强度和防潮性能，又可提高绕组的耐热性和散热性，还可提高绕组绝缘的机械性能、化学性能、导热性和散热效果和延缓老化。

此类隐患应予以返工后加强测试，确认良好才予以出厂。

风险和隐患44：电缆桥架、电缆槽未倒角或存在毛刺

风险和隐患描述

电缆桥架、电缆槽未倒角或存在毛刺，一旦投入安装使用环节，会划伤电线电缆，导致运行环节发生接地等电气事故。

管控和治理措施

《建筑电气工程施工质量验收规范》(GB 50303—2015)

3.2.16 梯架、托盘和槽盒的进场验收应符合下列规定:

2 外观检查:防潮密封应良好,各段编号应标志清晰,齐全、无缺损,外壳应无明显变形,母线螺栓搭接面应平整、附件应镀层覆盖应完整、无起皮和麻面;插接母线槽上的静触头应无缺损、表面光滑、镀层完整;对有防护等级要求的母线槽尚应检查产品及附件的防护等级与设计的符合性,其标识应完整。

出现此类情况应返工,进行倒角,除去毛刺。

风险和隐患 45:电缆槽表面处理不良,存在氧化或可能被氧化

风险和隐患描述

电线电缆安装在出现氧化的电缆槽中,投入运行后,有问题的部位会引起温度过高,使电线电缆发生短路、击穿等电气事故。

管控和治理措施

《建筑电气工程施工质量验收规范》(GB 50303—2015)

3.2.15 金属镀锌制品的进场验收应符合下列规定:

2 外观检查:镀锌层应覆盖完整、表面无锈斑,金具配件应齐全,无砂眼。

有此类问题的电缆槽应予以返工处理,消除隐患

风险和隐患46:控制变压器外观粗糙

风险和隐患描述

外观粗糙,无法保证绝缘良好,投入使用后可能导致电气击穿等电气事故。

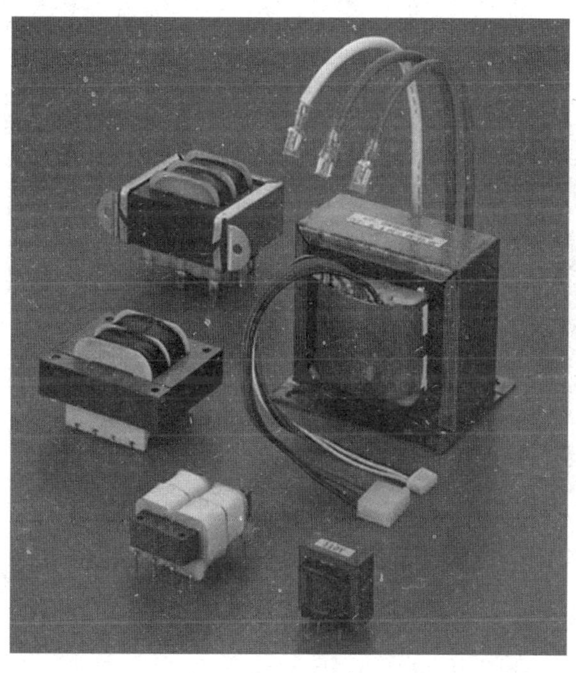

管控和治理措施

《建筑电气工程施工质量验收规范》（GB 50303－2015）

3.2.6 变压器、箱式变电所、高压电器及电瓷制品的进场验收应包括下列内容：

2 外观检查：设备应有铭牌，表面涂层应完整，附件应齐全，绝缘件应无缺损、裂纹，充油部分不应渗漏，充气高压设备气压指示应正常

此类控制变压器应判为不良品，予以报废。

风险和隐患 47：变压器内部铁芯材质错，圈数过少，脚位缠错

风险和隐患描述

内部铁芯材质错，圈数过少，脚位缠错的变压器投入使用后，会发生匝间短路等情况，导致电气事故发生。

管控和治理措施

《建筑电气工程施工质量验收规范》(GB 50303—2015)

3.2.6 变压器、箱式变电所、高压电器及电瓷制品的进场验收应包括下列内容：

2 外观检查：设备应有铭牌，表面涂层应完整，附件应齐全，绝缘件应无缺损、裂纹，充油部分不应渗漏，充气高压设备气压指示应正常

制造过程中应加强质量检查，如发生此类情况，应予以报废。

风险和隐患48：控制变压器线圈绕线不平整

风险和隐患描述

线圈绕线不良的变压器，使用中可能发热或匝间短路。

管控和治理措施

《建筑电气工程施工质量验收规范》（GB 50303－2015）

3.2.6 变压器、箱式变电所、高压电器及电瓷制品的进场验收应包括下列内容：

2 外观检查：设备应有铭牌，表面涂层应完整，附件应齐全，绝缘件应无缺损、裂纹，充油部分不应渗漏，充气高压设备气压指示应正常。

线圈绕线不良的控制变压器应予以返工或报废。

第六节　产品检验及流向登记

风险和隐患49：无产品检验记录和产品流向记录

风险和隐患描述

产品出厂无产品检验记录和产品流向记录，无法在发生质量问题后控制市场流通，以致发生更为严重的后果。

电气产品出厂申检单

合同编号		用户：		型号及规格	
数量（台）		出厂编号		申检日期	20　年　月　日　时
自检意见与结果		互检意见与结果		车间负责人意见	
操作人：		组织人： 互检人：		经理：	
质量内容及送检合格率					

申检人：　　计划员：　　检验员：　　检验完毕日期：　年　月　日　时

表格编号：FRS-QR-QAD-004A

管控和治理措施

根据《强制性产品认证实施规则工厂质量保证能力要求》（编号：CNCA－00C－005）

电气产品出厂前应填写验收记录单，记录产品流向等信息。

第七节　产品售后质量跟踪

风险和隐患50：电气产品无售后质量跟踪记录

风险和隐患描述

电气绝缘烘烤不良或烘烤时间短，会造成绝缘效果差，使用中会发生短路、击穿等电气事故。

无

售后服务评审表

售后服务记录表

顾客抱怨处理单

管控和治理措施

根据《强制性产品认证实施规则工厂质量保证能力要求》（编号：CNCA－00C－005）

3.10 产品防护与交付

工厂在采购、生产制造、检验等环节所进行的产品防护，如标识、搬运、包装、贮存、保护等应符合规定要求。必要时，工厂应按规定要求对产品的交付过程进行控制建立、完善产品售后程序，完善售后服务评审、投诉处理等记录

第三章 建设工程施工领域电气火灾风险防控和隐患排查治理

第一节 产品选用和进场

风险和隐患1：电气材料进场未验收或验收记录等资料未归档

风险和隐患描述

电气材料进场未验收或验收记录等资料未归档，无法确定电气材料是否合格，可能导致发生电气火灾。

建筑电气 分部工程竣工验收质量(技术)管理/控制文件资料组卷目录(二)

【卷内文件资料所包括的子分部(系统)、分项(子系统)工程名称：

】

[illegible]-2□□

[illegible]

序号	文件编号	文件责任者	分类标题/文件题名	日期(年/月/日—年/月/日)	页次	备注
电2	—	—	分部工程质量控制文件资料	—	—	
电2.1			分部(子分部)工程质量验收记录			
电2.1.1			分部(子分部)工程观感质量检查评定记录			
电2.1.2			[illegible]			
电2.1.3			分部工程质量控制资料核查记录			
电2.2			分项及检验批工程质量验收记录			
电2.3	—	—	施工过程质量控制文件资料(含产品质量证明文件及进场复验报告、施工试验、运行记录等)	—	—	
电2.3.1			[illegible]			
电2.3.2			[illegible]			
电2.3.3			[illegible]			
电2.3.4			[illegible]			
电2.3.5			[illegible]			
电2.3.6			[illegible]			
电2.3.7			[illegible]			
电2.3.8			[illegible]			
电2.3.9			[illegible]			
电2.3.10			隐蔽工程验收记录			
电2.3.11			中间交接验收记录			
电2.3.12			[illegible]			
电2.3.13			[illegible]			
电2.3.14			[illegible]			
电2.3.15			[illegible]			

管控和治理措施

根据《建筑电气工程施工质量验收规范》(GB 50303—2015)

3.2.1 主要设备、材料、成品和半成品应进场验收合格，并应做好验收记录和验收资料归档。当设计有技术参数要求时，应核对其技术参数，并应符合设计要求。

电气材料进场前应安排专人分类进行验收，验收合格后方可进场，并将相关记录和技术资料存档保存。

风险和隐患2：配电柜未见CCC认证标志

风险和隐患描述

配电柜没有CCC认证标志，可能属于非法生产的不合格产品，在使用过程中可能发生短路导致电气火灾。

管控和治理措施

根据《建筑电气工程施工质量验收规范》(GB 50303—2015)

3.2.2 实行生产许可证或强制性认证(CCC认证)的产品，应有许可证编号或CCC认证标志，并应抽查生产许可证或CCC认证证书的认证范围、有效性及真实性。

入场电气产品应抽查生产许可证或CCC认证证书的认证范围、有效性及真实性。如果抽查不合格，则不允许入场使用。

风险和隐患3：新型电气设备进场未见使用说明书

风险和隐患描述

新型电气设备进场没有配套使用说明书，造成管理使用上的困难，容易引发电气火灾等事故。

管控和治理措施

根据《建筑电气工程施工质量验收规范》（GB 50303－2015）

3.2.3 新型电气设备、器具和材料进场验收时应提供安装、使用、维修和试验要求等技术文件。

新型电气设备、器具和材料进场时如不能提供提供安装、使用、维修和试验要求等技术文件，则不允许入场使用。

风险和隐患4：新入场变压器有漏油现象

风险和隐患描述

变压器漏油，继续使用的话容易因发热或电火花引发火灾事故。

管控和治理措施

根据《建筑电气工程施工质量验收规范》（GB 50303－2015）

3.2.6 变压器、箱式变电所、高压电器及电瓷制品的进场验收应包括下列内容：

2. 外观检查：设备应有铭牌，表面涂层应完整，附件应齐全，绝缘件应无缺损、裂纹，充油部分不应渗漏，充气高压设备气压指示应正常。

发现漏油现象的变压器应不予安装使用，并联系生产厂家处理。

风险和隐患 5：入场低压开关箱发现有脱焊现象

风险和隐患描述

低压开关箱有脱焊现象，使用时容易发生故障，导致发生火灾。

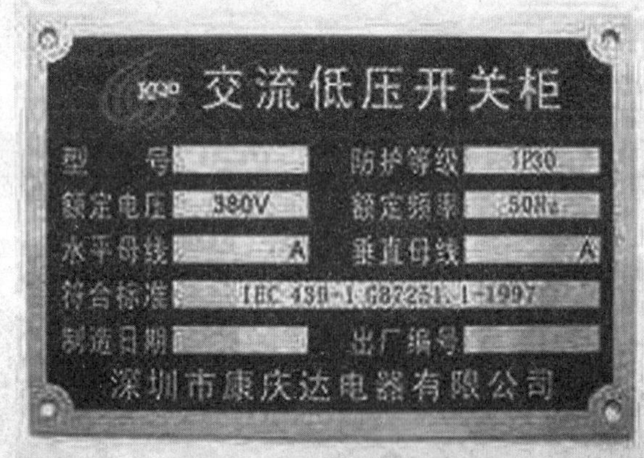

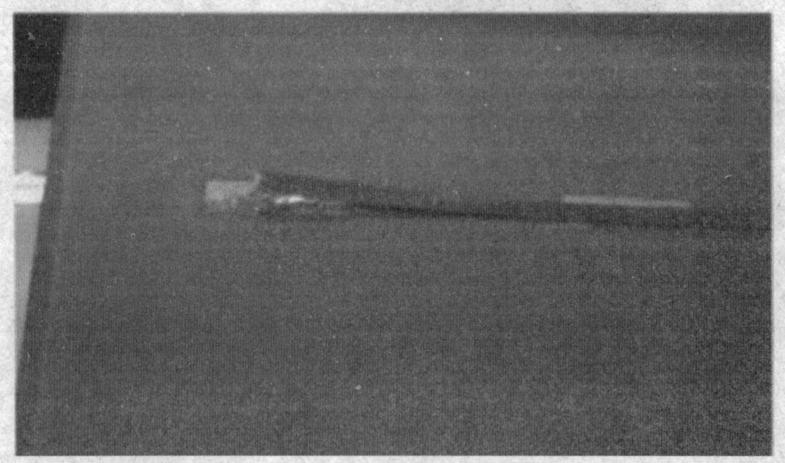

管控和治理措施

根据《建筑电气工程施工质量验收规范》（GB 50303－2015）

3. 2. 7 高压成套配电柜、蓄电池柜、UPS 柜、EPS 柜、低压成套配电柜（箱）、控制柜（台、箱）的进场验收应符合下列规定：

3 外观检查：设备应有铭牌，表面涂层应完整、无明显碰撞凹陷，设备内元器件应完好无损、接线无脱落脱焊，绝缘导线的材质、规格应符合设计要求，蓄电池柜内电池壳体应无碎裂、漏液，充油、充气设备无泄漏。

对于这种不合格的开关箱，应不予验收并联系生产厂家处理。

风险和隐患 6：入场电动机中有接线端子松脱

风险和隐患描述

电动机接线端子松脱，无法接线使用或接线使用过程中发生故障，导致发生火灾。

管控和治理措施

根据《建筑电气工程施工质量验收规范》（GB 50303—2015）

3.2.9 电动机、电加热器、电动执行机构和低压开关设备等的进场验收应包括下列内容：

2 外观检查：设备应有铭牌，涂层应完整，设备器件或附件应齐全、完好、无缺损。

此电机不允许安装使用，应联系厂家处理并测试良好才予安装使用。

风险和隐患7：新入场的插座有缺少零件现象

风险和隐患描述

插座缺少零件，强行安装使用存在火灾隐患。

管控和治理措施

根据《建筑电气工程施工质量验收规范》（GB 50303－2015）

3.2.11 开关、插座、接线盒和风扇及附件的进场验收应包括下列内容：

2 外观检查：开关、插座的面板及接线盒盒体完整、无碎裂、零件齐全，风扇应无损坏、涂层完整，调速器等附件应适配。

缺少零件的插座禁止使用，应联系厂家补齐。

风险和隐患8：新进电缆有绝缘损坏现象

风险和隐患描述

电缆绝缘外皮损坏，使用过程中容易发生短路，进而造成火灾。

管控和治理措施

根据《建筑电气工程施工质量验收规范》(GB 50303－2015)

3.2.12 绝缘导线、电缆的进场验收应符合下列规定：

2 外观检查：包装完好，电缆端头应密封良好，标识应齐全。抽检的绝缘导线或电缆绝缘层应完整无损，厚度均匀。电缆无压扁、扭曲，铠装不应松卷。绝缘导线、电缆外护层应有明显标识和制造厂标。

此批电缆拒收，并联系生产厂家处理。

风险和隐患 9：新进电缆有批次测试不达标

风险和隐患描述

新进电缆有批次测试不达标，若使用则存在导致电气火灾等隐患。

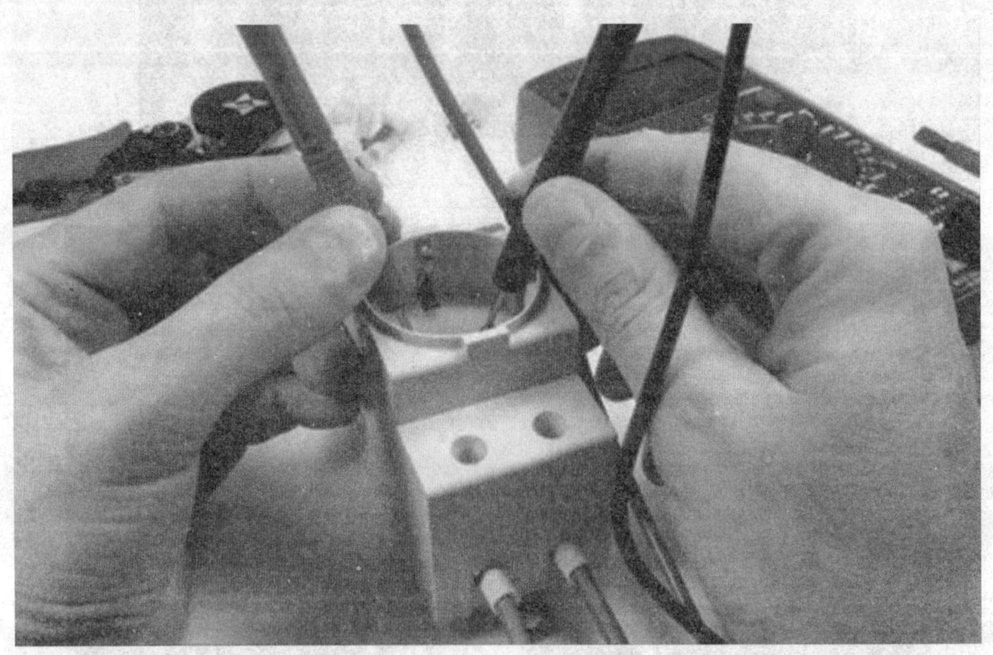

管控和治理措施

根据《建筑电气工程施工质量验收规范》(GB 50303－2015)

3.2.12 绝缘导线、电缆进场验收应符合下列规定：

4 检查标称截面积和电阻值：绝缘导线、电缆的标称截面积应符合设计要求，其导体电阻值应符合现行国家标准《电缆的导体》GB/T 3956 的有关规定。当对绝缘导线和电缆的导电性能、绝缘性能、绝缘厚度、机械性能和阻燃耐火性能有异议时，应按批抽样送有资质的试验室检测。检测项目和内容应符合国家现行有关产品标准的规定。

此批电缆拒收，并联系生产厂家处理。

风险和隐患10：新进套管电线导管有变形、管径和隔厚不合要求

风险和隐患描述

套管电线导管变形、管径和隔厚不合要求，容易造成电线电缆损坏。

管控和治理措施

根据《建筑电气工程施工质量验收规范》(GB 50303－2015)

3.2.13 导管的进场验收应符合下列规定：

2 外观检查：钢导管应无压扁，内壁应光滑；非镀锌钢导管不应有锈蚀，油漆应完整；镀锌钢导管镀层覆盖应完整、表面无锈斑；塑料导管及配件不应碎裂、表面应有阻燃标记和制造厂标。

3 应按批抽样检测导管的管径、壁厚及均匀度，并应符合国家现行有关产品标准的规定。

对绝缘导管及配件的阻燃性能有异议时，按批抽样送有资质的试验室检测。按批抽样送有资质的试验室检测，仍然达标的予以退回厂家。

风险和隐患 11：进行电气镀锌制品有锈蚀情况

风险和隐患描述

电气镀锌制品有锈蚀，电阻值大，使用过程中容易发生接触不良，并存在火灾等隐患。

管控和治理措施

根据《建筑电气工程施工质量验收规范》(GB 50303－2015)

3.2.15 金属镀锌制品的进场验收应符合下列规定：

2 外观检查：镀锌层覆盖完整、表面无锈斑，金具配件齐全，无砂眼。

对镀锌质量有异议的，按批抽样送有资质的试验室检测，仍然达标的予以退回生产厂家。

风险和隐患12：新进的电缆线槽有变形、划伤现象

风险和隐患描述

电缆线槽有变形、划伤现象，使用过程中容易损坏电缆线，造成电气火灾。

管控和治理措施

根据《建筑电气工程施工质量验收规范》(GB 50303－2015)

3.2.16 梯架、托盘和槽盒的进场验收应符合下列规定：

2 外观检查：配件应齐全，表面应光滑、不变形；钢制梯架、托盘和槽盒涂层应完整、无锈蚀；塑料槽盒应无破损、色泽均匀，对阻燃性能有异议时，应按批抽

样送有资质的试验室检测；铝合金梯架、托盘和槽盒涂层应完整，不应有扭曲变形、压扁或表面划伤等现象。

对该批次不合格电线槽应退回生产厂家。

风险和隐患13：新进插接母线有麻面等不良现象

风险和隐患描述

插接母线有麻面，容易损坏母线槽，进而发生火灾等事故。

管控和治理措施

根据《建筑电气工程施工质量验收规范》(GB 50303－2015)

3.2.17 母线槽的进场验收应符合下列规定：

2 外观检查：防潮密封应良好，各段编号应标志清晰，附件应齐全、无缺损，外壳应无明显变形，母线螺栓搭接面平整、镀层覆盖应完整、无起皮和麻面；插接母线槽上的静触头应无缺损、表面光滑、镀层完整；对有防护等级要求的母线槽尚应检查产品及附件的防护等级与设计的复合型，其标识应完整。

该批次不合格插接母线槽退回生产厂家。

风险和隐患 14：新进电缆接线头部件有瑕疵

风险和隐患描述

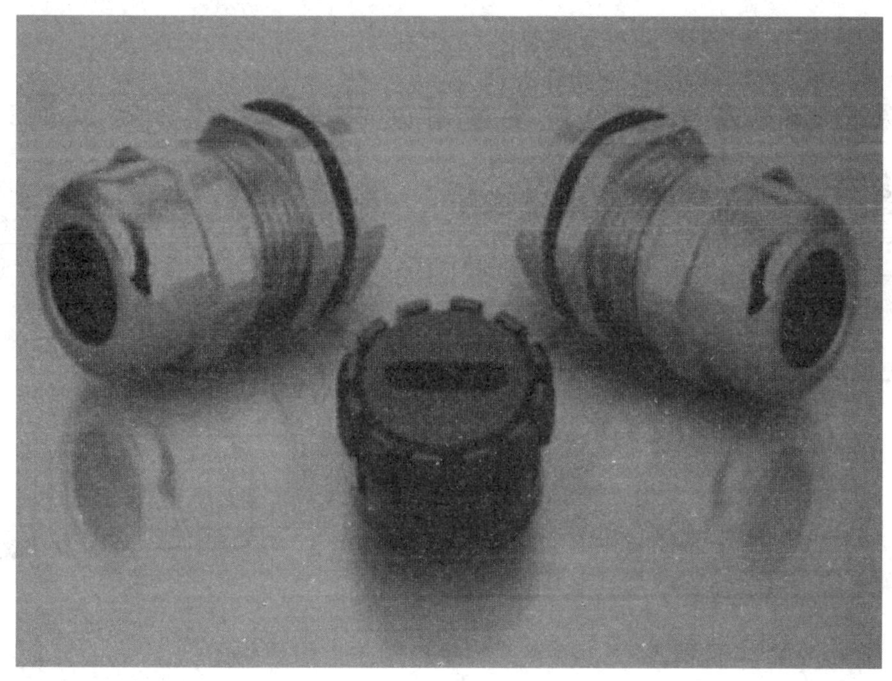

管控和治理措施

根据《建筑电气工程施工质量验收规范》（GB 50303－2015）

3.2.18 电缆头部件、导线连接器及接线端子的进场验收应符合下列规定：

2 外观检查：部件应齐全，包装标识和产品标志应清晰，表面应无裂纹和气孔，随带的袋装涂料或填料不应泄漏；铝及铝合金电缆用接线端子和接头附件的压接圆筒内表面应有抗氧化剂；矿物绝缘电缆专用终端接线端子规格应与电缆相适配；导线连接器的产品标识应清晰明了、经久耐用。

应将该批次不合格电缆接线头部件退回生产厂家。

第二节 施工过程

风险和隐患15：电缆安装前没有进行绝缘测试或测试不合格

风险和隐患描述

电缆安装前没有进行绝缘测试或测试不合格，容易导致事故发生。

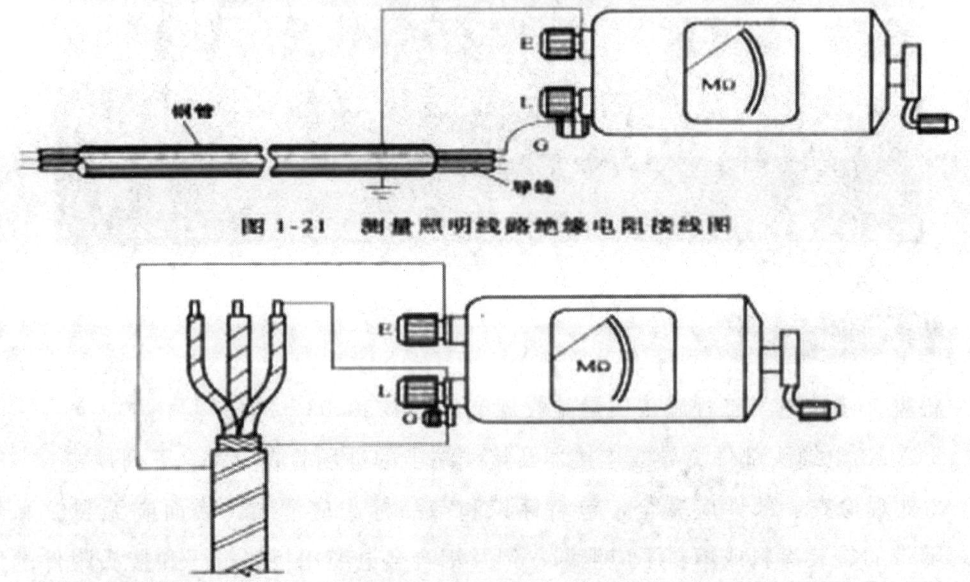

图1-21 测量照明线路绝缘电阻接线图

管控和治理措施

根据《建筑电气工程施工质量验收规范》(GB 50303－2015)

3.3.10 电缆敷设应符合下列规定：

3 电缆敷设前，绝缘测试应合格。

电缆安装前应按标准进行绝缘测试，不合格的不允许安装使用。

风险和隐患16：变压器接地体连接只有一处

风险和隐患描述

变压器的接地体连接只有一处，容易因产生的电火花发生火灾等事故。

管控和治理措施

根据《电气装置安装规程》（GB 50169—2016）

4.12.4 变电室或变压器室内设置的环形接地母线应与接地装置或总等电位端子箱连接，连接接地线不应少于 2 根。

变压器接地体连接至少有两个固定点，保证连接可靠。

风险和隐患 17：电箱内各相线间未采用绝缘橡胶保护措施

风险和隐患描述

电箱内各相线间未采用绝缘橡胶保护措施，容易发生短路等故障，造成火灾等事故。

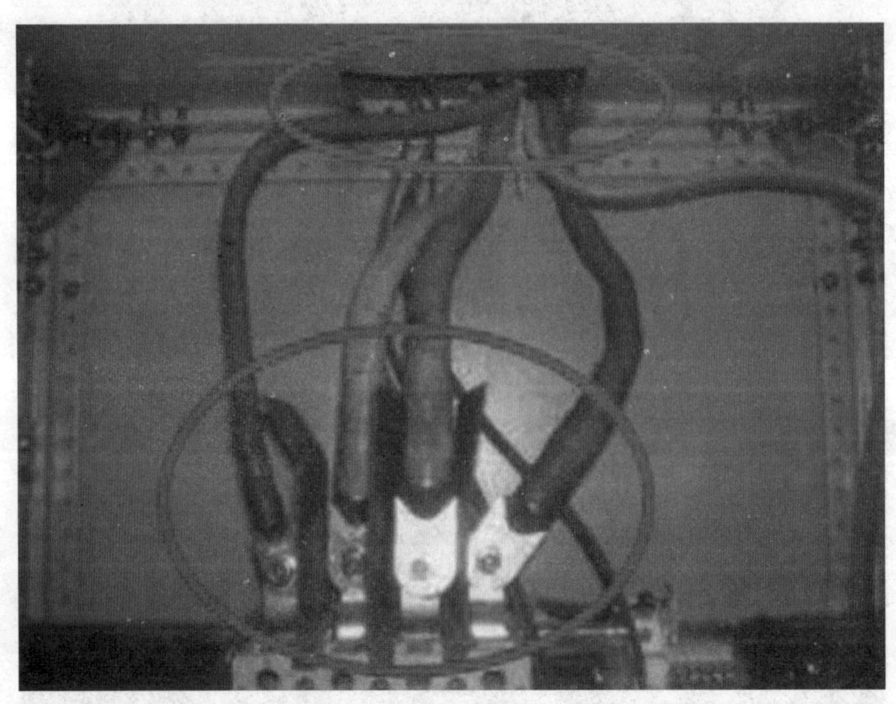

管控和治理措施

根据《低压配电设计规范》(GB 50054－2011)

5.1.2 标称电压超过交流方均根值 25 V 容易被触及的裸带电体，应设置遮栏或外护物。

动力、照明配电箱电缆电线入箱处应做好防护和密封，相间应做好绝缘防护措施。

风险和隐患 18：同一个接线端子上接线过多

风险和隐患描述

电箱内一个接线端子上接线过多，容易造成接触不良，产生电火花，引发火灾事故。

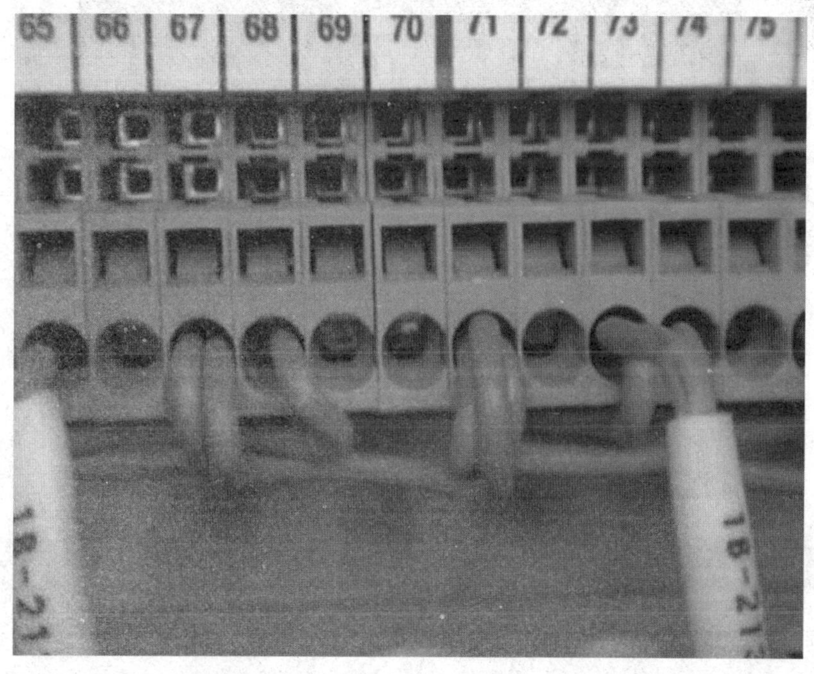

管控和治理措施

根据《建筑电气工程施工质量验收规范》(GB 50303－2015)

5.1.12 照明配电箱（盘）安装应符合下列规定：

1 箱（盘）内配线应整齐、无绞接现象；导线连接应紧密、不伤线芯、不断股；垫圈下螺丝两侧压的导线截面积应相同，同一电器器件端子上的导线连接不应多于 2 根，防松垫圈等零件应齐全。

按照要求，每个端子上只接少于或等于两根的导线。

风险和隐患 19：照明箱内无地线汇流排

风险和隐患描述

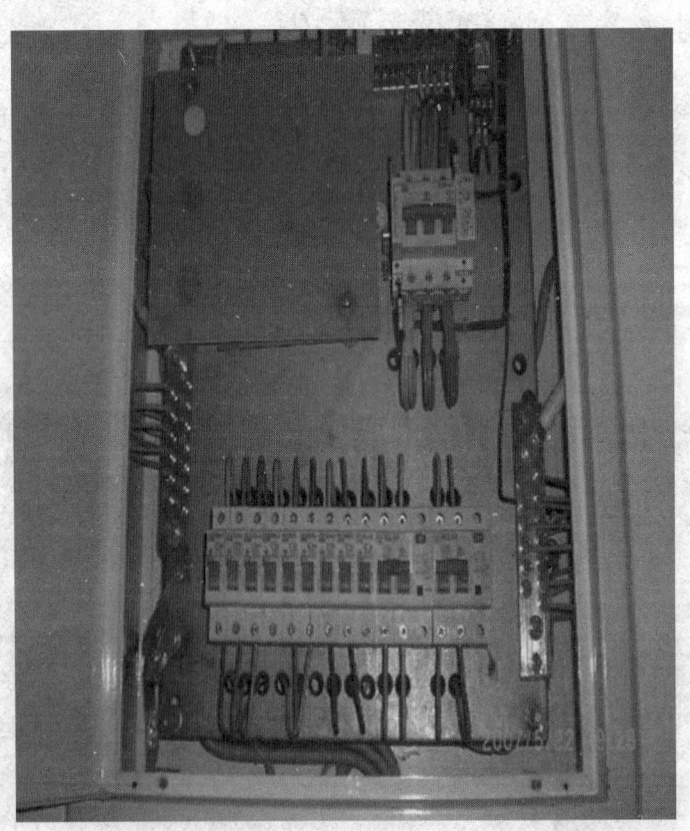

管控和治理措施

根据《施工现场临时用电安全技术规范》(JGJ 46－2005)

5.1.4 在TN接零保护系统中，PE零线应单独敷设。重复接地线必须与PE线相连接，严禁与N线相连接。

5.1.11 相线、N线、PE线的颜色标记必须符合以下规定：相线L_1（A）、L_2（B）、L_3（C）相序的绝缘颜色依次为黄、绿、红色；N线的绝缘颜色为淡蓝色；PE线的绝缘颜色为绿/黄双色。任何情况下上述颜色标记严禁混用和互相代用。

照明箱内应增加地线汇流排，保护地线经汇流排配出。

风险和隐患20：多股导线不采用铜接头，直接做成“羊眼圈”状，且不搪锡

风险和隐患描述

多股导线松散连接端子，容易发生短路，造成事故。

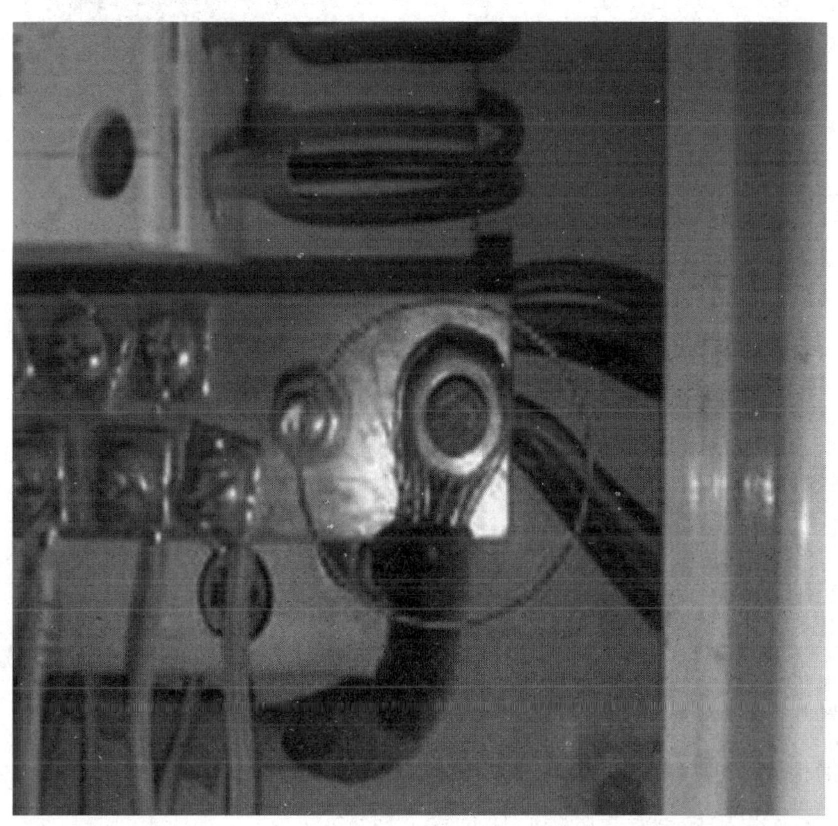

管控和治理措施

根据《建筑电气工程施工质量验收规范》（GB 50303—2015）

5.2.9 柜、台、箱、盘面板上的电器连接导线应符合下列规定：

3 与电器连接时，端部应绞紧、不松散、不断股，其端部可采用不开口的终端端子或搪锡。

多股线应使用铜接头终端端子连接。

风险和隐患 21：导体穿管后再进入天花板时开口处和导管都未做好封堵

风险和隐患描述

开口处及导管没有封堵容易让小动物进入，要坏导线，导致电气火灾发生。

管控和治理措施

根据根据《低压配电设计规范》(GB 50054－2011)

7.1.2 配电线路的敷设环境，应符合下列规定：

8 应避免有动物的情况对布线系统带来的损害。

导体入箱开口应适配，并做好防护和密封措施。

风险和隐患 22：箱体跨接不可靠；开关回路无标识或回路标识不清

风险和隐患描述

箱体跨接不可靠；开关回路无标识或回路标识不清；容易致使箱门接地失效，造成事故。

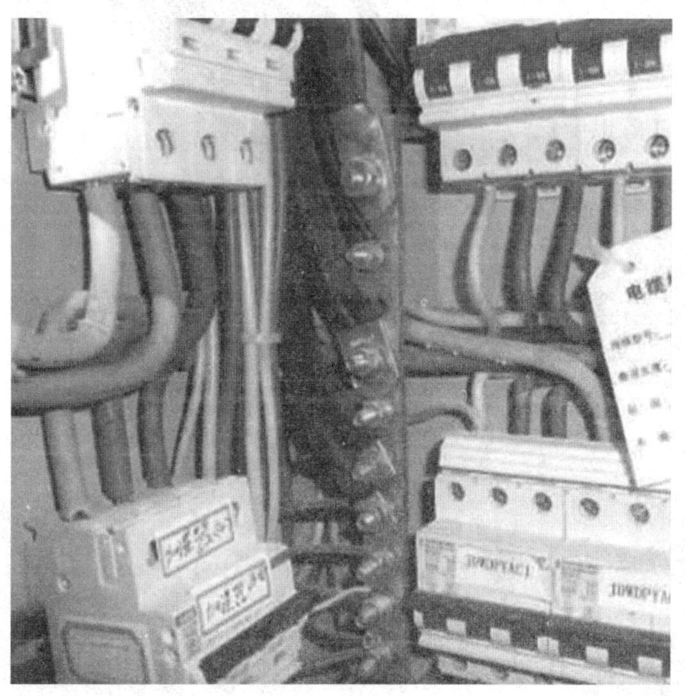

管控和治理措施

根据《低压配电设计规范》(GB 50054－2011)

8.1.13 配电箱、开关箱的金属箱体、金属电器安装板以及电器正常不带电的金属底座、外壳等必须通过 PE 线端子板与 PE 线做电气连接，金属箱门与金属箱体必须通过采用编织软铜线做电气连接。

箱体跨接必须良好，各端子序号标识清楚。

风险和隐患 23：线缆弯曲过大，容易导致线缆损伤

风险和隐患描述

线缆弯曲过大，容易使线缆损伤，进而导致事故发生。

管控和治理措施

根据《建筑电气工程施工质量验收规范》(GB 50303－2015)

5.2.8 柜、台、箱、盘间配线应符合下列规定：

3 线缆的弯曲半径不应小于线缆允许弯曲半径。

线缆应排放整齐，弯曲半径应大于线缆允许弯曲半径。

风险和隐患 24：室外落地配电箱没有固定安装，容易导致进水

风险和隐患描述

室外落地配电箱没有固定安装，容易导致进水，造成线路短路引发火灾。

管控和治理措施

根据《建筑电气工程施工质量验收规范》(GB 50303—2015)

5.2.4 室外安装的落地式配电（控制）柜、箱的基础应高于地坪，周围排水应通畅，其底座周围应采取封闭措施。

电箱应安装并固定好，防止进水。

风险和隐患 25：箱内导线没有预留

风险和隐患描述

箱体内的导线没有预留，若箱体发生变形会损坏线缆，进而发生事故。

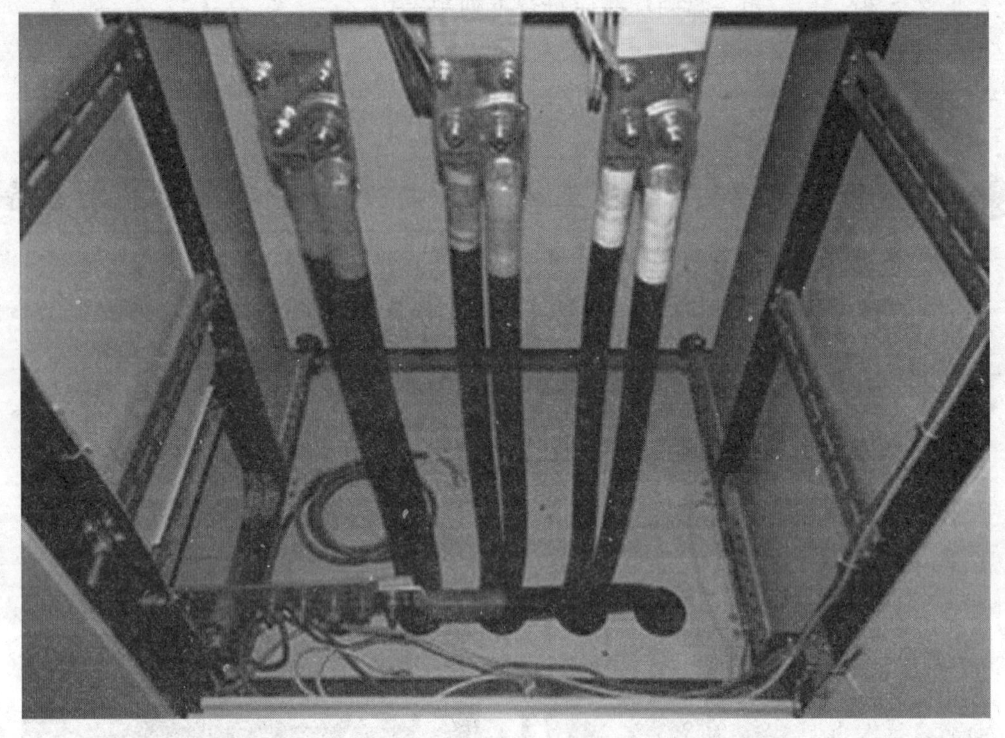

管控和治理措施

根据《建筑电气工程施工质量验收规范》(GB 50303－2015)

5.2.9 柜、台、箱、盘面板上的电器连接导线应符合下列规定：

1 连接导线应采用多芯铜芯绝缘软导线，敷设长度应留有适当裕量。

电柜内电缆应预留一定的长度。

风险和隐患 26：接线盒密封螺丝脱落，不符合规范要求

风险和隐患描述

接线盒密封螺丝脱落，致使接线盒密封失效，容易发生水等液体渗入，从而引发事故。

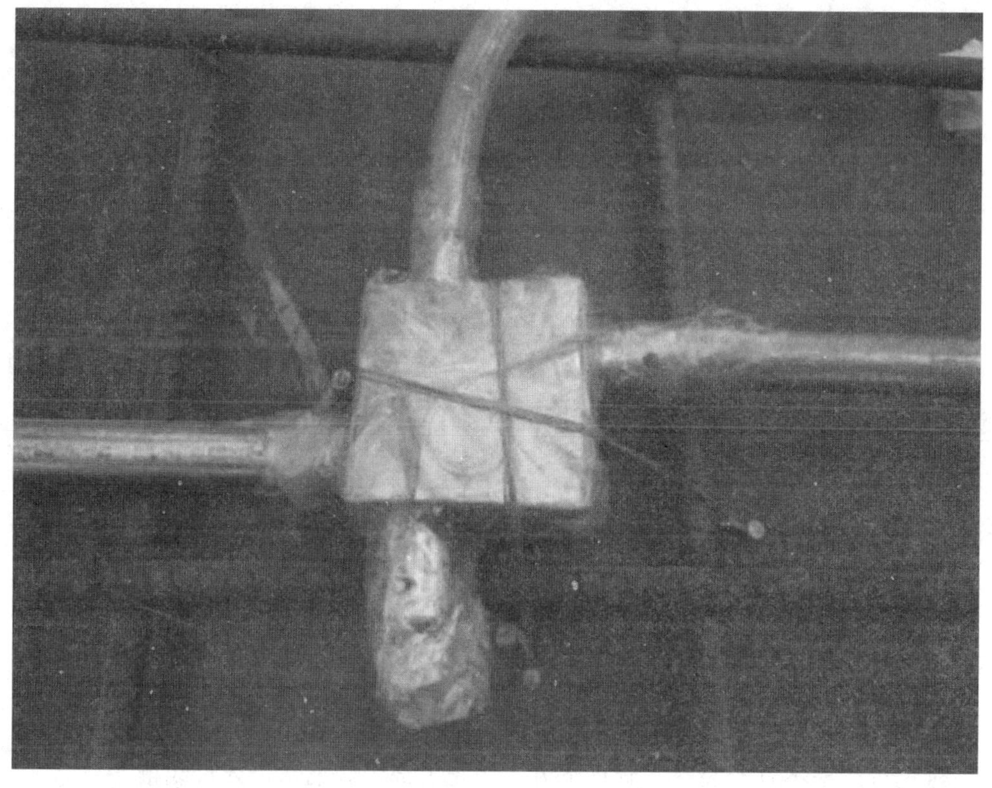

管控和治理措施

根据《建筑电气工程施工质量验收规范》（GB 50303—2015）

6.2.1 电气设备安装应牢固，螺栓及防松零件齐全，不松动。防水防潮电气设备的接线入口及接线盒盖等应做密封处理。

防水接线盒应规范安装，做好密封。

风险和隐患 27：电缆槽安装在水管下方

风险和隐患描述

电缆槽安装在水管下方，一旦水管发生跑冒滴漏，极易使水进入电缆槽内，从而导致事故发生。

管控和治理措施

根据《建筑电气工程施工质量验收规范》(GB 50303—2015)

10.1.4 母线槽安装应符合下列规定：

1 母线槽不宜安装在水管正下方。

避免母线槽不宜安装在水管正下方，防止上部水管漏水进入母线槽。

风险和隐患 28：不同导体连接时不规范，接触面未处理

风险和隐患描述

铜与钢搭接时没有对搭接面进行镀锌或搪锡处理，容易造成接触不良发热，甚至导致发生事故。

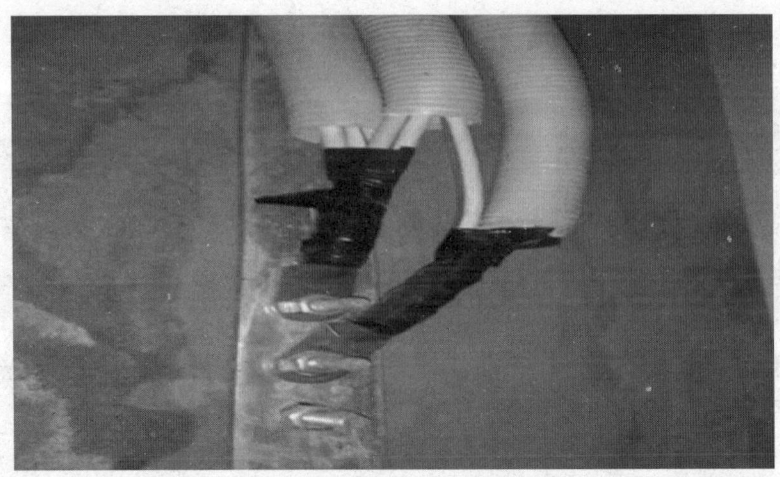

管控和治理措施

根据《建筑电气工程施工质量验收规范》(GB 50303—2015)

10.2.2 对于母线与母线、母线与电器或设备接线端子搭接，搭接面的处理应符合下列规定：

5 钢与铜或铝：钢搭接面应镀锌或搪锡。

铜接头与钢材连接时应镀锌或搪锡。

风险和隐患 29：穿墙母线槽设置不符合实际规范

风险和隐患描述

穿墙母线槽未设置固定的专用部件支座，容易损坏电缆，从而导致发生事故。

管控和治理措施

根据《建筑电气工程施工质量验收规范》(GB 50303－2015)

10.2.5 母线槽安装应符合下列规定:

2 母线槽段与段的连接口不应设置在穿越楼板或墙体处，垂直穿越楼板处应设置与建（构）筑物固定的专用部件支座，其孔洞四周应设置高度为 50 mm 及以上的防水台，并应采取防火封堵措施

按照规范设计安装母线槽。

风险和隐患 30：电缆槽连接不符合规范要求

风险和隐患描述

电缆槽连接不符合要求，容易损坏电缆，甚至引发事故。

管控和治理措施

根据《建筑电气工程施工质量验收规范》（GB 50303－2015）

11.1.2 电缆梯架、托盘和槽盒转弯、分支处宜采用专用连接配件，其弯曲半径不应小于梯架、托盘和槽盒内电缆最小允许弯曲半径，

电缆槽连接弯曲连接按照规范设计安装。

风险和隐患31：电箱安装在水管接头和阀门正下方

风险和隐患描述

管控和治理措施

根据《建筑电气工程施工质量验收规范》（GB 50303－2015）

11.2.3 当设计无要求时，梯架、托盘、槽盒及支架安装应符合下列规定：

2 配线槽盒与水管同侧上下敷设时，宜安装在水管的上方；与热水管、蒸气管平行上下敷设时，应敷设在热水管、蒸气管的下方，当有困难时，可敷设在热水管、蒸气管的上方；相互间的最小距离宜符合本规范附录G的规定。

电箱与水管接头、阀门应错开距离安装，防止滴漏进水。

风险和隐患 32：跨接地线采用的材质不符合要求，用结构钢筋代替圆钢做跨接地线，或用普通钢材代替镀锌材料，或以冷镀锌材质代替热镀锌材质

风险和隐患描述

用结构钢筋代替圆钢做跨接地线，接地线不合格，容易失效，进而造成火灾等事故。

管控和治理措施

根据《建筑电气工程施工质量验收规范》（GB 50303—2015）

12.1.1 金属导管应与保护导体可靠连接，并应符合下列规定：

1 镀锌钢导管、可弯曲金属导管和金属柔性导管不得熔焊连接。

防雷焊接的跨接地线应采用镀锌圆钢或镀锌扁钢，不得采用螺纹钢，埋入混凝土内的可以采用非镀锌的圆钢或扁钢。

风险和隐患33：电线穿墙没有穿墙管、无保护措施

风险和隐患描述

电缆穿墙时没有设置穿墙套管，容易损坏电缆，进而引发事故。

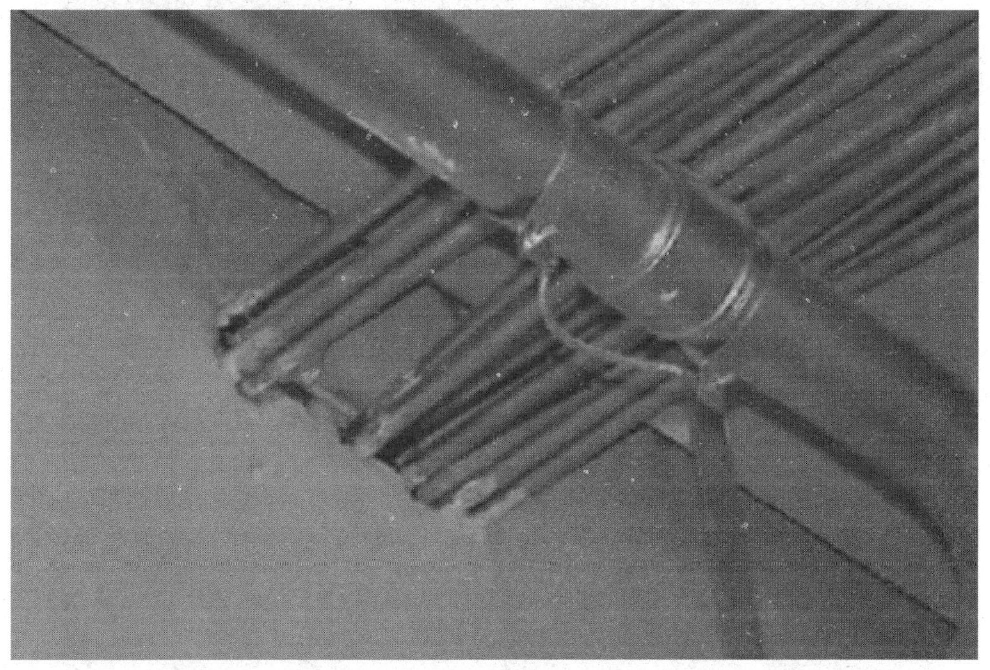

管控和治理措施

根据《建筑电气工程施工质量验收规范》（GB 50303－2015）

12.1.4 导管穿越密闭或防护密闭隔墙时，应设置预埋套管，预埋套管的制作和安装应符合设计要求，套管两端伸出墙面的长度宜为 30 mm～50 mm，导管穿越密闭穿墙套管的两侧应设置过线盒，并应做好封堵。

电线穿墙时应设置套管，套管应按照规范设置。

风险和隐患34：蛇形软管过长且没有固定，容易导致线缆拉脱

风险和隐患描述

长距离使用柔性导管，容易造成电缆损伤，发生事故。

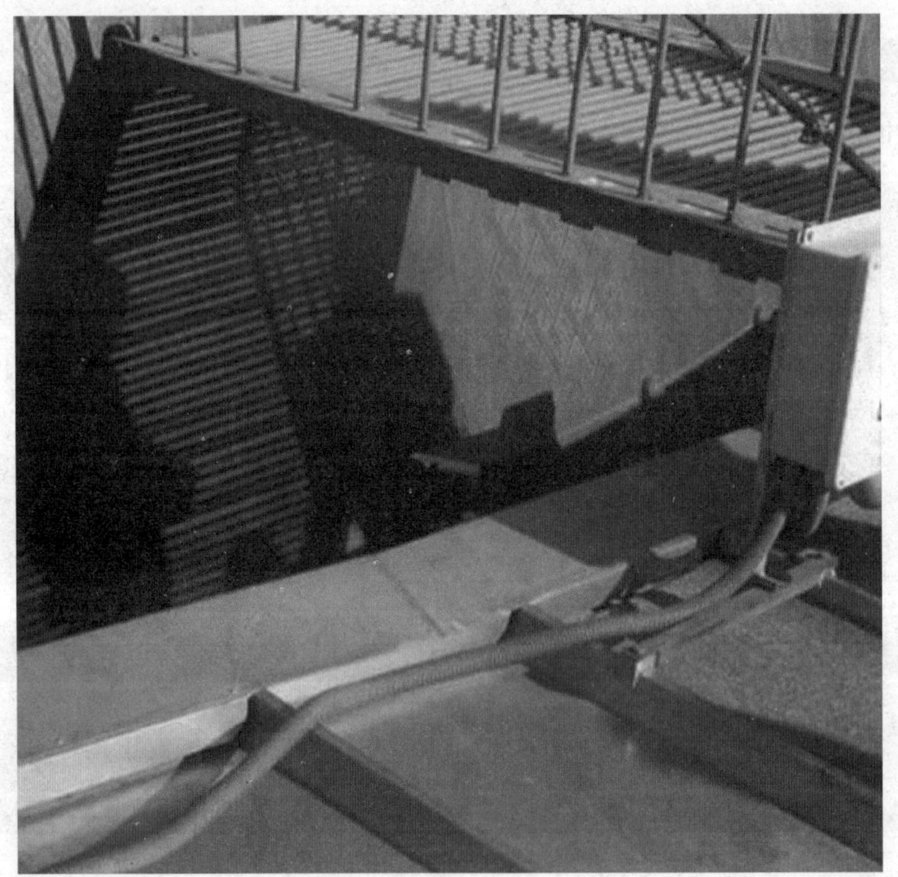

管控和治理措施

根据《建筑电气工程施工质量验收规范》(GB 50303—2015)

12.2.8 可弯曲金属导管及柔性导管敷设应符合下列规定：

1 刚性导管经柔性导管与电气设备、器具连接时，柔性导管的长度在动力工程中不宜大于0.8 m，在照明工程中不宜大于1.2 m。

如果距离太远时，应适用刚性线缆导管接至用电设备。

风险和隐患35：电缆敷设时相互挤压缠绕

风险和隐患描述

电缆敷设相互缠绕，容易发热导致电缆绝缘层损坏，发生事故。

管控和治理措施

根据《建筑电气工程施工质量验收规范》（GB 50303—2015）

13.1.2 电缆敷设不得存在绞拧、铠装压扁、护层断裂和表面严重划伤等缺陷。

电缆敷设时应排列整齐，避免相互挤压、缠绕

风险和隐患36：电缆敷设凌乱

风险和隐患描述

电缆敷设凌乱、不齐，容易导致电缆损坏，发生事故。

管控和治理措施

根据《建筑电气工程施工质量验收规范》(GB 50303—2015)

13.2.2 电缆敷设应符合下列规定：

1 电缆的敷设排列应顺直、整齐，并宜少交叉。

电缆按规范顺直、整齐敷设。

风险和隐患 37：强电与弱电线缆敷设在一起，且杂乱

风险和隐患描述

强电和弱电线缆混合敷设，容易造成电缆损坏，发生事故。

管控和治理措施

根据《建筑电气工程施工质量验收规范》(GB 50303—2015)

14.1.2 除设计要求以外，不同回路、不同电压等级和交流与直流线路的绝缘导线不应穿于同一导管内。

不同回路、不同电压等级和交流与直流线路的绝缘导线分开导槽、导管敷设。

风险和隐患 38：线缆明敷在工作场所

风险和隐患描述

线缆未采用导管或槽盒保护，直接明敷在工作场所，容易损坏线缆，进而发生事故。

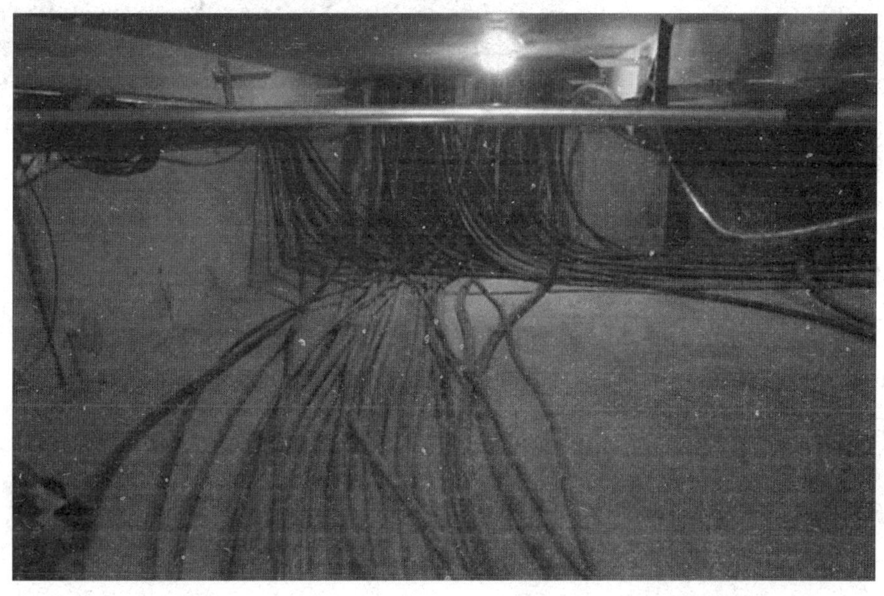

管控和治理措施

根据《建筑电气工程施工质量验收规范》(GB 50303—2015)

14.2.1 除塑料护套线外，绝缘导线应采取导管或槽盒保护，不可外露明敷。

线缆应装设在电缆槽里进行敷设。

风险和隐患39：应急灯下方堆放纸箱等可燃物

风险和隐患描述

应急灯下方堆放纸箱，容易因应急灯运行发热引燃纸箱，发生火灾事故。

管控和治理措施

根据《建筑电气工程施工质量验收规范》(GB 50303－2015)

19.1.3 应急灯具安装应符合下列规定：

2 对于应急灯具、运行中温度大于60℃的灯具，当靠近可燃物时，应采取隔热、散热等防火措施。

应急灯下方向禁止堆放可燃物，应错开距离。

风险和隐患40：人行通道旁景观灯安装太低

风险和隐患描述

景观灯安装位置太低且无围栏防护，容易被人员接触，引发事故。

管控和治理措施

根据《建筑电气工程施工质量验收规范》(GB 50303—2015)

19.1.6 景观照明灯具安装应符合下列规定：

1 在人行道等人员来往密集场所安装的落地式灯具，当无围栏防护时，灯具距地面高度应大于 2.5 m。

人行道落地式灯具，应加围栏防护，或距地面高度应大于 2.5 m。

风险和隐患 41：插座内接线错误

风险和隐患描述

插座内接线错误，容易导致用电器内部的零件烧毁，损坏电器，甚至会引发火灾。

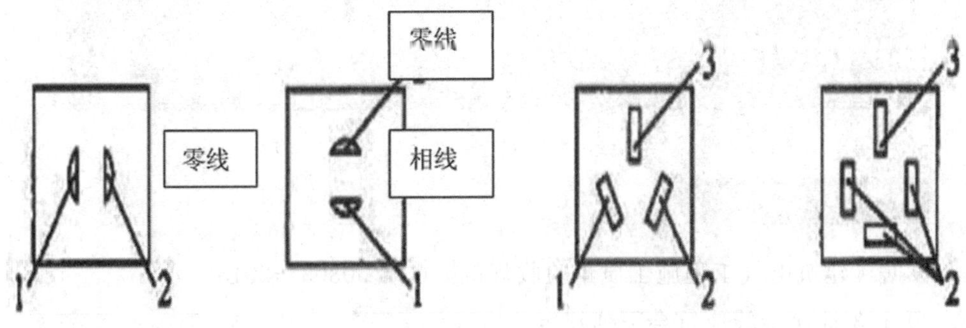

管控和治理措施

根据《建筑电气工程施工质量验收规范》(GB 50303－2015)

20.1.3 插座接线应符合下列规定：

1 对于单相两孔插座，面对插座的右孔或上孔应与相线连接，左孔或下孔应与中性导体（N）连接；对于单相三孔插座，面对插座的右孔应与相线连接，左孔应与中性导体（N）连接。

插座内接线应保持左边零线（1)，右边火线（2)。

风险和隐患 42：插座内利用本体端子进行转接且 PE 线串联

风险和隐患描述

插座内保护接地导体（PE）在插座之间串联连接，一旦插座内接线端子上的接线螺钉发生松动，就会影响下一级的保护接地的可靠性，容易发生事故。

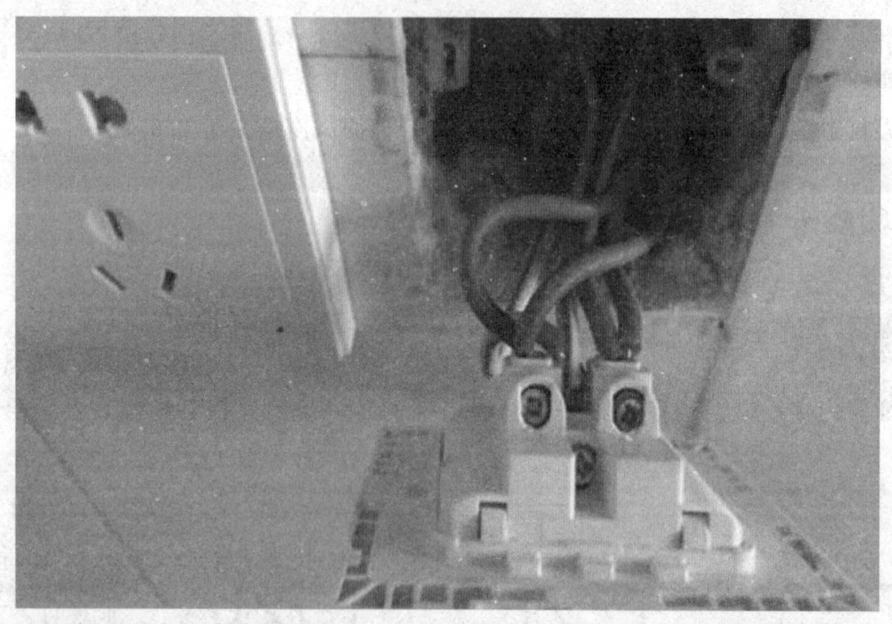

管控和治理措施

根据《建筑电气工程施工质量验收规范》(GB 50303－2015)

20.1.3 插座接线应符合下列规定：

3 保护接地导体（PE）在插座之间不得串联连接。

插座保护接地导体（PE）不得串接，应分别单独敷设。

风险和隐患43：吊扇的吊钩用螺纹钢加工，成型差；钟罩不吸顶，接线盒外露；

风险和隐患描述

使用螺纹钢加工的吊扇挂钩，在电扇运行后可能发生松脱坠落，拉断线缆，造成事故。

管控和治理措施

根据《建筑电气工程施工质量验收规范》（GB 50303－2015）

20.1.6 吊扇安装应符合下列规定：

1 吊扇挂钩安装应牢固，吊扇挂钩的直径不应小于吊扇挂销直径，且不应小于

8 mm；挂钩销钉应有防振橡胶垫；挂销的防松零件应齐全、可靠。

按照规范完成吊钩安装并保证接线防护良好。

风险和隐患44：墙面插座贴墙缝隙大

风险和隐患描述

墙面插座贴墙缝隙大，容易发生异物进入导致线路短路，发生事故。

管控和治理措施

根据《建筑电气工程施工质量验收规范》（GB 50303－2015）

20.2.2 插座安装应符合下列规定：

1 插座安装高度应符合设计要求，同一室内相同规格并列安装的插座高度宜一致；

2 地面插座应紧贴饰面，盖板应固定牢固、密封良好。

插座应贴合墙壁安装，不得留太大缝隙。

风险和隐患 45：穿越防火区的桥架防火分隔封堵不良

风险和隐患描述

穿越防火区的桥架防火分隔封堵不良，容易导致火灾等事故。

管控和治理措施

根据《建筑电气工程施工质量验收规范》(GB 50303－2011)

12.2.1 电缆桥架安装应符合下列规定：

6 敷设在竖井内和穿越不同防火区的桥架，按设计要求位置，有防火隔堵措施。

防火分隔要按照规范封堵好。

风险和隐患 46：室外暗敷的电缆导管深度不够且贴近墙体

风险和隐患描述

室外暗敷的电缆导管深度不够且贴近墙体，容易损坏电缆，导致火灾等事故发生。

管控和治理措施

根据《建筑电气工程施工质量验收规范》(GB 50303－2011)

13.2.1 电缆支架安装应符合下列规定：

1 当设计无要求时，电缆支架最上层至竖井顶部或楼板的距离不小于 150～200 mm；电缆支架最下层至沟底或地面的距离不小于 50～100 mm。

风险和隐患 47：可燃材料仓库灯具无玻璃罩

风险和隐患描述

可燃材料仓库灯具无玻璃罩，发热灯泡意外跌落容易引燃仓库内的可燃材料，进而造成火灾事故。

管控和治理措施

根据《建筑电气工程施工质量验收规范》（GB 50303－2011）

19.2.2　灯具的外形、灯头及其接线应符合下列规定：

1 灯具及其配件齐全，无机械损伤、变形、涂层剥落和灯罩破裂等缺陷。可燃材料仓库灯具应装设玻璃防护罩，且有防止玻璃溅落的措施。

风险和隐患 48：室外电气开关无防水垫圈

风险和隐患描述

室外电气开关无防水垫圈，容易进入雨雪等，造成电气开关内部短路，引发火灾等事故。

管控和治理措施

根据《建筑电气工程施工质量验收规范》（GB 50303－2011）

20.2.1 暗装的插座面板紧贴墙面，四周无缝隙，安装牢固，表面光滑整洁、无碎裂、划伤，装饰帽齐全。

室外防水电气开关应装好防水垫圈。

风险和隐患49：实验室内的插座离地高度不足且和其他插座不一致

风险和隐患描述

室内插座高度不一致，容易发生事故。

管控和治理措施

根据《建筑电气工程施工质量验收规范》(GB 50303－2011)

20.2.2 插座安装应符合下列规定：

1 插座安装高度应符合设计要求，同一室内相同规格并列安装的插座高度宜一致。

插座离地高度应符合规定，且相同规格的插座高度宜一致。

风险和隐患 50：建筑外墙接地体用套管连接，且套管部位漏焊

风险和隐患描述

焊接接地体的搭接长度短，可能发生接地断开，进而造成事故。

管控和治理措施

根据《建筑电气工程施工质量验收规范》（GB 50303—2015）

22.2.2 接地装置的焊接应采用搭接焊，除埋设在混凝土中的焊接接头外，应采取防腐措施，焊接搭接长度应符合下列规定：

2 圆钢与圆钢搭接不应小于圆钢直径的 6 倍，且应双面施焊；

搭接的接地体焊接应符合要求。

风险和隐患 51：电缆桥架变形

风险和隐患描述

电缆桥架的承载能力不足，发生变形，容易发生折断，损坏电缆。

管控和治理措施

根据《电力工程电缆设计规范》(GB 50217－2007)

6.2.5 电缆桥架的组成结构，应满足强度、刚度及稳定性要求，且应符合下列规定：

1 桥架的承载能力，不得超过使桥架最初产生永久变形时的最大荷载除以安全系数为 1.5 的数值。

电缆桥架的组成结构，应满足强度、刚度及稳定性等设计要求。

风险和隐患 52：电缆槽内线缆多处接头

风险和隐患描述

电缆槽内的线缆有接头，一旦发生松脱、打火，容易引发电气火灾事故。

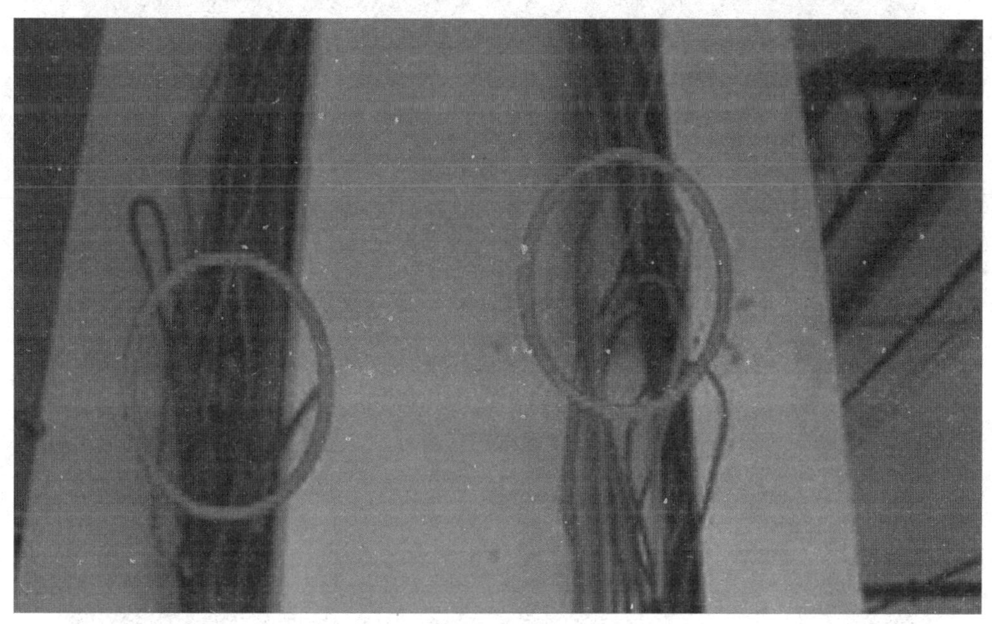

管控和治理措施

根据《建筑电气工程施工质量验收规范》(GB 50303－2015)

14.1.3 绝缘导线接头应设置在专用接线盒（箱）或器具内，不得设置在导管和槽盒内，盒（箱）的设置位置应便于检修。

电缆槽内线缆不得有接头，接头应设置在专用接线盒（箱）或器具内。

风险和隐患 53：电缆导管未设专用固定支架

风险和隐患描述

可弯曲导管未采用专用接地卡固定，容易导致导管破损，进而损坏导管内电缆。

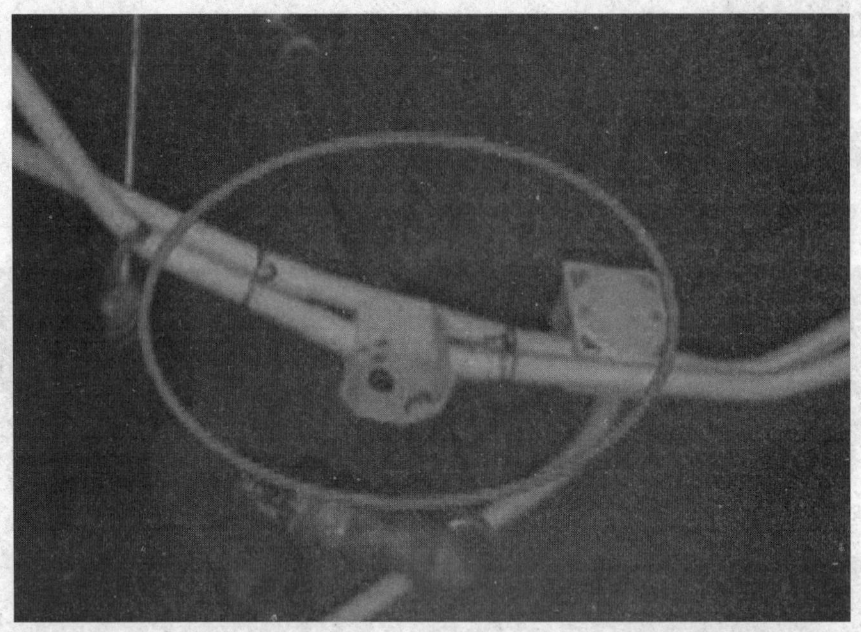

管控和治理措施

根据《建筑电气工程施工质量验收规范》(GB 50303－2015)

12.1.1 金属导管应与保护导体可靠连接，并应符合下列规定：

3 镀锌钢导管、可弯曲金属导管和金属柔性导管连接处的两端宜采用专用接地卡固定保护联结导体。

镀锌钢导管、可弯曲金属导管和金属柔性导管连接处的两端宜采用专用接地卡固定保护联结导体。

风险和隐患 54：导管口煨弯褶皱明显且未钝化处理

风险和隐患描述

导管的管口未钝化处理，容易割裂电缆绝缘外皮，发生事故。

管控和治理措施

根据《建筑电气工程施工质量验收规范》(GB 50303—2015)

14.2.2 绝缘导线穿管前，应清除管内杂物和积水，绝缘导线穿入导管的管口在穿线前应装设护线口。

导管弯管应标准且管口应钝化。

风险和隐患55：吊顶内设置管线敷设杂乱

风险和隐患描述

吊顶内电气线路布置不规范，容易引起电气火灾事故。

管控和治理措施

根据《建筑电气工程施工质量验收规范》(GB 50303－2015)

7.1.5 电缆敷设的防火封堵，应符合下列规定：

1 布线系统通过地板、墙壁、屋顶、天花板、隔墙等建筑构件时，其孔隙应按等同建筑构件耐火等级的规定封堵。

吊顶内电气布线应整齐、规范。

风险和隐患56：局部等电位扁钢锈蚀

风险和隐患描述

等电位连接扁铁锈蚀，容易损坏造成接触不良，甚至引发事故。

管控和治理措施

根据《建筑电气工程施工质量验收规范》(GB 50303－2015)

25.1.2 需做等电位联结的外露可导电部分或外界可导电部分的连接应可靠。采用焊接时，应符合本规范第 22.2.2 条的规定；采用螺栓连接时，应符合本规范第 23.2.1 条第 2 款的规定，其螺栓、垫圈、螺母等应为热镀锌制品，且应连接牢固。

等电位连接扁铁等金属部件应做好防腐。

第三节　施工管理

风险和隐患 57：无证人员从事焊接作业

风险和隐患描述

焊接人员没有特种作业操作证，容易发生意外导致发生事故。

管控和治理措施

根据《建筑电气工程施工质量验收规范》（GB 50303—2015）

3.1.1 建筑电气工程施工现场的质量管理除应符合现行国家标准《建筑工程施工质量验收统一标准》GB 50300 的有关规定外，尚应符合下列规定：

1 安装电工、焊工、起重吊装工和电力系统调试等人员应持证上岗；

从事安装电工、焊工、起重吊装工和电力系统调试等人员必须持证上岗，无证人员严禁操作。

风险和隐患 58：绝缘测试用的工具未定期检测

风险和隐患描述

未对绝缘测试用的工具进行定期检测，无法保证工具是否有效及其安全性，在使用时容易导致检测不准，甚至引发事故。

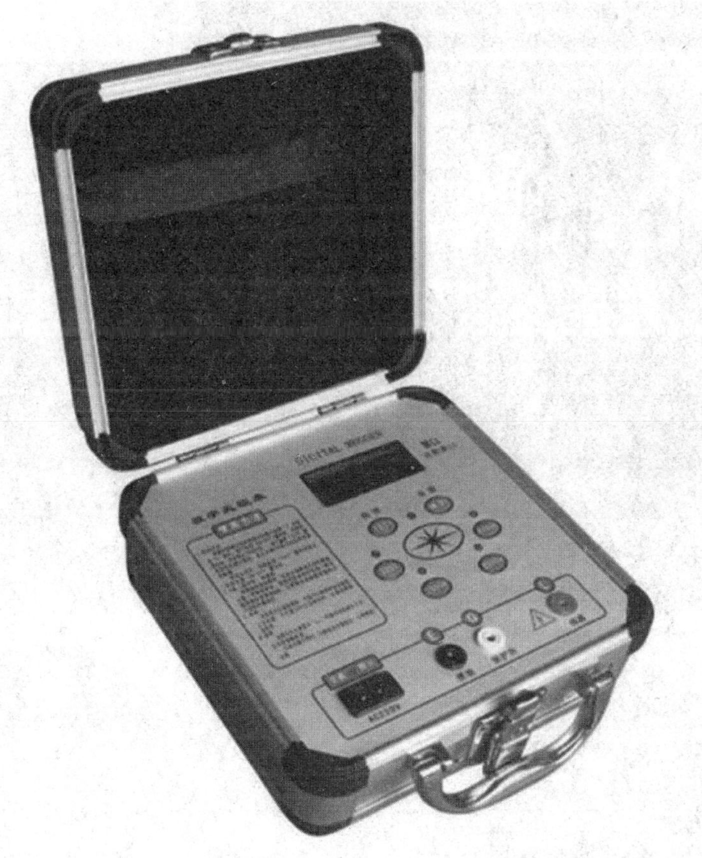

管控和治理措施

根据《建筑电气工程施工质量验收规范》(GB 50303－2015)

3.1.1 建筑电气工程施工现场的质量管理除应符合《建筑工程施工质量验收统一标准》GB 50300 的有关规定外，尚应符合下列规定：

2 安装和调试用各类计量器具应检定合格，且使用时应在检定有效期内。

按照规定定期检测电气工器具，保证其良好，测试数据准确。

风险和隐患 59：监理单位无建筑电气工程专项监理方案

风险和隐患描述

如果没有电气工程专项监理方案，则不能保证重点节点的安全实施。

《建设工程监理规范》GB/T 50319—2013应用

电气监理员

资料编制与工作用表填写范例

王建斌◎主编

中国建筑工业出版社

管控和治理措施

根据《用电安全导则》(GB/T 3869－2008)

10.5 当非电气作业人员有需要从事接近带电用电产品的辅助性工作时，应先主动了解或由电气作业人员介绍现场相关电气安全知识、注意事项或要求，由具有相应资格的人员带领和指导下参与工作，并对其安全负责。

监理单位应有建筑电气工程专项监理方案，重点节点监理过程应有监理工作记录，并与工程进度相符合。

风险和隐患 60：电力电缆没有进行耐压试验就通电

风险和隐患描述

电力电缆没有进行耐压试验就通电，容易造成电缆损坏，引发事故。

管控和治理措施

根据《建筑电气工程施工质量验收规范》（GB 50303－2015）

17.1.1 电力电缆通电前应按现行国家标准《电气装置安装工程 电气设备交接试验标准》GB 50150 的规定进行耐压试验，并应合格。

电气设备安装后应完成试验，保证合格才能进行通电。

第四章

工业企业生产场所电气火灾风险防控和隐患排查治理

第一节　电气线路和电气设备

风险和隐患 1：购买的防爆电气产品无法提供生产许可证

风险和隐患描述

防爆电气产品没有生产许可证，无法保证防爆电气产品的安全性能，如果电气产品失爆，极易造成火灾爆炸事故。

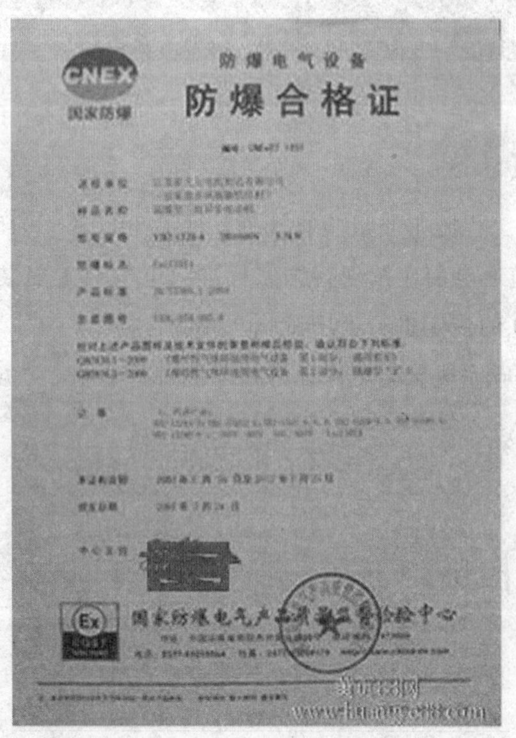
CNEX
国家防爆
防爆电气设备
防爆合格证
国家防爆电气产品质量监督检验中心

管控和治理措施

根据《工业产品生产许可证实施细则通则》（2016）

第三十一条 生产许可证证书分为正本和副本，具有同等法律效力。生产许可证正、副本载明企业名称、住所、生产地址、产品明细、证书编号、发证日期、有效期、发证机关等内容，副本同时载明失效证书主要信息。

向防爆电气产品供应商索取生产许可证，如果供应商无法提供，则予以退货，严禁安装使用。

风险和隐患 2：电箱内配线导体截面过小，和载流容量不匹配

风险和隐患描述

电箱内配线导体截面过小，和负载容量不匹配，在电流流经的过程中容易发热，造成火灾。

管控和治理措施

根据《低压配电设计规范》(GB 50054—2011)

3.2.2 选择导体截面，应符合下列要求：

1 按敷设方式及环境条件确定的导体载流量，不应小于计算电流；

2 导体应满足线路保护的要求；

3 导体应满足动稳定与热稳定的要求。

配线应选择和载流容量向匹配的导体。

风险和隐患3：电气箱接线凌乱且粉尘过多

风险和隐患描述

电气箱接线凌乱且粉尘过多，容易造成箱内导体打火、短路，造成火灾。

管控和治理措施

根据《电气装置安装工程　盘、柜及二次回路接线施工及验收规范》（GB 50171—2012）

4.0.5 端子箱安装牢固，密封良好并应能防潮、防尘；安装位置应便于检查；成列安装时，应排列整齐。

电气箱应保持完整、干净和状态良好，密封良好，保证防潮、防尘。

风险和隐患4：配电盘内电源线压接不整齐，部分露铜

风险和隐患描述

配电盘内电源线压接不齐，存在露铜现象，容易发生误触碰、短路，引发火灾。

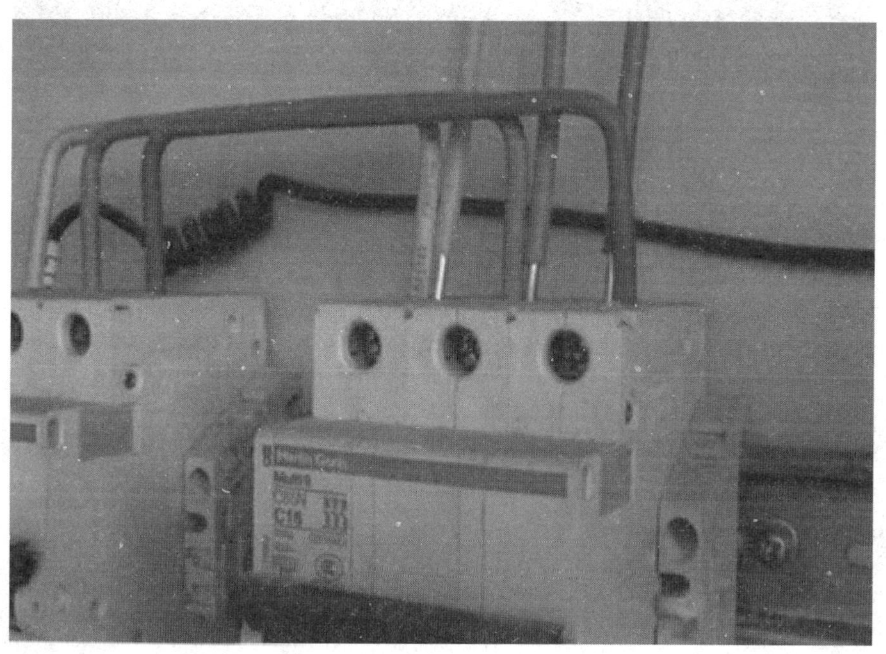

管控和治理措施

根据《电气装置安装工程　盘、柜及二次回路接线施工及验收规范》（GB 50171—2012）

5.0.1 盘、柜上的电器安装应符合下列规定：

1 电器元件至质量应良好，型号、规格应符合设计要求，外观应完好，附件应齐全，排列应整齐，规定应牢固，密封应良好。

接线应牢靠，导线剥离长短适中，并全部压入接线端，保证牢靠。

风险和隐患 5：接线端子压线螺栓小，容易脱落，连接不可靠

风险和隐患描述

接线端子压线螺栓小，容易脱落，容易发生接地或造成短路引发火灾。

管控和治理措施

根据《电气装置安装工程　盘、柜及二次回路接线施工及验收规范》（GB 50171—2012）

5.0.1 盘、柜上的电器安装应符合下列规定：

1 电器元件至质量应良好，型号、规格应符合设计要求，外观应完好，附件应齐全，排列应整齐，规定应牢固，密封应良好。

更换匹配的螺栓，保证连接牢固可靠。

风险和隐患6：盘内零线和地线导体颜色标识不正确

风险和隐患描述

盘内零线和地线导体颜色标识不正确，在接线时容易发生混接，造成事故。

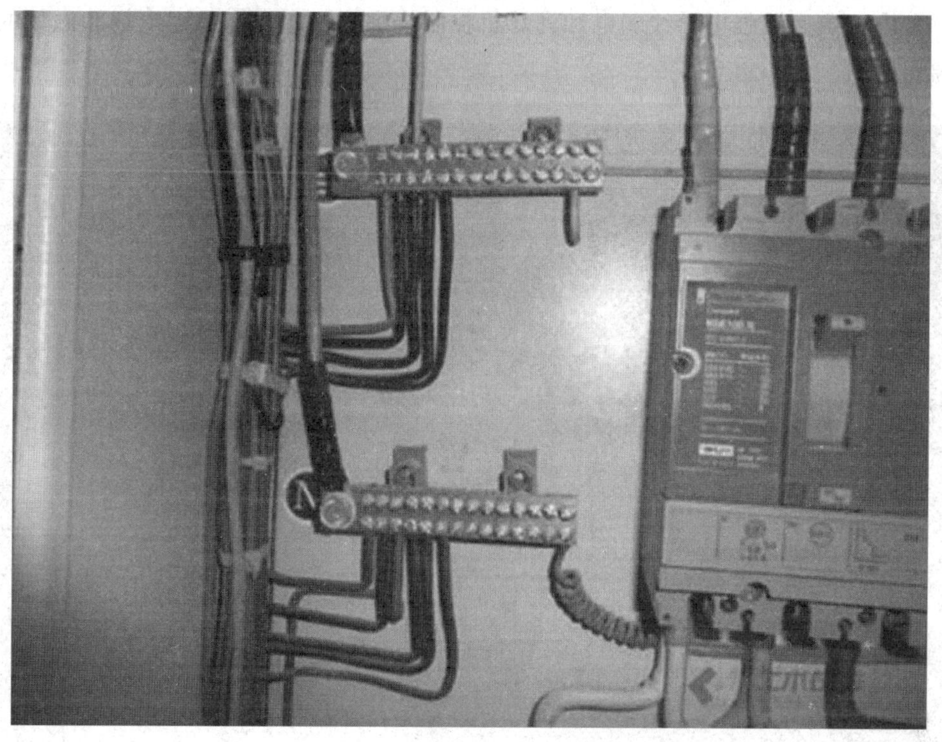

管控和治理措施

根据《施工现场临时用电安全技术规范》(JGJ 46－2005)

7.2.1 电缆中必须包含全部工作芯线和用作保护零线或保护线的芯线。需要三相四线制配电的电缆线必须采用五芯电缆。

五芯电缆包含淡蓝、绿/黄两种颜色绝缘芯线。淡蓝色芯线必须用作N线；绿/黄双芯线必须用作PE线，严禁混用。

按照国家规定，导线颜色淡蓝色芯线作N线（零线）；绿/黄双色芯线作PE线（保护地线）。

按要求重新正规接线。

风险和隐患 7：二次回路强电导线弱电和计算机控制线绑扎一起

风险和隐患描述

盘内二次回路强电导线弱电和计算机控制线绑扎一起，容易因电场和磁场的作用损坏电缆，发生事故。

管控和治理措施

根据《建筑电气工程施工质量验收规范》(GB 50303－2015)

5.2.8 柜、台、箱、盘间配线应符合下列规定：

2 二次回路连线应成束绑扎，不同电压等级、交流、直流线路及计算机控制线路应分别绑扎，且应有标识；固定后不应妨碍手车开关或抽出式部件的拉出或推入。

不同电压等级、交流、直流线路及计算机控制线路应分别绑扎。

风险和隐患8：配电箱内没有按标准分清楚各相线颜色

风险和隐患描述

配电箱内没有按标准分清楚各相线颜色，在接线时容易造成误接，引发事故。

管控和治理措施

根据《电线电缆识别标志方法第2部分：标准颜色》（GB/T 6995.2—2008）

3 标准颜色

电线电缆识别用的标准颜色为：

白色、红色、黑色、黄色、蓝色、绿色、橙色、灰色、棕色、青绿色、紫色和粉红色。

根据《施工现场临时用电安全技术规范》（JGJ 46—2005）

5.1.11 相线、N线、PE线的颜色标记必须符合以下规定：相线L1（A）、L2（B）、L3（C）相序的绝缘颜色依次为黄、绿、红色；N线的绝缘颜色为淡蓝色；PE线的绝缘颜色为绿/黄双色。任何情况下上述颜色标记严禁混用和互相代用。

电箱内的电线颜色按照标准规定设置。

风险和隐患9：多芯电线没搪锡，直接通过螺栓连接

风险和隐患描述

多芯电线没搪锡，接触电阻大，容易因发热造成事故。

管控和治理措施

根据《建筑电气工程施工质量验收规范》(GB 50303－2015)

17.2.2 导线与设备或器具的连接应符合下列规定：

3 截面积大于2.5 mm2的多芯铜芯线，除设备自带插接式端子外，应接续端子后与设备或器具的端子连接；多芯铜芯线与插接式端子连接前，端部应拧紧搪锡。

多芯铜芯线应连续端子连接到设备电箱内。

风险和隐患10：照明灯内的PE线脱落，无固定接线柱，且靠近灯具表面

风险和隐患描述

照明灯内的PE线脱落，无固定接线柱，且靠近灯具表面，容易引发事故。

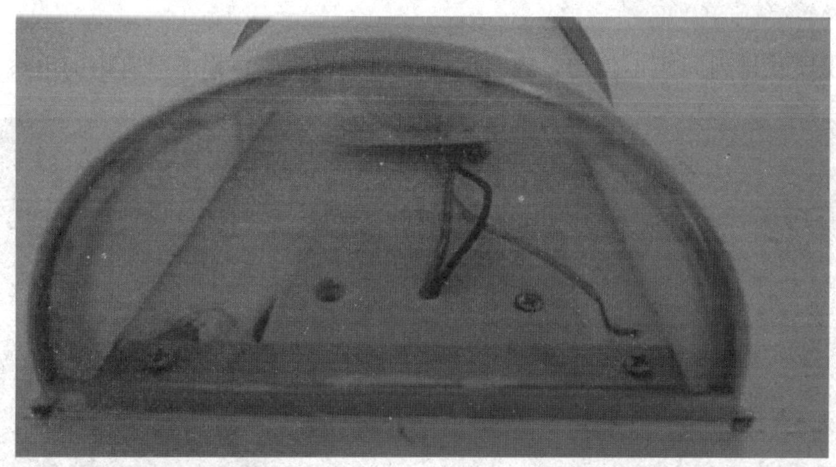

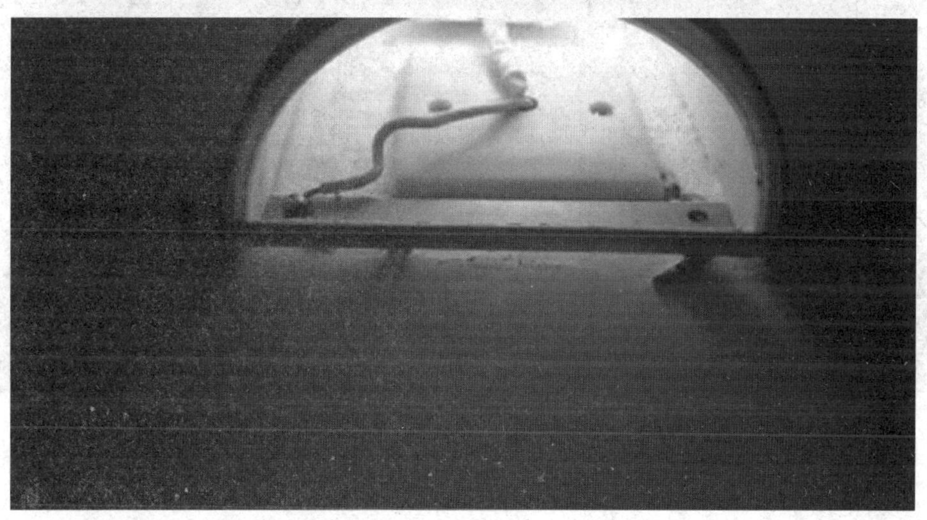

管控和治理措施

根据《施工现场临时用电安全技术规范》（JGJ 46—2005）

10.3.1 照明灯具的金属外壳必须与PE线相连接，照明开关箱内必须装设隔离开关、短路与过载保护电器和漏电保护器，并应符合本规范第8.2.5条和第8.2.6条的规定。

10.3.5 碘钨灯及钠、铊、铟等金属卤化物灯具的安装高度宜在 3 m 以上，灯线应固定在接线柱上，不得靠近灯具表面。

使用专用接线柱，保证接线完好，接头不靠近灯具表面。

风险和隐患 11：电线导管排列间距不均匀且有导管变形

风险和隐患描述

电线导管排列间距不均匀，容易因电场和磁场效应，损坏导管内的电线。

管控和治理措施

根据《建筑电气工程施工质量验收规范》(GB 50303—2015)

12.2.6 明配的电气导管应符合下列规定：

1 导管应排列整齐、固定点间距均匀、安装牢固。

重新敷设，保证导管良好且排列整齐、间距均匀。

风险和隐患12：导管穿墙无封堵

风险和隐患描述

导管穿墙时没有进行封堵，容易造成密闭失效，引发事故。

管控和治理措施

根据《建筑电气工程施工质量验收规范》(GB 50303－2015)

12.1.4 导管穿越密闭或防护密闭隔墙时，应设置预埋套管，预埋套管的制作和安装应符合设计要求，套管两端伸出墙面的长度宜为30mm～50mm，导管穿越密闭穿墙套管的两侧应设置过线盒，并应做好封堵。

穿墙导管按照规范设置，穿墙处应封堵好。

风险和隐患 13：可弯曲金属导管没有可靠接地且接头连接不良

风险和隐患描述

可弯曲金属导管接地不良，接头松动，可导致电气接地打火或导线脱出，进而造成火灾等事故。

管控和治理措施

根据《低压配电设计规范》(GB 50054－2011)

7.2.26 可弯曲金属导管布线，导管的金属外壳等非带电金属部分应可靠接地，且不应利用导管金属外壳做接地线。

可弯曲金属导管应良好接地，保证接头牢靠。

风险和隐患 14：母线槽分支连接位置靠墙，线槽盖无法打开

风险和隐患描述

母线槽分支连接位置靠墙，使线槽盖无法打开，容易因检修不当引发事故。

管控和治理措施

根据《建筑电气工程施工质量验收规范》（GB 50303—2015）

10.2.5 母线槽安装应符合下列规定：

2 母线槽段与段的连接口不应设置在穿越楼板或墙体处，垂直穿越楼板处应设置与建（构）筑物固定的专用部件支座，其孔洞四周应设置高度为 50 mm 及以上的防水台，并应采取防火封堵措施。

母线槽段与段的连接口不应设置在穿越楼板或墙体处，应设置在合适、便于操作的位置。

风险和隐患15：室外电柜底部积水

风险和隐患描述

室外电柜底部积水，容易造成柜内电路短路，进而引发事故。

管控和治理措施

根据《用电安全导则》（GB/T 13869－2008）

6.23 露天（户外）使用的用电产品应采取适用标准的防雨、防雾和防尘等措施。

电柜室外安装位置合适，做好防水、排水措施。

风险和隐患16：电箱开口进线处没有封堵好

风险和隐患描述

电箱开口进线处没有封堵好，容易进入小动物，造成箱内电路短路，进而引发事故。

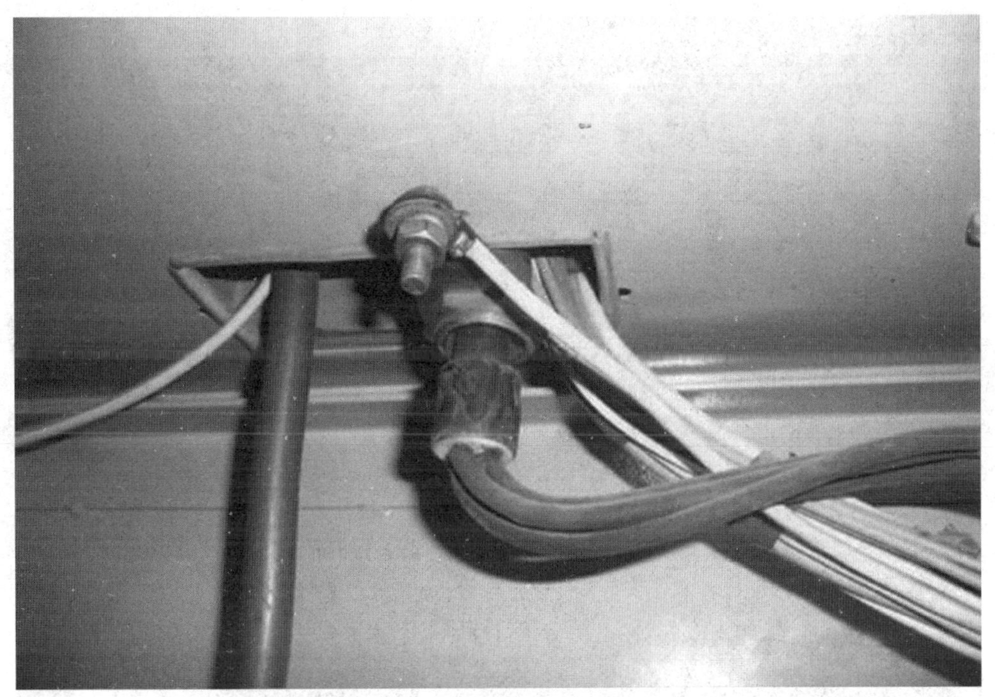

管控和治理措施

根据《低压配电设计规范》（GB 50054—2011）

7.1.5 电缆敷设的防火封堵，应符合下列规定：

1 布线系统通过地板、墙壁、屋顶、天花板、隔墙等建筑构件时，其孔隙应按等同建筑构件耐火等级的规定封堵。

电箱进出线口做好封堵，防止小动物进入。

风险和隐患 17：电机接线端盖缺失且进线接口固定不良

风险和隐患描述

电动机接线端盖缺失，容易因触碰造成线路短路进而引发事故。

管控和治理措施

根据《建筑电气工程施工质量验收规范》(GB 50303—2015)

6.2.4 电动机电源线与出线端子接触应良好、清洁，高压电动机电源线紧固时不应损伤电动机引出线套管。

保证电机部件齐全完整、接口连接良好。

风险和隐患 18：电动机外壳接地线过长且无任何保护

风险和隐患描述

电动机外壳接地线过长且无任何保护，容易折断接地线，进而造成电动机外壳接地失效，引发事故。

管控和治理措施

根据《电气装置安装工程　接地装置施工及验收规范》（GB 50169－2016）

4.2.10 发电厂、变电站电气装置的接地线应符合下列规定：

7 电气设备的机构箱、汇控柜（箱）、接线盒、端子箱等，以及电缆金属保护管（槽盒），均应接地明显、可靠。

过长的接地线应可靠保护，防止意外损伤。

风险和隐患19：开关箱中的四极漏电保护器上只接了单项三芯线

风险和隐患描述

开关箱中的四极漏电保护器上只接了单相三芯线，容易引起漏电保护器跳闸，引发事故。

管控和治理措施

根据《施工现场临时用电安全技术规范》(JGJ 46－2005)

8.2.12 总配电箱和开关箱中漏电保护器的极数和线数必须与其负荷侧负荷的相数和线数一致。

负荷的相数和线数应与漏电保护器的线数一致。

风险和隐患 20：存在可燃气体的区域的电缆沟没有密封

风险和隐患描述

存在可燃气体的区域的电缆沟没有密封，容易发生可燃气体进入电缆沟，进而因电缆发热造成火灾爆炸事故。

管控和治理措施

根据《石油化工企业设计防火规范》(GB 50160—2008)

9.1.4 装置内的电缆沟应有防止可燃气体积聚或含有可燃液体的污水进入沟内的措施。电缆沟通入变配电所、控制室的墙洞处，应填实、密封。

9.1.5 距散发比空气重的可燃气体设备 30 m 以内的电缆沟、电缆隧道应采取防止可燃气体窜入和积聚的措施。

存在可燃气体的区域的电缆沟做好密封。

风险和隐患 21：防爆电气设备的进线口密封性不良

风险和隐患描述

防爆电气设备的进线口密封性不良，致使电气设备失爆，一旦设备运行，极易发生火灾爆炸等事故。

管控和治理措施

根据《爆炸危险环境电力装置设计规范》(GB 50058－2014)

5.4.3 爆炸性环境电气线路的安装应符合下列规定：

5 在爆炸性气体环境内钢管配线的电气线路应做好隔离密封。

防爆电气设备的进线口应使用专用密封接头连接。

风险和隐患 22：多芯线没有压接端子也没有上锡

风险和隐患描述

多芯电线没有压接端子也没有搪锡，接触电阻大，容易因发热造成事故。

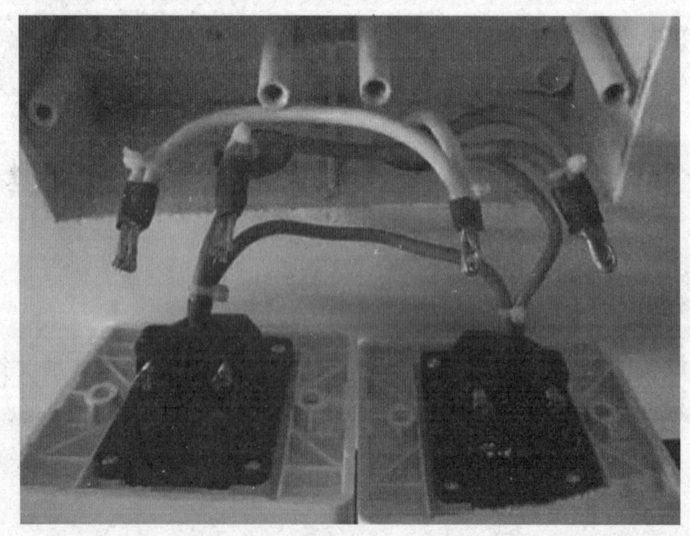

管控和治理措施

根据《建筑电气工程施工质量验收规范》(GB 50303－2015)

5.2.9 柜、台、箱、盘面板上的电器连接导线应符合下列规定：3 与电器连接时，端部应绞紧、不松散、不断股，其端部可采用不开口的终端端子或搪锡。

多芯线连接电器时应使用终端端子或搪锡。

风险和隐患 23：配电房门口没有装挡鼠板

风险和隐患描述

配电房门口没有装设挡鼠板，小动物容易进入配电室，发生咬坏电缆，造成短路，引发事故。

管控和治理措施

根据《低压配电设计规范》(GB 50054－2011)

4.3.7 配电室的门、窗关闭应密合；与室外相通的洞、通风孔应设防止鼠、蛇类等小动物进入网罩，其防护等级不宜低于现行国家标准《外壳防护等级（IP 代码)》GB 4208 规定的 IP3X 级。直接与室外露天相通的通风孔尚应采取防止雨\雪飘入的措施。

在配电房门口设置挡当鼠板，防止小动物意外进入。

风险和隐患 24：用电设备拆除后，电线简单包扎未拆除

风险和隐患描述

用电设备拆除后，电线简单包扎未拆除，容易发生触电、短路，引发事故。

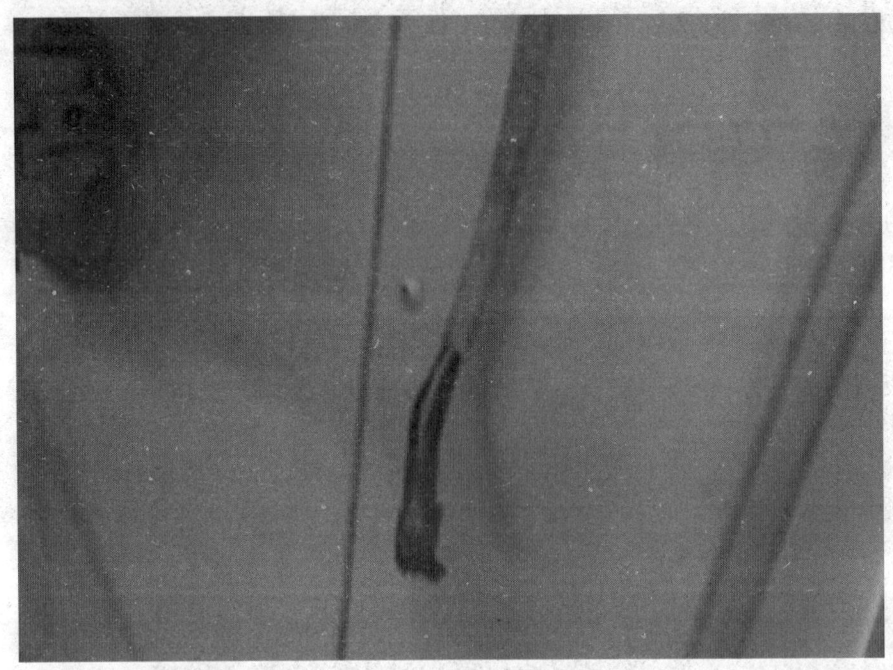

管控和治理措施

根据《用电安全导则》(GB/T 13869－2008)

7.3 用电产品拆除时，应对原来的电源端作妥善处理，不应使任何可能带电的导电部分外露。

用电设备拆除后，电源线应拆除。

风险和隐患 25：用刀闸开关作为主令控制开关

风险和隐患描述

用刀闸开关作为主令控制开关，因刀开关性能落后，容易引发事故。

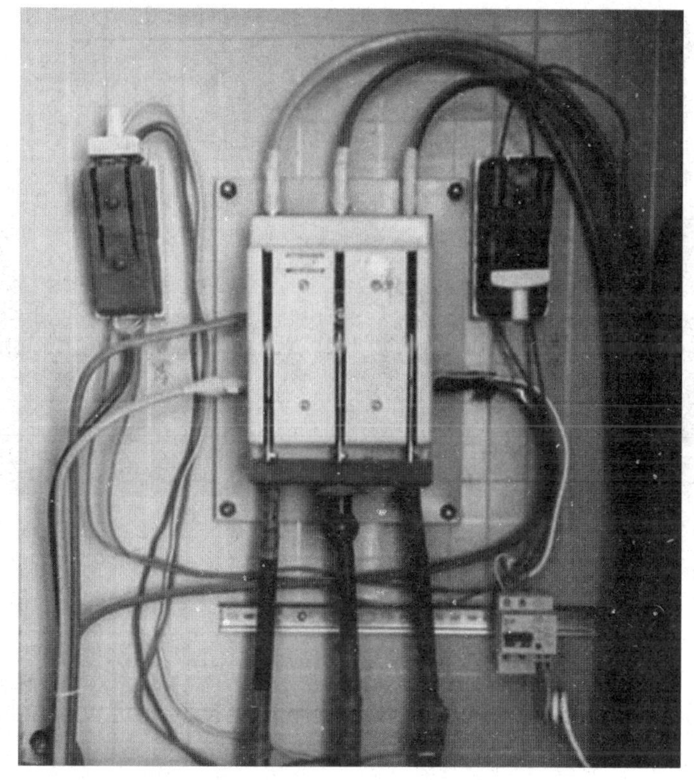

管控和治理措施

根据《高耗能落后机电设备（产品）淘汰目录（第二批）》

三、电器

3－1 刀开关

HD9－200、400、600、1000、1500

禁止使用已经淘汰的电气产品，用断路器替代。

风险和隐患26：临时配电箱内电器安装外斜、导线无插头直接插入插座中、电线没经过穿孔导致电箱门无法关闭

风险和隐患描述

临时配电箱内电器安装外斜、导线无插头直接插入插座中、电线没经过穿孔导致电箱门无法关闭，容易引发事故。

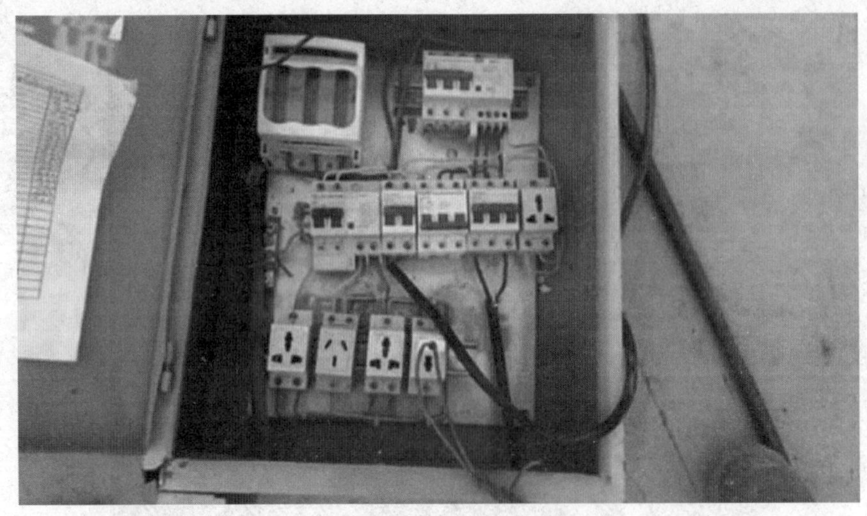

管控和治理措施

根据《施工现场临时用电安全技术规范》(JGJ 46—2005)

8.1.10 配电箱、开关箱内的电器(含插座)应按其规定位置紧固在电器安装板上，不得歪斜和松动。

按规定位置紧固在电器安装板上，不得歪斜和松动，导线不得未经过插头直接插在插座里，出线应经过底部出现口穿出并做好封堵。

风险和隐患27：户外线有接头且没有架设

风险和隐患描述

户外线有接头且没有架设，容易发生接头处断开，进而引发事故。

管控和治理措施

根据《施工现场临时用电安全技术规范》(JGJ 46—2005)

7.1.16 接户线在档距内不得有接头，进线处离地高度不得小于 2.5 m。7.2.3 电缆线路应采用埋地或架空敷设，严禁沿地面明设，并应避免机械损伤和介质腐蚀。埋地电缆路径应设方位标志。

户外线应架设并保持至少 2.5 米高，档距内不应有接头。

风险和隐患 28：临时电箱里面和外面都放有杂物且无箱门

风险和隐患描述

电箱里面和外面都放有杂物且无箱门，容易引燃杂物造成火灾等事故。

管控和治理措施

根据《施工现场临时用电安全技术规范》(JGJ 46—2005)

8.3.8 配电箱、开关箱内不得放置任何杂物，并应保持整洁。

电箱里外都不得堆放杂物，保持整洁，电箱们应完好。

风险和隐患29：临时用电低压电箱底部开口没有封闭

风险和隐患描述

落地电箱底部开口没有封闭，容易进入蛇、鼠等小动物，咬坏电线或造成短路，引发事故。

管控和治理措施

根据《低压配电设计规范》(GB 50054－2011)

4.2.1 落地式配电箱的底部宜抬高，高出地面的高度室内不应低于50 mm,，室外不应低于200 mm；其底座周围应采取封闭措施，并应能防止鼠、蛇类等小动物进入箱内。

落地式电箱按照标准安装，底部应封闭。

风险和隐患30：现场使用的照明灯破损

风险和隐患描述

照明灯破损，容易因发热引发火灾。

管控和治理措施

根据《施工现场临时用电安全技术规范》(JGJ 46—2005)

10.1.4 照明器具和器材的质量应符合国家现行有关强制性标准的规定，不得使用绝缘老化或破损的器具和器材。

更换绝缘好并且保持完好的照明灯具。

风险和隐患31：导线没有经过电箱的底部出口导致电箱无法关门

风险和隐患描述

导线没有经过电箱的底部出口直接与箱内连接，导致箱门无法关闭，容易进入异物引发事故。

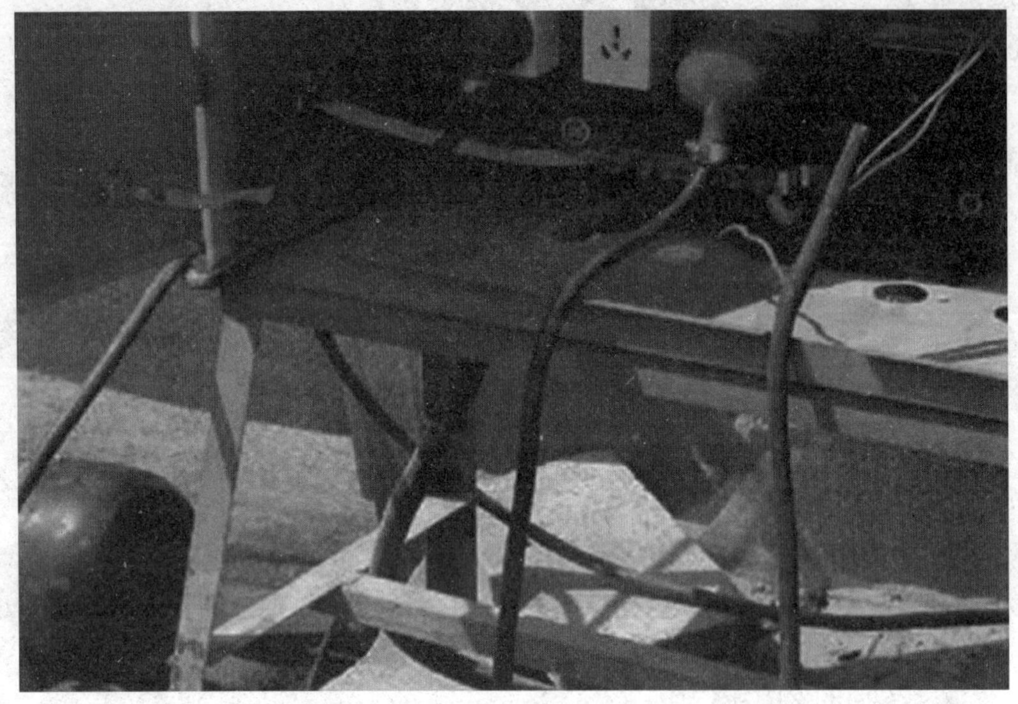

管控和治理措施

根据《施工现场临时用电安全技术规范》(JGJ 46—2005)

8.1.15 配电箱、开关箱中导线的进线口和出线口应设在箱体的下底面。

导线应从电箱底部的出现口接触并做好封堵。

风险和隐患32：照明电气开关安装在木板上

风险和隐患描述

照明电气开关安装在木板上，容易因发热或电火花引燃木板，引发火灾事故。

管控和治理措施

根据《施工现场临时用电安全技术规范》(JGJ 46—2005)

8.1.9 配电箱、开关箱内的电器（含插座）应先安装在金属或非木质阻燃绝缘电器安装板上，然后方可整体紧固在配电箱、开关箱箱体内。

电气开关应安装在不燃材料板上后再安装在合格的电箱里。

风险和隐患 33：电箱门没有做好地线跨接

风险和隐患描述

电箱门没有做好地线跨接，容易因为合页、铰链等连接装置造成门盖板与柜体间的导通电阻过大，一旦漏电，无法有效保护。

管控和治理措施

根据《施工现场临时用电安全技术规范》(JGJ 46—2005)

8.1.13 配电箱、开关箱的金属箱体、金属电器安装板以及电器正常不带电的金属底座、外壳等必须通过 PE 线端子板与 PE 线做电气连接，金属箱门与金属箱体必须通过采用编织软铜线做电气连接。

电箱箱门必须通过采用编织软铜线做电气连接接地保护。

风险和隐患 34：电箱内一只低压断路器控制两台用电设备

风险和隐患描述

电箱内一只低压断路器控制两台用电设备，不能保证一闸一机，容易导致事故的发生。

管控和治理措施

根据《施工现场临时用电安全技术规范》(JGJ 46—2005)

8.1.3 每台用电设备必须有各自专用的开关箱，严禁用同一个开关箱直接控制2台及2台以上用电设备（含插座）。

临时配电系统中应保证一闸一机，严禁单闸控制多机。

风险和隐患35：电箱内三相接线柱之间没有做好隔离防护

风险和隐患描述

电箱内的三相接线柱之间没有隔离防护措施，容易因发生短路、电火花造成火灾等事故。

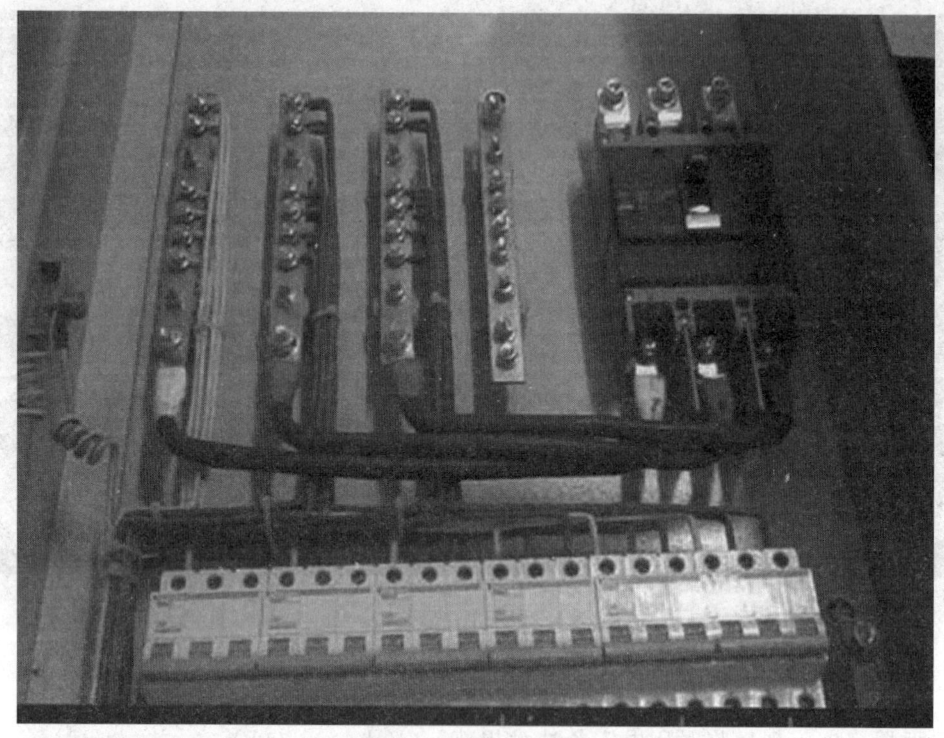

管控和治理措施

《低压配电设计规范》(GB 50054—2011)

5.1.2 标称电压超过交流方均根值25 V容易被触及的裸带电体，应设置遮栏或外护物。

在相线之间设置隔离防护措施，避免相线发生接触。

风险和隐患36：工业插座一拖五连接

风险和隐患描述

开关箱使用工业插座一拖五连接，容易引发事故。

管控和治理措施

根据《施工现场临时用电安全技术规范》(JGJ 46—2005)

8.1.3 每台用电设备必须有各自专用的开关箱，严禁用同一个开关箱直接控制2台及2台以上用电设备（含插座）。

每台通过插座提供电源的用电设备必须有各自专用的开关箱。

风险和隐患37：电焊机一次侧接线柱接线无防护

风险和隐患描述

电焊机侧接线柱接线无防护，容易因电火花引发火灾事故。

管控和治理措施

根据《施工现场临时用电安全技术规范》(JGJ46－2005)

9.5.2 交流弧焊机变压器的一次侧电源线长度不应大于 5 m，其电源进线处必须设置防护罩。发电机式直流电焊机的换向器应经常检查和维护，应消除可能产生的异常电火花。

电焊机电源进线处设置好防护罩。

风险和隐患 38：金属配电箱安装在有腐蚀气体的环境中被腐蚀

风险和隐患描述

金属配电箱安装在有腐蚀气体的环境，且无防护措施，容易腐蚀配电箱，引发事故。

管控和治理措施

根据《施工现场临时用电安全技术规范》（JGJ 46—2005）

6.1.1 配电室应靠近电源，并应设在灰尘少、潮气少、振动小、无腐蚀介质、无易燃易爆物及道路畅通的地方。

8.1.5 配电箱、开关箱应装设在干燥、通风及常温场所，不得装设在有严重损伤作用的瓦斯、烟气、潮气及其他有害介质中，亦不得装设在易受外来固体物撞击、强烈振动、液体浸溅及热源烘烤场所。否则，应予清除或做防护处理。

有腐蚀介质的环境中的电箱应适用耐腐蚀材料作为外壳。

风险和隐患39：水管穿过配电柜顶部

风险和隐患描述

水管穿过配电柜顶部，容易因水管“跑冒滴漏”损坏配电设备，进而引发事故。

管控和治理措施

根据《低压配电设计规范》(GB5 0054—2011)

4.1.3 配电室内除本室需用的管道外，不应有其他的管道通过。室内水、汽管道上不应设置阀门和中间接头；水、汽管道与散热器的连接应采用焊接，并应做等电位联结。配电屏的上、下方及电缆沟内不应敷设水、汽管道。

水管、汽管不得设计穿过低压配电室。

风险和隐患 40：配电室内配电柜前地面没有铺设绝缘垫

风险和隐患描述

配电室内的配电柜前没有铺设绝缘垫，人员操作时容易发生触电，甚至引发火灾等事故。

管控和治理措施

根据《电力安全工作规程　发电厂和变电站电气部分》(GB 26860—2011)

9.13.2 使用有绝缘柄的工具，其外裸的导电部位应采取绝缘措施，防止操作时相间或相对地短路。工作时，应穿绝缘鞋和全棉长袖工作服，并戴手套、安全帽和护目镜，站在干燥的绝缘物上进行。禁止使用锉刀、金属尺和带有金属物的毛刷、毛掸等工具。

9.14.2.4 进入作业现场应将使用的带电作业工具放置在防潮的帆布或绝缘垫上，防止绝缘工具在使用中脏污和受潮。

在配电室内电柜前铺设绝缘垫，便于操作、检修时人或带电作业工具属于绝缘垫上。

风险和隐患41：电气检修操作人员没有戴绝缘手套

风险和隐患描述

电气检修操作人员没有戴绝缘手套，容易发生触电，造成事故。

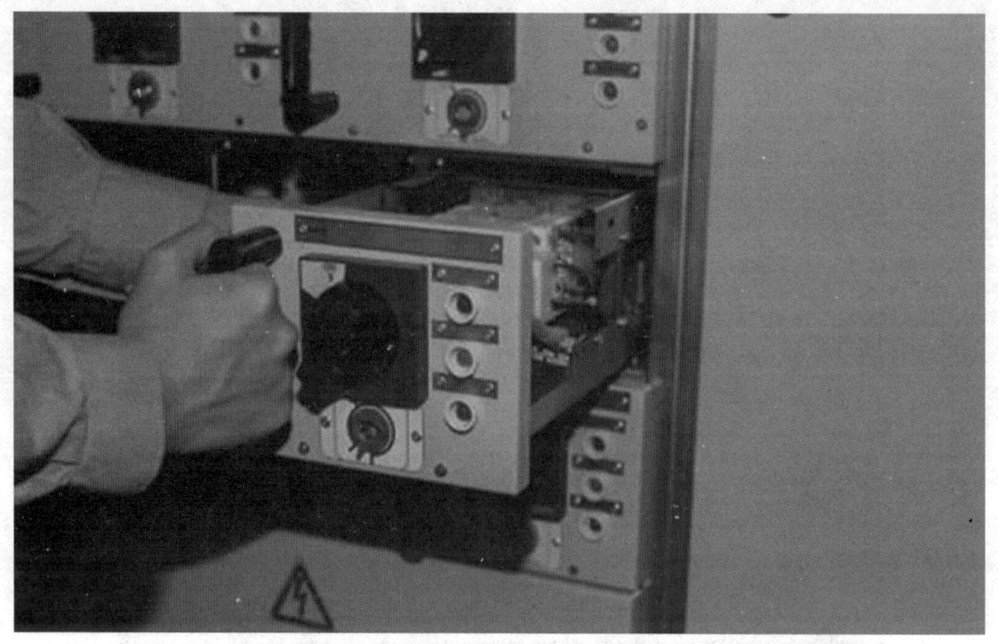

管控和治理措施

根据《施工现场临时用电安全技术规范》(JGJ 46—2005)

8.3.3 配电箱、开关箱应定期检查、维修。检查、维修人员必须是专业电工。检查、维修时必须按规定穿、戴绝缘鞋、手套，必须使用电工绝缘工具，并应做检查、维修工作记录。

检查、维修人员检查、维修时必须按规定穿、戴绝缘鞋、手套。

风险和隐患 42：插座明装载粉尘多的环境中

风险和隐患描述

插座装置在粉尘多的环境中，且无防护措施，容易腐蚀插座，引发事故。

管控和治理措施

根据《施工现场临时用电安全技术规范》(JGJ 46—2005)

6.1.1 配电室应靠近电源，并应设在灰尘少、潮气少、振动小、无腐蚀介质、无易燃易爆物及道路畅通的地方。

8.1.5 配电箱、开关箱应装设在干燥、通风及常温场所，不得装设在有严重损伤作用的瓦斯、烟气、潮气及其他有害介质中，亦不得装设在易受外来固体物撞击、强烈振动、液体浸溅及热源烘烤场所。否则，应予清除或做防护处理。

粉尘多的环境中的插座应暗装并有外部防尘措施。

风险和隐患43：化学品仓库安装的灯具不防爆

风险和隐患描述

化学品仓库安装的灯具不防爆，容易因灯具发生故障，进而引燃甚至引爆仓库中的化学品。

管控和治理措施

根据《爆炸危险环境电力装置设计规范》（GB 50058－2014）

5.1.1 爆炸性环境的电力装置设计应符合下列规定：

1 爆炸性环境的电力装置设计宜将设备和线路，特别是正常运行时能发生火花的设备布置在爆炸性环境以外。当需设在爆炸性环境内时，应布置在爆炸危险性较小的低点。

2 在满足工艺生产及安全的前提下，应减少防爆电气设备的数量。

化学品仓库的照明灯等电气设备应适用防爆型的。

风险和隐患 44：配电线路检修停电维修未挂“禁止合闸、有人工作”停电标志牌

风险和隐患描述

配电线路检修停电维修未挂停电标志牌，容易因误操作造成触电，进而发生事故。

管控和治理措施

根据《施工现场临时用电安全技术规范》(JGJ 46—2005)

6.1.8 配电柜或配电线路停电维修时，应挂接地线，并应悬挂“禁止合闸、有人工作”停电标志牌。停送电必须由专人负责。

线路停电维修时，必须挂接地线，并应悬挂“禁止合闸、有人工作”停电标志牌。

风险和隐患 45：Ⅰ类手持电动工具没有和保护线连接（插座无地线）

风险和隐患描述

Ⅰ类手持电动工具和没有地线的插座连接，容易发生触电，造成事故。

管控和治理措施

根据《施工现场临时用电安全技术规范》(JGJ 46—2005)

9.1.1 施工现场中电动建筑机械和手持式电动工具的选购、使用、检查和维修应遵守下列规定：

1 选购的电动建筑机械、手持式电动工具及其用电安全装置符合相应的国家现行有关强制性标准的规定，且具有产品合格证和使用说明书。

I类电动工具应将可触及及可导电的零件欲已安装的固定线路中的保护线连接。

第二节 电气安全管理

风险和隐患46：非电工人员擅自接线

风险和隐患描述

非电工人员擅自接线，无法保证接线质量，容易引发事故。

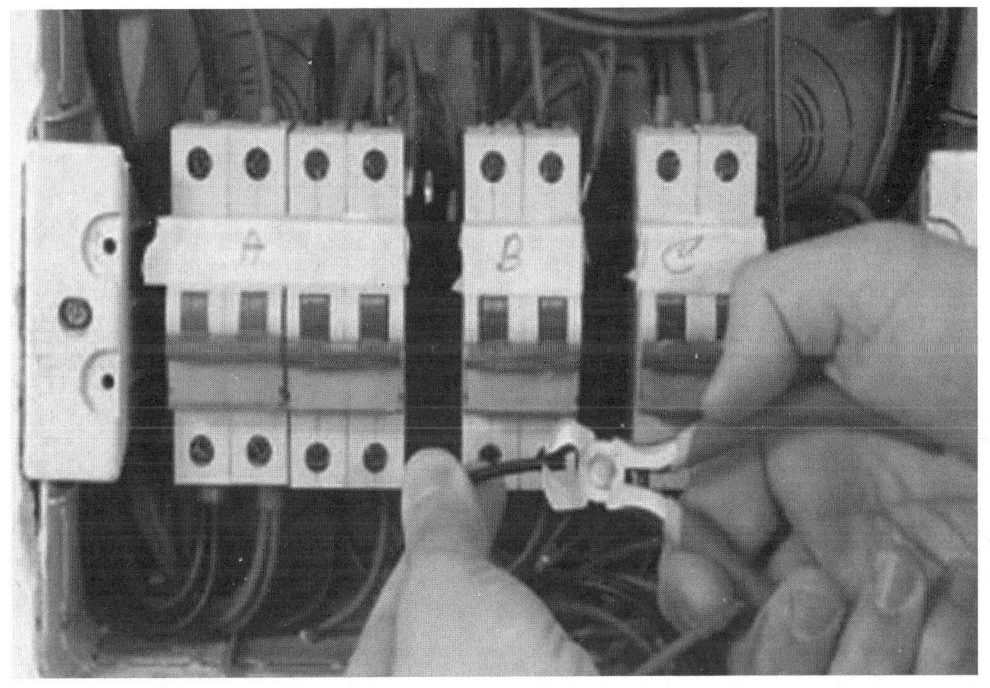

管控和治理措施

根据《施工现场临时用电安全技术规范》(JGJ 46—2005)

3.2.1 电工必须经过按国家现行标准考核合格后，持证上岗工作：其他用电人员必须通过相关安全教育培训和技术交底，考核合格后方可上岗工作。

必须由有证电工从事电气接线作业，无证人员严禁从事电工作业。

风险和隐患 47：电工操作无人监护

风险和隐患描述

电工带电操作时无人监护，一旦发生意外不能保证人身安全。

管控和治理措施

根据《施工现场临时用电安全技术规范》(JGJ 46—2005)

3.2.2 安装、巡检、维修或拆除临时用电设备和线路，必须由电工完成，并应有人监护。电工等级应同工程的难易程度和技术复杂性相适应。

电工带电作业时应安排双人作业，保证一人操作，一人监护。

风险和隐患48：临时用电变更没有经过组织设计和组织编制

风险和隐患描述

没有经过组织设计和组织编制进行临时用电变更，容易因电工误操作引发事故。

管控和治理措施

根据《施工现场临时用电安全技术规范》(JGJ 46—2005)

3.1.4 临时用电组织设计及变更时，必须履行“编制、审核、批准”程序，由电气工程技术人员组织编制，经相关部门审核及具有法人资格企业的技术负责人批准后实施。变更用电组织设计时应补充有关图纸资料。

临时用电组织设计及变更时，必须按照程序进行设计、审批，并补充有关图纸资料。

风险和隐患 49：临时用电工程没有定期检查和测试

风险和隐患描述

临时用电工程没有定期检查和测试，不能保证临时用电的可靠性，容易造成事故。

管控和治理措施

根据《施工现场临时用电安全技术规范》（JGJ 46－2005）

3.3.3 临时用电工程应定期检查。定期检查时，应复查接地电阻值和绝缘电阻值。

按照计划定期进行检查与测试，并保存好检查与测试记录。

风险和隐患 50：没有定期组织电气事故应急预案演练

风险和隐患描述

企业没有定期组织电气事故应急预案演练，一旦发生事故，不能很好的进行避险。

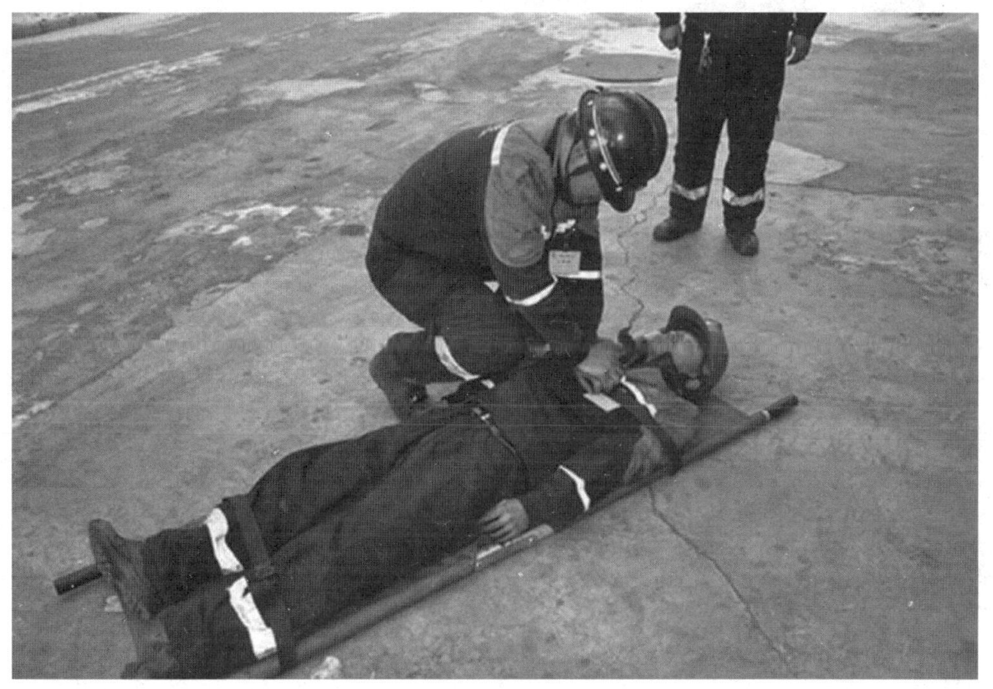

管控和治理措施

根据《生产安全事故应急预案管理办法》（国家安全生产监督管理总局 88 号令）

第三十三条　生产经营单位应当制定本单位的应急预案演练计划，根据本单位的事故风险特点，每年至少组织一次综合应急预案演练或者专项应急预案演练，每半年至少组织一次现场处置方案演练。

定期组织电气事故专项应急预案演练。

第五章

物流仓储场所电气火灾风险防控和隐患排查治理

第一节　电气线路和电气设备

风险和隐患1：物流仓库内的电箱无任何标识，外壳为可燃材料制成

风险和隐患描述

物流仓库内的电箱无任何标识，外壳为可燃材料制成，容易引发火灾等事故。

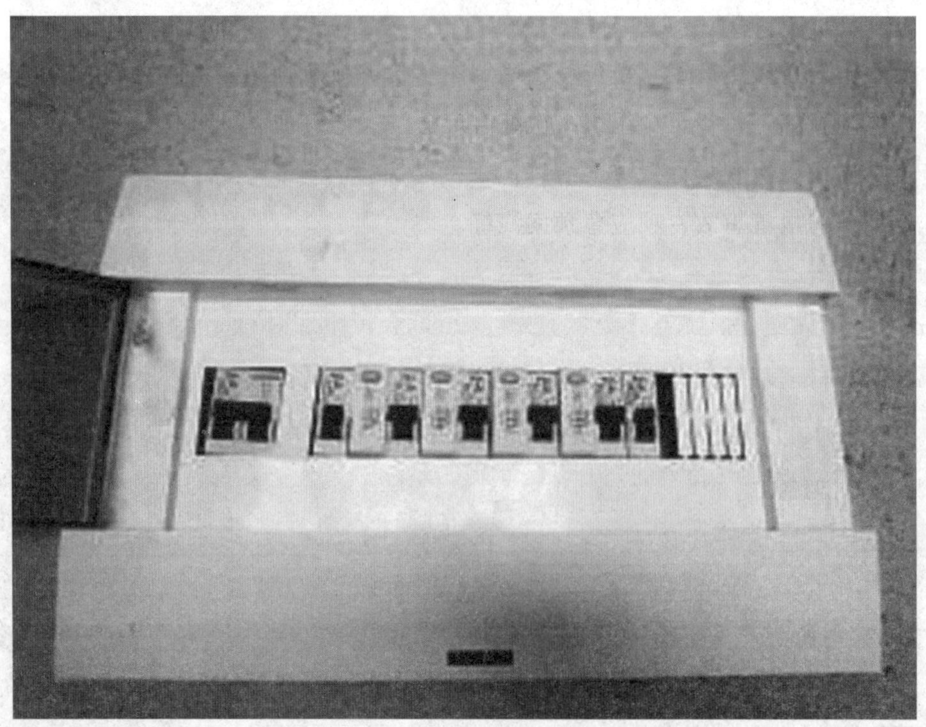

管控和治理措施

根据《建筑电气工程施工质量验收规范》（GB 50303－2015）

3.4.3 当验收建筑电气工程时，应核查下列各项质量控制资料，且资料内容应真实、齐全、完整：

2 主要设备、器具、材料的合格证和进场验收记录。

《用电安全导则》（GB/T 13869－2008）

5.1 用电产品的设计制造应符合规定，如需要强制性认证的，应取得认证证书或标志。非强制认证的产品应具备有效的检验报告。

5.2 用电产品应具有符合规定的铭牌或标志，以满足安装、使用和维护的要求。

物流仓储场所电气使用的气设备应选用具有生产许可证或 CCC 证书的合格电器产品，并与物流仓储场所的火灾危险性相适应。

风险和隐患 2：库房的电气开关箱设置在库房内中间位置或最里面

风险和隐患描述

由于库房内的电气开关箱有的设置在库房里面，工作人员离开库房时可能会疏于拉闸断电，或夜晚先在库内断电看不清出来的路线，就没有拉闸断电，电器长期带电可能发生过热等导致电气起火事故。

管控和治理措施

库区内库房的电气开关箱应设在库房门外，便于工作人员出库后拉闸断电。

风险和隐患 3：库房内墙上的电线中间有接头且电线无保护

风险和隐患描述

库房内墙上的电线中间有接头且电线无保护，容易发生接头松动打火或断开，引发电气火灾事故。

管控和治理措施

根据《建筑电气工程施工质量验收规范》(GB 50303－2015)

14.2.1 除塑料护套线外，绝缘导线应采取导管或槽盒保护，不可外露明敷。

库房内电缆电线应穿管敷设，接头应处于接线盒内。

风险和隐患 4：库房内货架安装施工时将手持电钻的三脚插头改为两脚插头使用

风险和隐患描述

使用手持电钻进行施工时，将三脚插头改为两脚插头使用，容易因无接地保护线而发生事故。

管控和治理措施

根据《施工现场临时用电安全技术规范》(JGJ 46—2005)

9.1.1 施工现场中电动建筑机械和手持式电动工具的选购、使用、检查和维修应遵守下列规定：

1 选购的电动建筑机械、手持式电动工具及其用电安全装置符合相应的国家现行有关强制性标准的规定，且具有产品合格证和使用说明书。

手持电动工具除塑料外壳以外，其他金属外壳都必须接地，三脚插头是一根相线、一根零线加一根地线，严禁改为无地线的两脚插头使用。

风险和隐患5：易燃易爆物堆放在电柜附近

风险和隐患描述

电柜附近堆积有易燃易爆物，极易因运行产生的高温引燃易燃易爆物，发生火灾爆炸事故。

管控和治理措施

根据《施工现场临时用电安全技术规范》(JGJ 46－2005)

4.2.1 电气设备现场周围不得存放易燃易爆物、污源和腐蚀介质，否则应予清除或做防护处置，其防护等级必须与环境条件相适应。

《用电安全导则》（GB/T13869—2008）6.5 一般环境下，用电产品以及电气线路的周围应留有足够的安全通道和工作空间，且不应堆放易燃、易爆和腐蚀性物品。

易燃易爆物、污源和腐蚀介质存放地点应远离电气设备，开关、插座和照明灯具靠近可燃物时应采取隔热、散热等防火措施。

风险和隐患6：库房内电器将无插头的导线直接插在插座里使用

风险和隐患描述

电线未使用插头而直接插入插座中使用，线头和插座触片不能牢固连接，容易产生放电打火，引发火灾等事故。

管控和治理措施

根据《用电安全导则》（GB/T 13869—2008）

4.6 对危及人和财产的其他危险，应采取足够的防护。

5.4 用电产品设计应按照直接安全技术措施、间接安全技术措施和提示性安全技术措施顺序实现，相关用电产品的产品标准应规定必要的措施和实现措施的规定

5.5 正确选用用电产品的规格型式、容量和保护方式（如过载保护等），不得

擅自更改用电产品的结构、原有配置的电气线路以及保护装置的整定值和保护元件的规格等。

电气设备应通过插头与插座接通。

风险和隐患7：库房内的电线上悬挂重物

风险和隐患描述

库房内的电线上悬挂重物，容易导致电线电缆损伤、拉脱导体接头或绝缘层磨破引起电气事故

管控和治理措施

根据《用电安全导则》(GB/T 13869－2008)

6.2 用电产品应该按照制造商提供的使用环境条件进行安装，如果不能满足制造商的环境要求，应该采取附加的安装措施，例如，为用电产品提供防止外来机械应力、电应力，以及热效应的防护。

电气线路的敷设方式应规范、保护措施完好，不应在导线上悬挂其他物品，保证导线绝缘层无破损、老化现象。

风险和隐患8：库房内的易燃物上方电线有接头

风险和隐患描述

库房内的易燃物上方电线有接头，一旦电线接头过载打火，会引燃可燃物导致火灾发生。

管控和治理措施

根据《建筑电气工程施工质量验收规范》（GB 50303－2015）

14.2.1 除塑料护套线外，绝缘导线应采取导管或槽盒保护，不可外露明敷。

库房内的电线不得有接头，更不能靠近可燃物，如果不能避免有接头，则接头应由接线盒保护。

风险和隐患9：寒冷天气库房内用取暖器取暖

风险和隐患描述

库房内使用取暖器进行取暖，容易引燃库房内的可燃物，导致火灾发生，尤其是取暖器对着可燃物吹出的热风更容易引燃可燃物。

管控和治理措施

根据《施工现场临时用电安全技术规范》（JGJ 46—2005）

4.2.1 电气设备现场周围不得存放易燃易爆物、污源和腐蚀介质，否则应予清除或做防护处置，其防护等级必须与环境条件相适应。

库房内严禁用取暖器取暖，更不能用明火取暖。库房内不应使用电炉、电烙铁、电熨斗、电加热器等电热器具和电视机、电冰箱等家用电器。

风险和隐患10：在仓库库存区给私人电动自行车充电

风险和隐患描述

在仓库库存区进行电动自行车充电，容易因电动自行车电瓶发热而起火，甚至导致电气线路起火。

管控和治理措施

根据《用电安全导则》（GB/T 13869－2008）

6.4 任何用电产品在运行过程中，应有必要的监控或监视措施；用电产品不允许超负荷运行。

禁止在库房内对电动自行车、叉车等充电，应在安全的地方设置叉车充电房。

风险和隐患11：库房内的照明灯具和下方物品没有保持安全距离

风险和隐患描述

库房内的照明灯具与下方堆放的物品距离较近，容易导致照明灯周围聚热，进而引发火灾。

管控和治理措施

根据《仓储场所消防安全管理通则》（GA 1131—2014）

6.8 库房内堆放物品应满足以下要求：

b）物品与照明灯之间的距离不小于0.5m。

仓库内照明灯具下不宜堆放物品，确要堆放应保持物品与照明灯之间的距离不小于0.5m，严禁使用移动照明灯。

风险和隐患12：甲、乙类仓库库管员办公桌摆放在仓库电柜前

风险和隐患描述

办公桌放置在电控柜前，影响电柜的检查和操作，容易导致火灾等事故的发生。

管控和治理措施

根据《建筑设计防火规范》（GB 50016—2014）

3.3.5 员工宿舍严禁设置在厂房内。

办公室、休息室等不应设置在甲、乙类厂房内，确需贴邻本厂房时，其耐火等级不应低于二级，并应采用耐火极限不低于3.00h的防爆墙与厂房分隔和设置独立的安全出口。

办公室、休息室等不应设置在甲、乙类厂房内。

风险和隐患 13：库房内电焊时可燃物距离太近，没有设置警戒人员

风险和隐患描述

在库房内进行电焊作业时距离可燃物太近，容易因焊渣掉落引燃可燃物，进而引起火灾。

管控和治理措施

根据《焊接与切割安全》(GB 9448—1999)

6.4.2 火灾警戒人员的设置

在下列焊接或切割的作业点及可能引发火灾的地点，应设置火灾警戒人员：

a) 靠近易燃物之处　建筑结构或材料中的易燃物距作业点 10m 以内。

在库房内进行电焊作业前，应做好隔离安全措施，并安排警戒监督人员和消防器材。

风险和隐患 14：锂电池产品没有在独立的防火分区库房内

风险和隐患描述

锂电池产品没有储存在独立的防火分区库房内，锂电池容易发生燃烧爆炸，如果库房防火等级不够，极易使事故扩大。

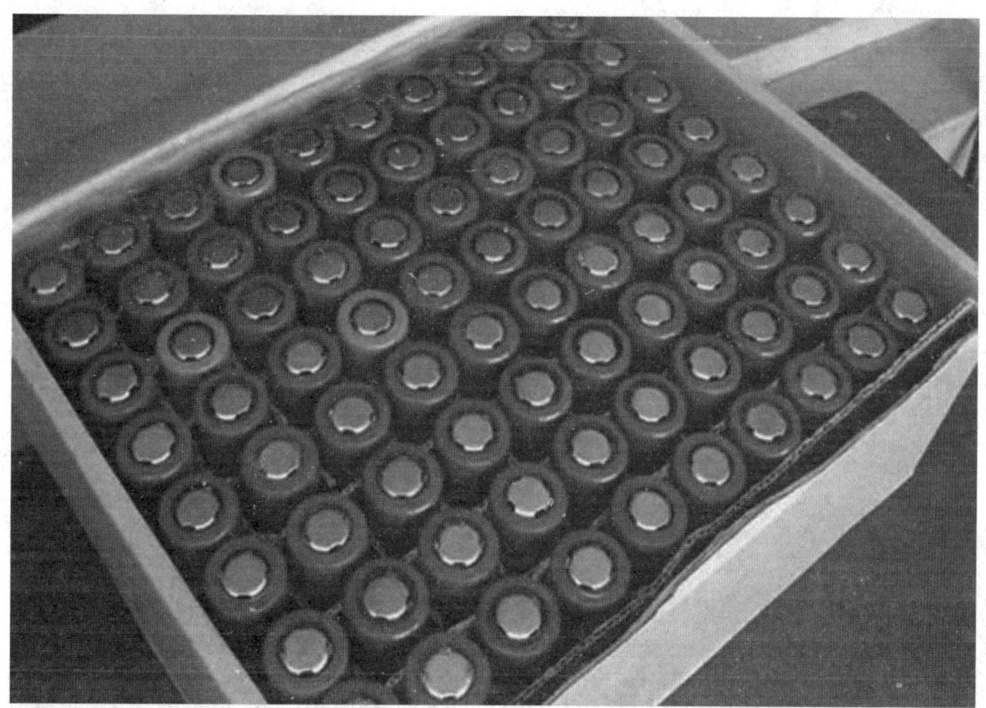

管控和治理措施

根据《建筑设计防火规范》（GB 50016－2014）

3.1.4 同一座仓库或仓库的任一防火分区内储存不同火灾危险性物品时，仓库或防火分区的火灾危险性应按火灾危险性最大的物品确定。

将不同火灾危险性物品储存到不同的防火分区内，锂电池产品应存储在独立的防火分区库房内。

风险和隐患 15：仓库使用的电动升降机、叉车没有定期检测与保养

风险和隐患描述

仓库内使用的电动升降机、叉车没有定期检测与保养，无法保证在使用时的完好情况。

管控和治理措施

根据《中华人民共和国特种设备安全法》（主席令第 4 号）

第十五条 特种设备生产、经营、使用单位对其生产、经营、使用的特种设备应当进行自行检测和维护保养，对国家规定实行检验的特种设备应当及时申报并接受检验。

第三十九条 特种设备使用单位应当对其使用的特种设备进行经常性维护保养和定期自行检查，并作出记录。

仓库电动升降车、电动叉车等特种设备应定期检测、保养，保证其操作开关、

供电线路保护措施应完好。

风险和隐患 16：物流库区防雷、防静电设施检查结果不合格

风险和隐患描述

物流库区防雷设施检查结果不合格，一旦发生雷击，极易引发火灾等事故。

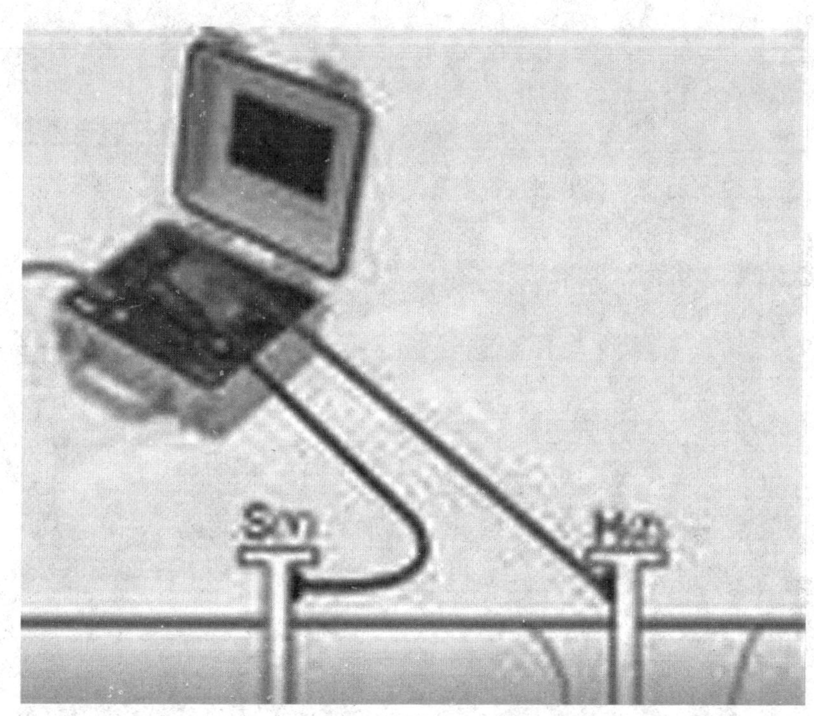

管控和治理措施

依据《防雷减灾管理办法》（中国气象局令第 24 号）

第四章　防雷检测

第十九条　投入使用后的防雷装置实行定期检测制度。防雷装置应当每年检测一次，对爆炸和火灾危险环境场所的防雷装置应当每半年检测一次。

第二十一条 防雷装置检测机构对防雷装置检测后，应当出具检测报告。不合格的，提出整改意见。被检测单位拒不整改或者整改不合格的，防雷装置检测机构应当报告当地气象主管机构，由当地气象主管机构依法作出处理。

防雷、防静电设施定期检测结果不合格的，应查明原因并予以修复。

风险和隐患17：库房内安装灭蚊灯且长期开启使用（包括夜晚无人时）

风险和隐患描述

灭蚊灯长期开启，一旦发热、短路等电气失火后，会引燃库房内的可燃物等，导致火灾发生。

管控和治理措施

根据《用电安全导则》（GB/T 13869－2008）

6.4　任何用电产品在运行过程中，应有必要的监控或监视措施；用电产品不允许超负荷运行。

禁止仓库内安装、使用灭蚊灯。

风险和隐患 18：库房内有老鼠咬坏电线的现象

风险和隐患描述

被老鼠咬坏的电线容易引起短路、接地而引起火灾。

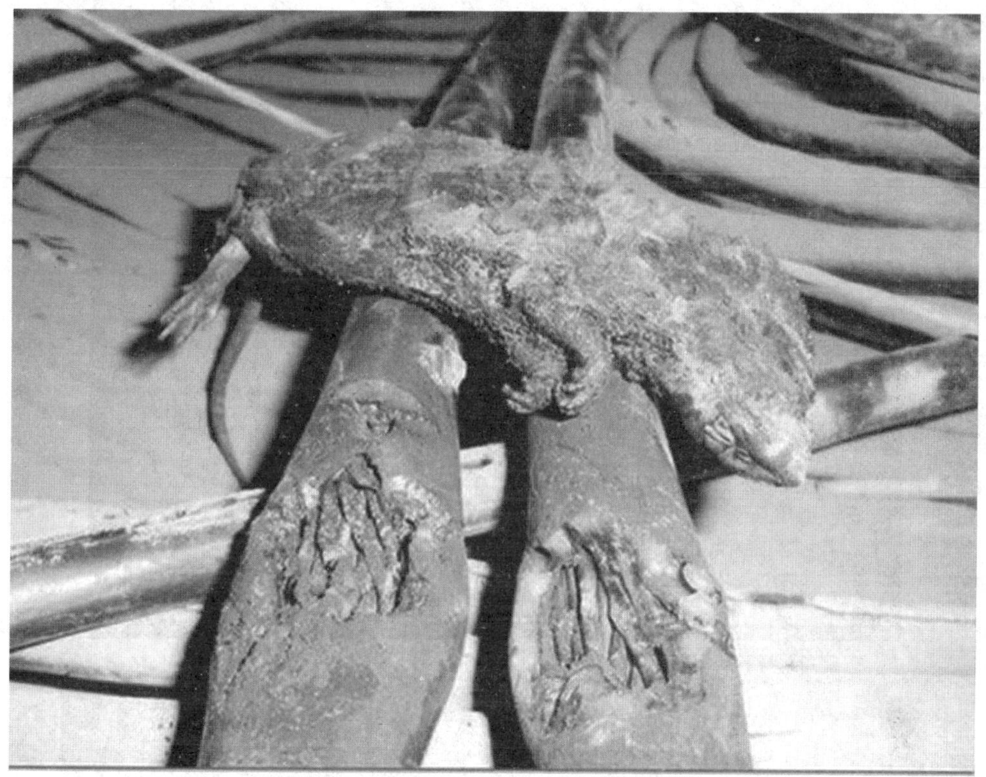

管控和治理措施

根据《低压配电设计规范》（GB 50054－2011）

7.1.2 配电线路的敷设环境，应符合下列规定：

8 应避免有动物的情况对布线系统带来的损害。

7.6.1 电缆路径的选择，应符合下列规定：

1 应使用电缆不易受到机械、震动、化学、地下电流、水锈蚀、热影响、蜂蚁和鼠害等损伤。

库区各库房电箱、电柜、导线墙体出入口等地方做好封堵措施，做好防鼠、防小动物工作。

风险和隐患 19：货架安装时用的电动工具电源线损坏

风险和隐患描述

电动工具的电源线损坏，在使用时容易发生短路，进而引发火灾等事故。

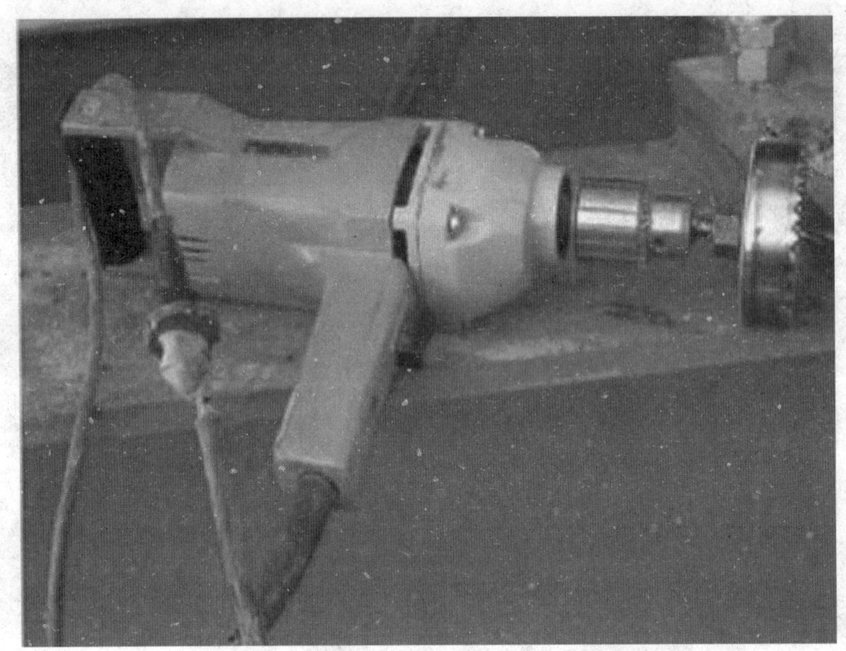

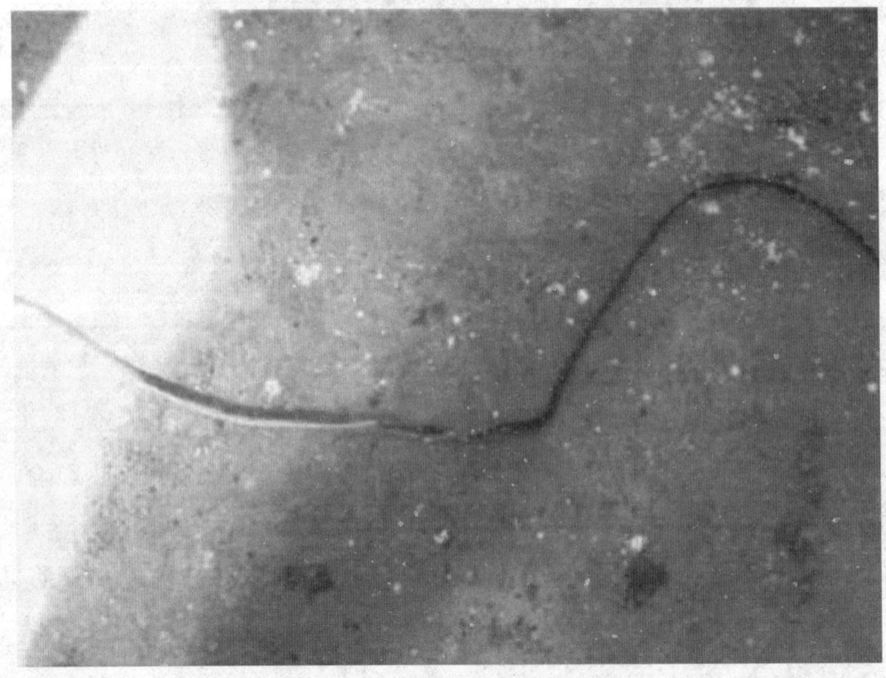

管控和治理措施

根据《用电安全导则》(GB/T 13869－2008)

6.8 移动使用的用电产品，应采用完整的铜芯橡皮套软电缆或护套软线作电源线；移动时，应防止电源线拉断或损坏。

电工工具电源线应保持良好无破损，出现破损情况应更换。

风险和隐患20：库房防爆区用电设备不防爆

风险和隐患描述

库房防爆区用电设备不防爆，一旦发生电火花将酿成严重的火灾爆炸事故。

管控和治理措施

根据《用电安全导则》（GB/T 13869－2008）

8.4 在可燃、助燃、易燃（爆）物体的储存、生产、使用等场所或区域内使用的用电产品，其阻燃或防爆等级要求应符合特殊场所的标准规定。

防爆区均应使用防爆型电气设备、开关。线路敷设应符合防爆要求。

风险和隐患 21：仓库电气设备经常故障

风险和隐患描述

仓库电气设备经常发生故障，不能正常工作，容易引发事故。

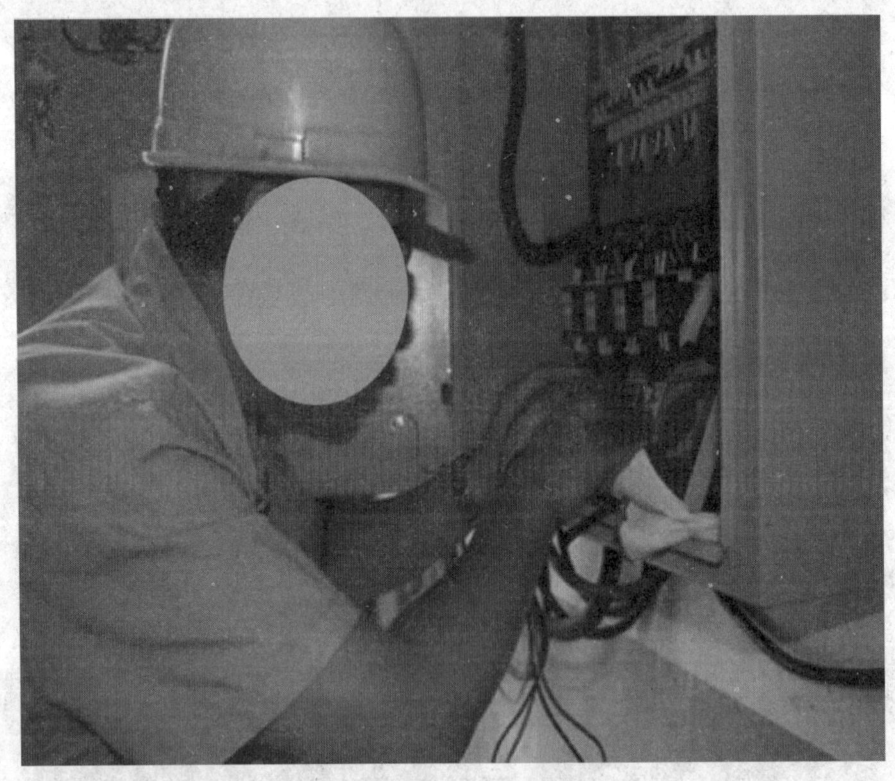

管控和治理措施

根据《用电安全导则》（GB/T 13869－2008）

10.7 用电产品应有专人负责管理，并定期进行检修、测试和维护，检修、测试和维护的频度应取决于用电产品的规定的要求和使用情况。

安排电气维护人员定期检修、测试和维护，保证设备运行正常。

风险和隐患22：仓库内非电工人员维修电气设备

风险和隐患描述

非电工人员在仓库内进行电气设备维修工作，容易因不具备专业知识导致操作不当引发火灾等事故。

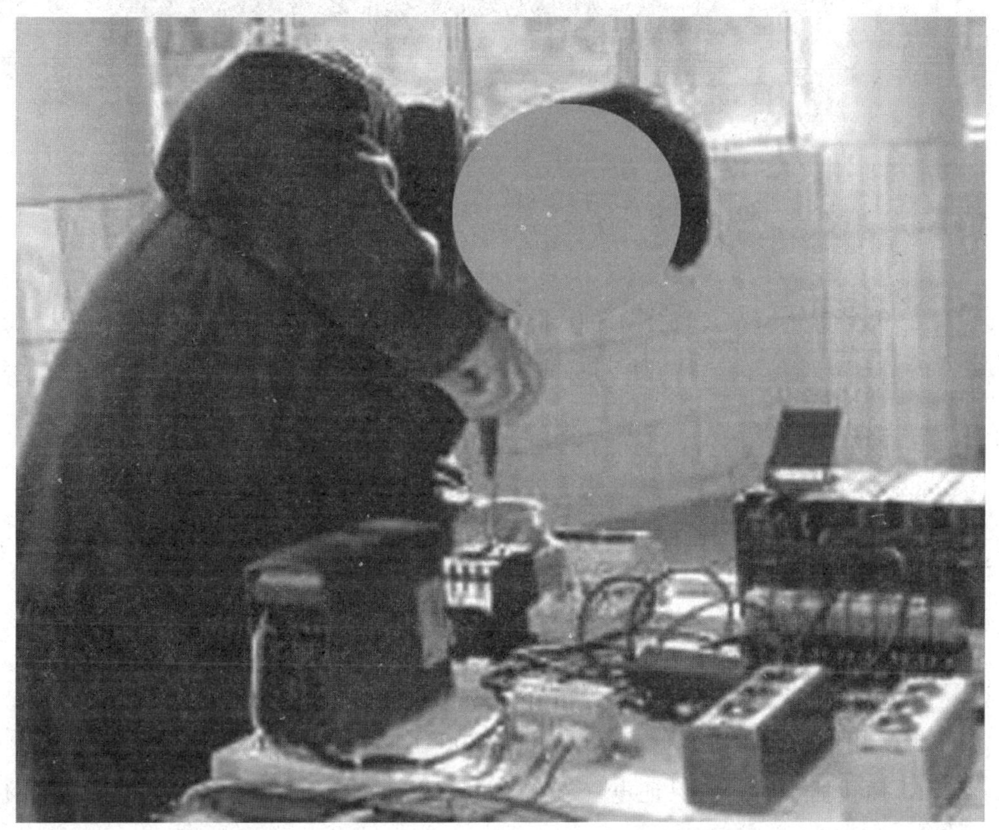

管控和治理措施

根据《用电安全导则》（GB/T 13869－2008）

7.1 用电产品在使用期间的检修、测试及维修应由专业的人员进行，非专业人员不得从事电气设备和电气装置的维修，但属于正常更换易损件情况除外；涉及公众安全的用电产品，其相应活动应由具有相应资格的人员按规定进行。

物流仓库电气设备应由专业电工人员维修。

风险和隐患23：仓库作业人员利用拉拽电源线的方式拔出插头

风险和隐患描述

仓库作业人员在拔插头时采用拉拽电源线的方法，容易拽坏电线，导致发生事故。

管控和治理措施

根据《用电安全导则》（GB/T 13869－2008）

6.15 插拔插头时，应保证电气设备和电气装置处于非工作状态，同时人体不得触及插头的导电极，并避免对电源线施加外力。

禁止利用拉拽电源线的方式拔出插头，应用收捏住插头予以拔出。

风险和隐患24：库房内插座中零线和地线共用

风险和隐患描述

库房插座内的零线和地线接到一起，致使地线的保护接地作用失效，极易发生事故。

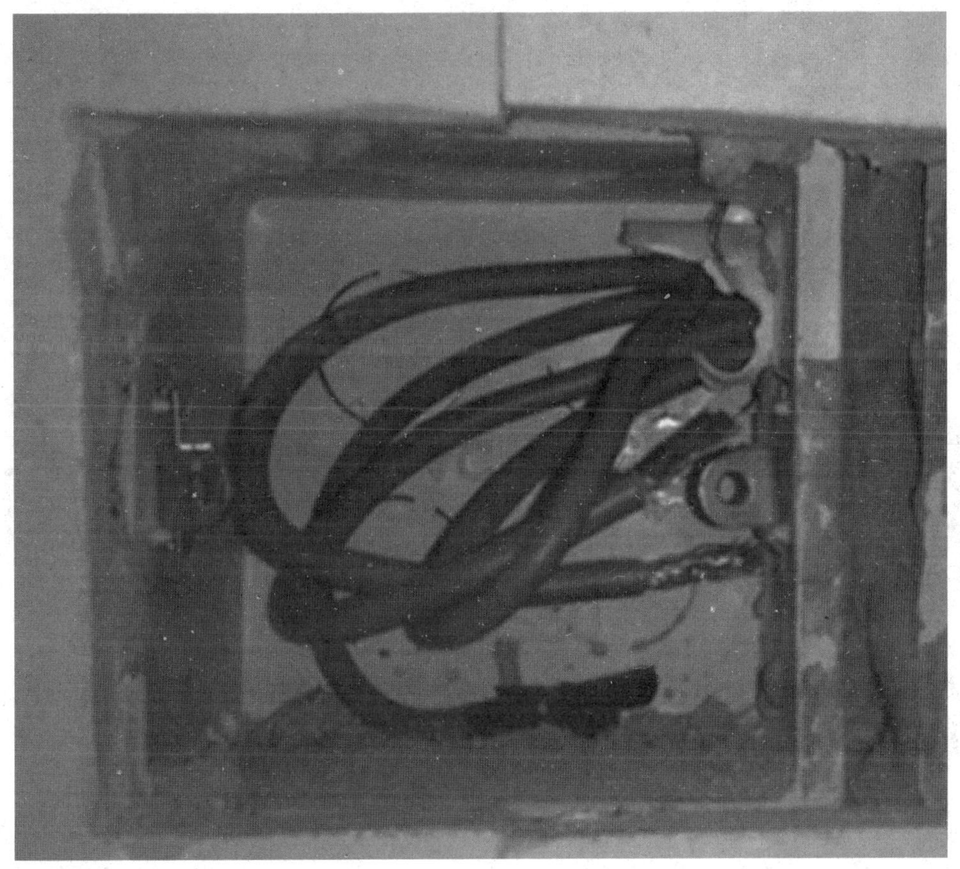

管控和治理措施

根据《用电安全导则》(GB/T 13869－2008)

6.16 插头与插座应按规定正确接线，插座的保护接地极在任何情况下都应单独与保护接地线可靠连接，不得在插头（座）内将保护接地板与工作中性线连接在一起。

插座内的零线与地线必须分开接线。

风险和隐患25：仓库内接线凌乱、吊扇处于可燃物上方且过低

风险和隐患描述

仓库内接线凌乱、吊扇与可燃物距离太近，容易引燃可燃物，造成火灾等事故。

管控和治理措施

根据《民用建筑电气设计规范》(JGJ 16－2008)

8.2.5 直敷布线在室内敷设时，电线水平敷设至地面的距离不应小于 2.5 m，垂直敷设至地面低于 1.8 m 部分应穿导管保护。

库房内的导线应布线整洁无接头，风扇安装位置和易燃材料保持安全距离。

风险和隐患 26：仓库电气设备开关安装在木板上

风险和隐患描述

仓库电气设备开关安装在木板上，容易因发热或电火花引燃木板，造成火灾事故。

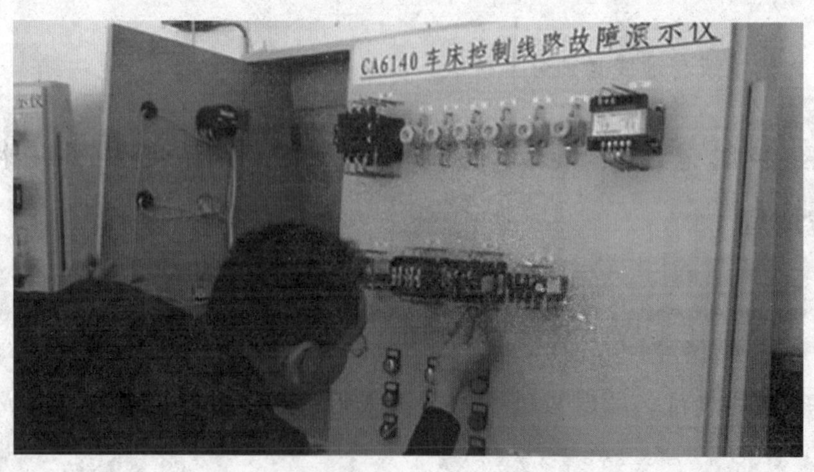

管控和治理措施

根据《施工现场临时用电安全技术规范》（JGJ 46－2005）

8.1.9 配电箱、开关箱内的电器（含插座）应先安装在金属或非木质阻燃绝缘电器安装板上，然后方可整体紧固在配电箱、开关箱箱体内。

电气设备开关均应安装在合格的金属电气柜、盘中。

第二节　电气安全管理

风险和隐患 27：物流仓库临时用电没有经过设计与审批擅自实施

风险和隐患描述

物流仓库临时用电没有经过设计与审批擅自实施，容易因误操作引发事故。

管控和治理措施

根据《施工现场临时用电安全技术规范》(JGJ 46—2005)

3.1.4 临时用电组织设计及变更时，必须履行“编制、审核、批准”程序，由电气工程技术人员组织编制，经相关部门审核及具有法人资格企业的技术负责人批准后实施。变更用电组织设计时应补充有关图纸资料。

仓储场所需要使用或改造临时用电的，应履行“编制、审核、批准”程序，并经相关部门审核及具有法人资格企业的技术负责人批准后实施。严禁私拉临时电。

风险和隐患28：仓储场所没有按照规定进行电气、火灾等消防演练

风险和隐患描述

仓储场所没有按照规定进行电气、火灾等消防演练，一旦发生火灾事故容易造

成巨大的损失。

管控和治理措施

根据《仓储场所消防安全管理通则》（GA 1131—2014）

3.3.3 属于消防安全重点单位的仓储场所应至少每半年、其他仓储场所应至少每年组织一次消防演练。

物流仓储场所应按照规定定期进行电气火灾消防演练。

风险和隐患 29：仓库电工维修人员无证操作，所持证书经查验是假证

风险和隐患描述

仓库里正在进行电工维修作业的人员所持的操作证经查验是假证，因该人员不具备电工维修作业的能力，极易发生触电、火灾等事故。

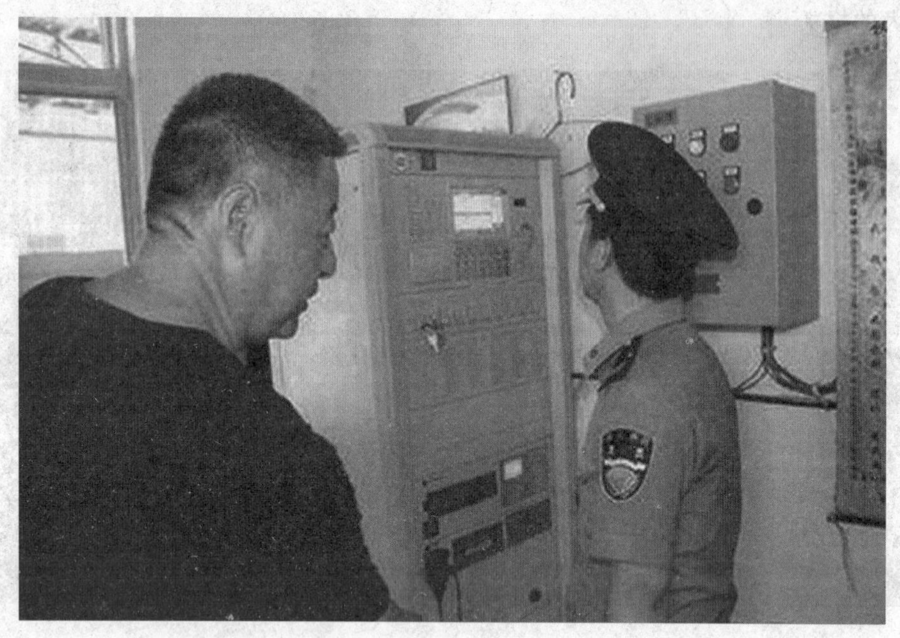

管控和治理措施

根据《施工现场临时用电技术规范》(JGJ 46－2005)

3.2.1 电工必须经过国家现行标准考核合格后，持证上岗工作：其他用电人员必须通过相关安全教育培训和技术交底，考核合格后方可上岗工作。

风险和隐患 30：仓库电气安装、维修人员未取得电工证

风险和隐患描述

仓库电气安装、维修人员未取得电工资格证，容易因不具备电工作业能力造成事故。

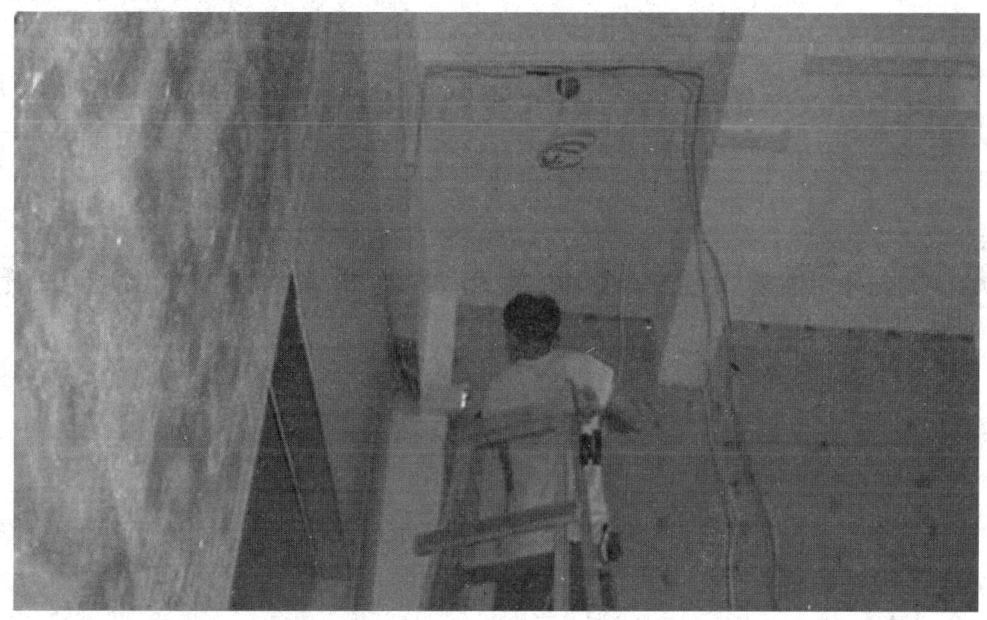

管控和治理措施

根据《施工现场临时用电技术规范》(JGJ 46—2005)

3.2.2 安装、巡检、维修或拆除临时用电设备和线路，必须由电工完成，并应有人监护。电工等级应同工程的难易程度和技术复杂性相适应。

物流仓库安装、维修电工均应持证上岗，电气维修作业应安排人监护。

第六章

人员密集场所电气火灾风险防控和隐患排查治理

第一节　电气线路和电气设备

风险和隐患 1：人员密集场所使用的电气产品为三无产品

风险和隐患描述

人员密集场所使用三无电气产品，无法保证电气产品合格，在使用的过程中容易发生损坏引发事故。

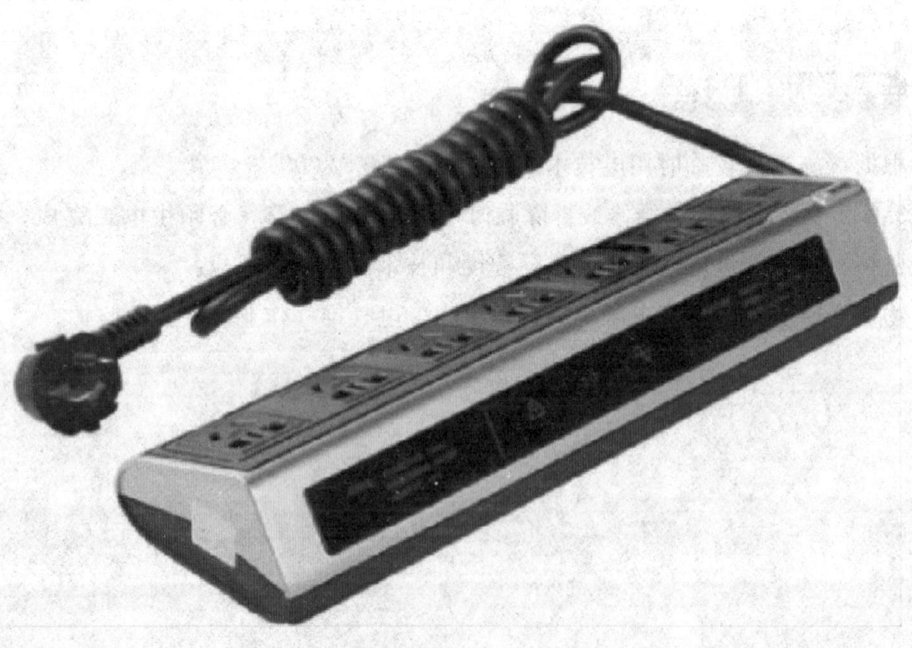

管控和治理措施

根据《用电安全导则》(GB/T 13869－2008)

5.1 用电产品的设计制造应符合规定，如需要强制性认证的，应取得认证证书或标志。非强制认证的产品应具备有效的检验报告。

密集场所的电气线路、电气设备、电气材料应选用具有生产许可证或CCC证书的电器产品。

风险和隐患2：人员密集场所电气线路安装不规范、无保护接地端子

风险和隐患描述

人员密集场所的电气线路安装无保护接地端子，使接地线不能良好地接地，容易发生事故。

管控和治理措施

根据《建筑电气工程施工质量验收规范》(GB 50303－2015)

5.1.12 照明配电箱（盘）安装应符合下列规定：

3 箱（盘）内宜分别设置中性导体（N）和保护接地导体（PE）汇流排，汇流排上同一端子不应连接不同回路的N或PE。

5.1.2 柜、台、箱、盘等配电装置应有可靠的防电击保护；装置内保护接地导体（PE）排应有裸露的连接外部保护接地导体的端子，并应可靠连接。

电气线路、电气箱（盘）按照规范安装，柜、台、箱、盘等配电装置应有可靠的防电击保护。

风险和隐患3：电表箱漏电保护装置经常故障

风险和隐患描述

漏电保护装置经常发生故障，一旦发生短路不能很好的提供保护作用，容易引发火灾等事故。

管控和治理措施

根据《用电安全导则》(GB/T 13869－2008)

10.7 用电产品应有专人负责管理，并定期进行检修、测试和维护，检修、测试和维护的频度应取决于用电产品的规定的要求和使用情况。

电表箱、配电盘（柜）设置的短路、过负荷、漏电等保护装置应保持完好有效，应定期测试保护功能。

风险和隐患4：人员密集场所的配电箱破损、电箱无门、箱内有油污

风险和隐患描述

配电箱无门、油污，容易造成内部线路故障，引发事故。

管控和治理措施

根据《施工现场临时用电安全技术规范》（JGJ 46—2005）

8.1.5 配电箱、开关箱应装设在干燥、通风及常温场所，不得装设在有严重损伤作用的瓦斯、烟气、潮气及其他有害介质中，亦不得装设在易受外来固体物撞击、强烈振动、液体浸溅及热源烘烤场所。否则，应予清除或做防护处理。

配电箱应保证完好无锈蚀污染。

风险和隐患5：人员密集场所电器拆除后导线没有拆除

风险和隐患描述

电器拆除之后没有拆除导线，容易发生触电、短路，甚至引发火灾等事故。

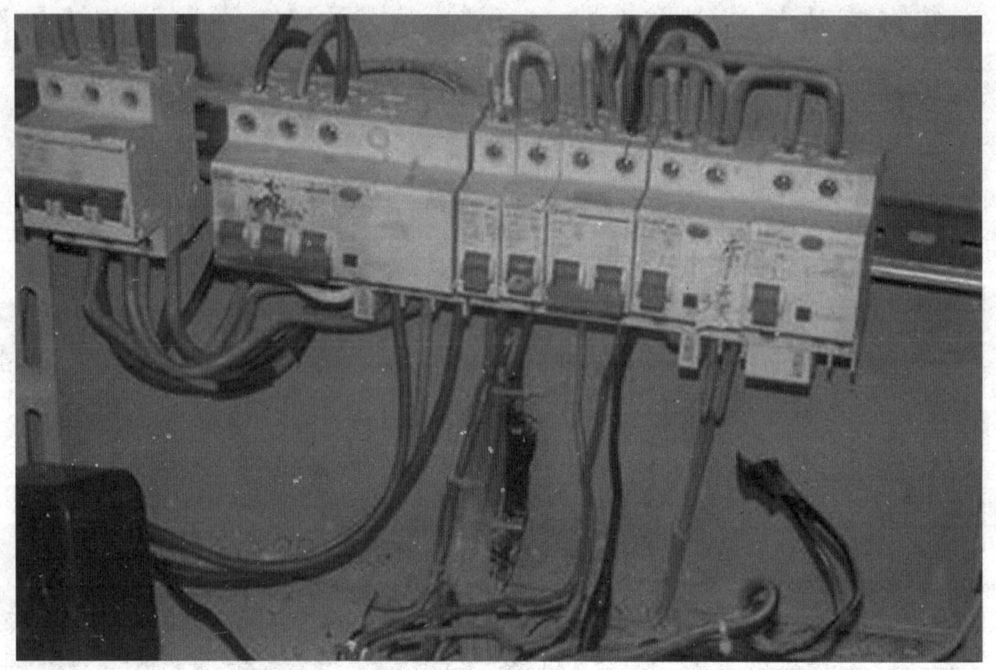

管控和治理措施

根据《用电安全导则》(GB/T13869－2008)

7.3 用电产品拆除时，应对原来的电源端作妥善处理，不应使任何可能带电的导电部分外露。

电器拆除后电源线应同时拆除或做好标记，妥善处理。

风险和隐患6：餐厅厨房电箱无门、接线金属端子外露

风险和隐患描述

电箱没有箱门、接线金属端子外露，容易因误碰造成触电或短路，进而引发事故。

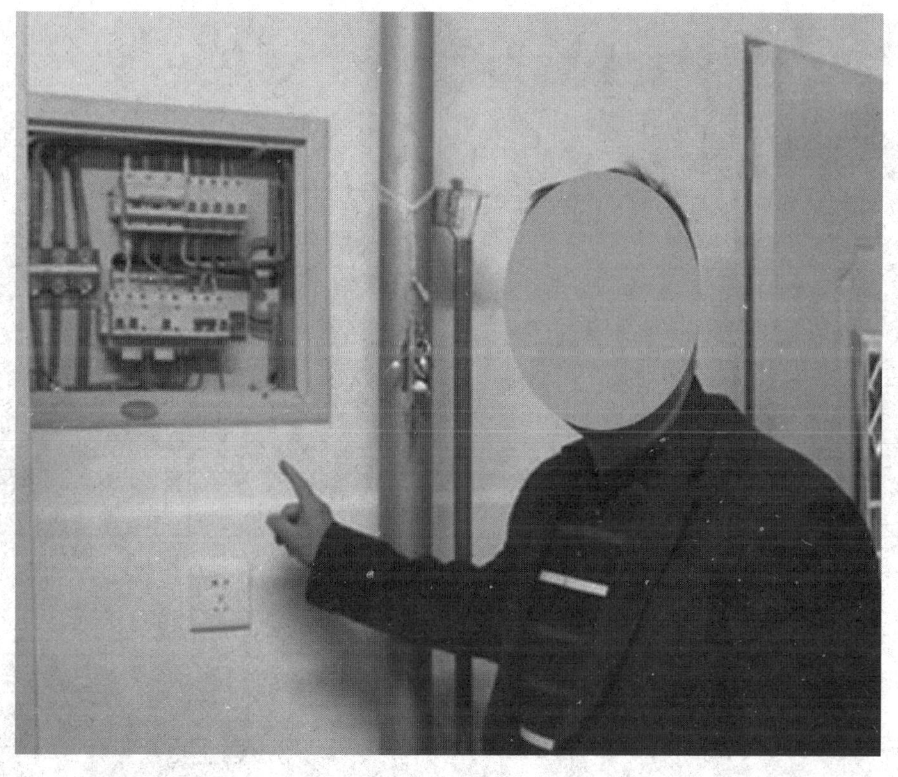

管控和治理措施

根据《用电安全导则》(GB/T 13869－2008)

8.2 在浴场(室)、蒸汽房、游泳池等潮湿的公共场所,应有特殊的用电安全措施,保证在任何情况下人体不触及用电产品的带电部分,并当用电产品发生漏电、过载、短路或人员触电时能自动切断电源。

电箱门保证完好,防止有电端子外露。

风险和隐患7:设置在楼道内的施工用电电箱下方孔没有封堵好

风险和隐患描述

施工用电箱下方的孔没有封堵好,容易进入小动物,造成内部线路故障,引发火灾等事故。

管控和治理措施

根据《施工现场临时用电安全技术规范》(JGJ 46—2005)

6.1.3 配电室和控制室应能自然通风，并应采取防止雨雪侵入和动物进入的措施。

电箱进出线口应做好封堵措施，防止小动物进入。

风险和隐患8：人员密集场所施工用电电线直接接入电箱内，导致电箱门无法装设

风险和隐患描述

施工用电线直接接入电箱内，使电箱门无法关闭，容易因误碰造成事故。

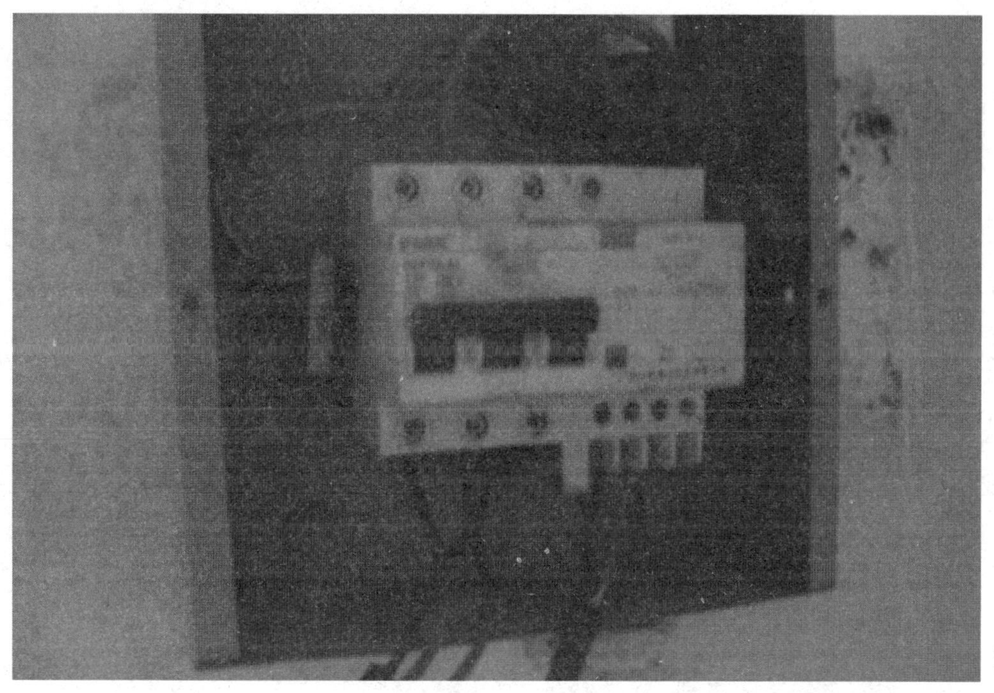

管控和治理措施

根据《施工现场临时用电安全技术规范》(JGJ 46—2005)

8.1.16 配电箱、开关箱的进、出线口应配置固定线卡，进出线应加绝缘护套并成束卡固在箱体上，不得与箱体直接接触。移动式配电箱、开关箱的进、出线应采用橡皮护套绝缘电缆，不得有接头。

电源线应设置专门的接线进、出口，导线不得妨碍电箱开关门。

风险和隐患 9：室内临时施工用电接线混乱、塑料线无保护

风险和隐患描述

室内临时施工用塑料电线无保护，容易损坏电线，造成触电或短路，引发事故。

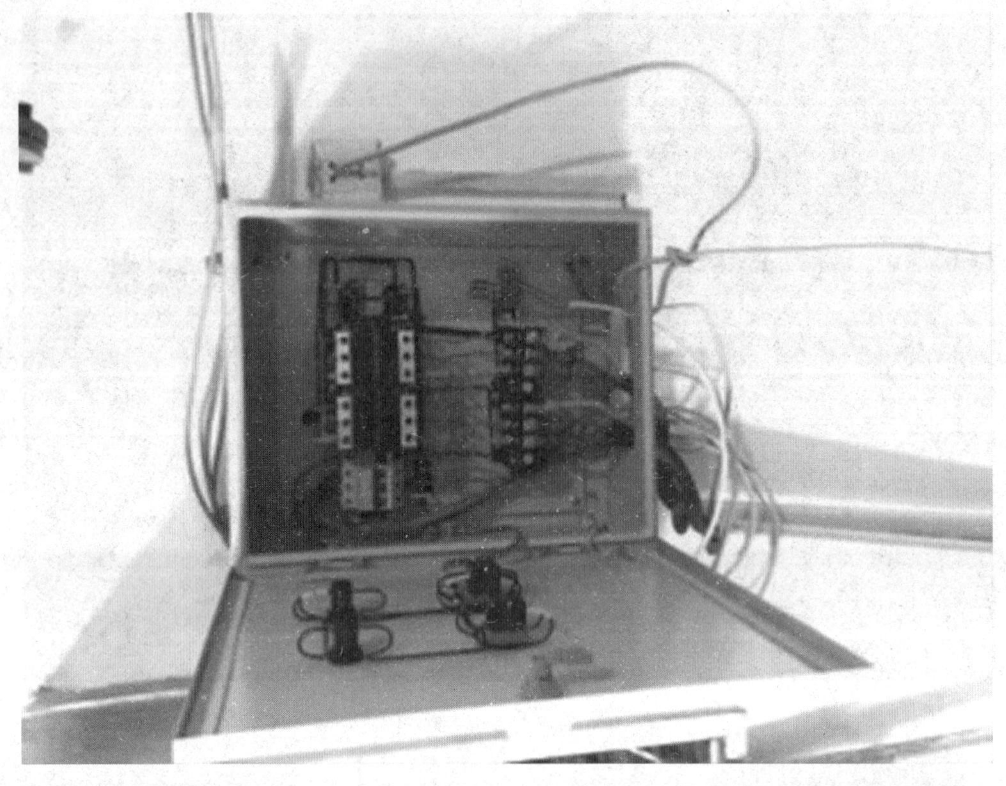

管控和治理措施

根据《施工现场临时用电安全技术规范》(JGJ 46—2005)

7.3.1 室内配线必须采用绝缘导线或电缆。

用电导线应使用电缆，如果使用塑料导线则应该穿管，做好保护。

风险和隐患 10：人员密集场所（农家乐）用电开关直接装在木板上

风险和隐患描述

用电开关直接装在木板上，容易因发热或电火花引燃木板，进而引发火灾等事故。

管控和治理措施

根据《施工现场临时用电安全技术规范》(JGJ 46—2005)

8.1.9 配电箱、开关箱内的电器（含插座）应先安装在金属或非木质阻燃绝缘电器安装板上，然后方可整体紧固在配电箱、开关箱箱体内。

将木板换成金属或非木质阻燃绝缘的电器安装板。

风险和隐患 11：人员密集场所接线不规范，一个接线端上接多根导线

风险和隐患描述

一个接线端上连接多跟电线，容易发生接触不良造成过热现象，甚至引发火灾事故。

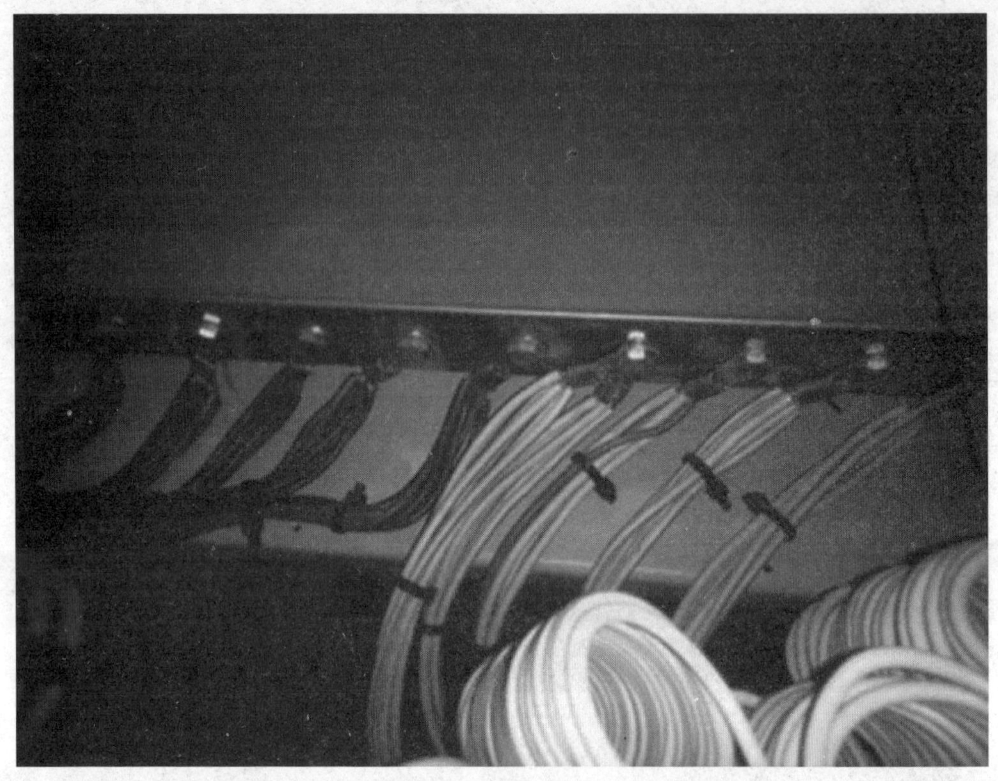

管控和治理措施

根据《建筑电气工程施工质量验收规范》(GB 50303－2015)

5.1.12 照明配电箱（盘）安装应符合下列规定：

1 箱（盘）内配线应整齐、无绞接现象；导线连接应紧密、不伤线芯、不断股；垫圈下螺丝两侧压的导线截面积应相同，同一电器器件端子上的导线连接不应多于 2 根，防松垫圈等零件应齐全。

电气接线必须规范，一个端子上接线最多不超过两根。

风险和隐患 12：人员密集场所用电不规范，再用的拖线插座破损

风险和隐患描述

使用破损的插座，由于插座的安全性能不足，容易发生触电、短路，产生的电火花也易引发火灾等事故。

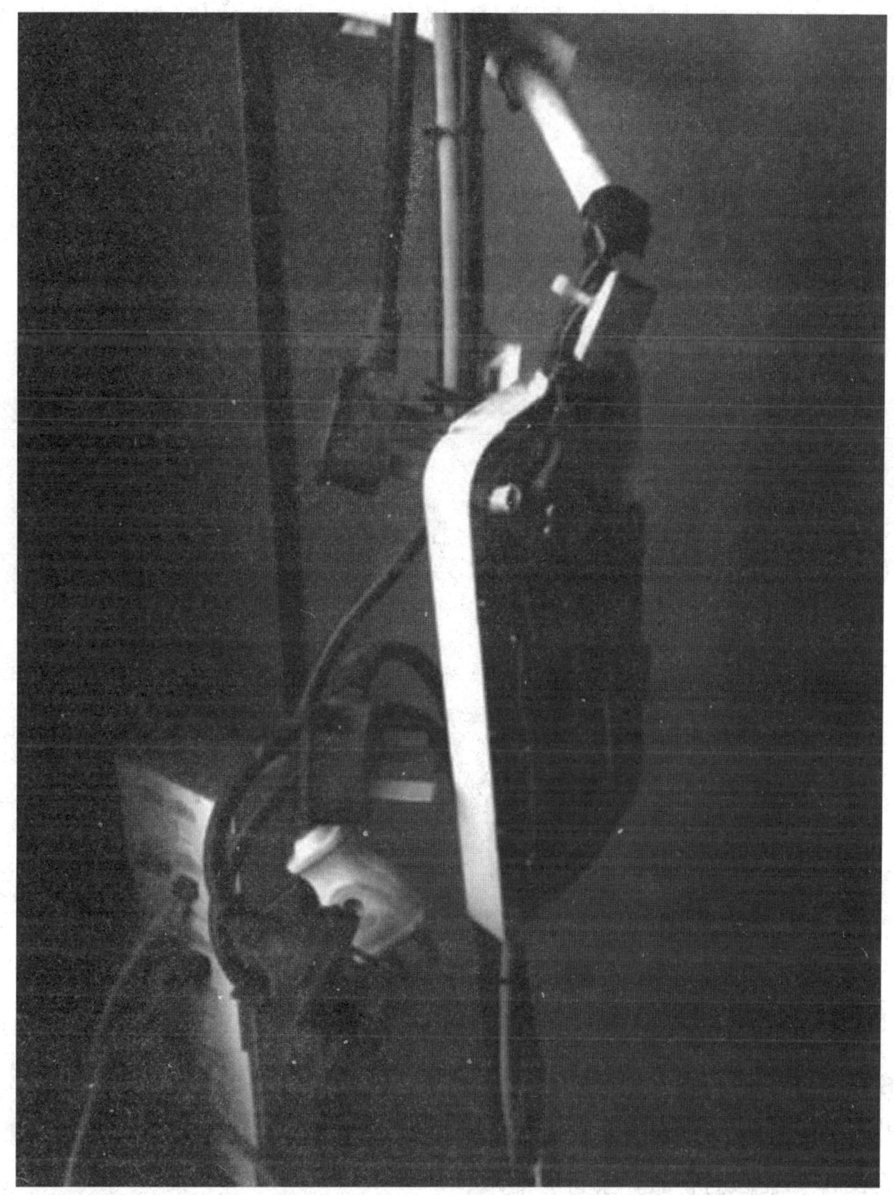

管控和治理措施

根据《用电安全导则》（GB/T 13869－2008）

10.9 用电产品如不能修复或修复后达不到规定的安全性能时应及时予以报废，并在明显位置予以标识。

破损的插座等用电产品应停止使用并予以报废

风险和隐患 13：人员密集场所配电箱前堆杂物，占用维修通道

风险和隐患描述

配电箱前堆杂物，不仅占用维修通道，还可能引发事故。

管控和治理措施

根据《施工现场临时用电安全技术规范》(JGJ 46—2005)

8.1.6 配电箱、开关箱周围应有足够 2 人同时工作的空间和通道，不得堆放任何妨碍操作、维修的物品，不得有灌木、杂草。

清理配电箱前堆放的杂物，保证配电箱操作、维修通道畅通。

风险和隐患 14：餐厅厨房风机周围及电机上油污严重

风险和隐患描述

厨房风机周围及电机上油污严重，容易因高温或电火花等引燃油污，进而发生火灾事故。

管控和治理措施

根据《用电安全导则》(GB/T 13869－2008)

6.6 正常运行时会产生飞溅火花或外壳表面温度较高的用电产品，使用时应远离可燃物质或采取相应的密闭、隔离等措施，用完后及时切断电源。

《施工现场临时用电技术规范》(JGJ 46－2005)

4.2.1 电气设备现场周围不得存放易燃易爆物、污源和腐蚀介质，否则应予清除或做防护处置，其防护等级必须与环境条件相适应。

定期将风机周围及电机上油污清理干净，并做好防止油污染防护措施。

风险和隐患15：网吧内的用电凌乱，导线乱作一团

风险和隐患描述

用电线杂乱、缠绕，容易因损坏电线，引发火灾等事故。

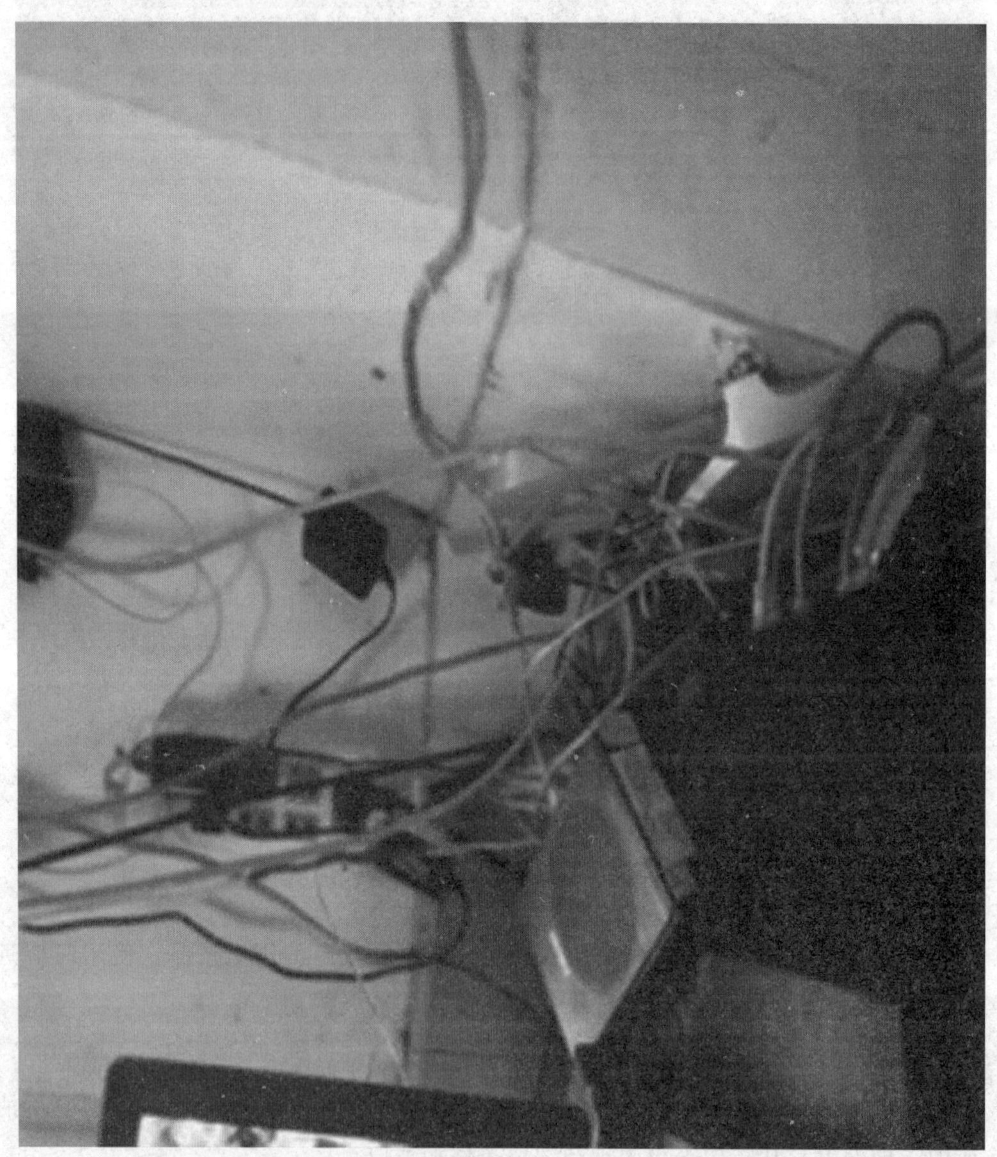

管控和治理措施

根据《用电安全导则》（GB/T 13869－2008）

6.5 一般环境下，用电产品以及电气线路的周围应留有足够的安全通道和工作

空间，且不应堆放易燃、易爆和腐蚀性物品。

规范用电，将各导线排列整齐，规定牢靠。

风险和隐患 16：电箱接出线没有固定措施，容易拉脱漏电

风险和隐患描述

电箱出线没有固定措施，容易拉脱，造成触电或短路，甚至引发火灾等事故。

管控和治理措施

根据《用电安全导则》(GB/T 13869－2008)

4.1 在预期的环境条件下，不会因外界的非机械的影响而危及人、家畜和财产。

4.2 在满足预期的机械性能要求下，不应危及人、家畜和财产。配电导线应安装规定整齐，防止拉脱导致漏电等事故发生

风险和隐患17：游泳池使用的电气设备漏电导致水池中漏电

风险和隐患描述

游泳池使用的电气设备漏电，导致水池中的水带电，极易造成人员触电，引发事故。

管控和治理措施

根据《用电安全导则》（GB/T 13869－2008）

8.2 在浴场（室）、蒸汽房、游泳池等潮湿的公共场所，应有特殊的用电安全措施，保证在任何情况下人体不触及用电产品的带电部分，并当用电产品发生漏电、过载、短路或人员触电时能自动切断电源。

及时检查线路及电气设备，选用合适合格的漏电保护器。

风险和隐患18：人员密集场所使用的手持电动工具及插座缺陷

风险和隐患描述

手持电动工具及插座存在破损，容易发生触电，甚至引发火灾事故。

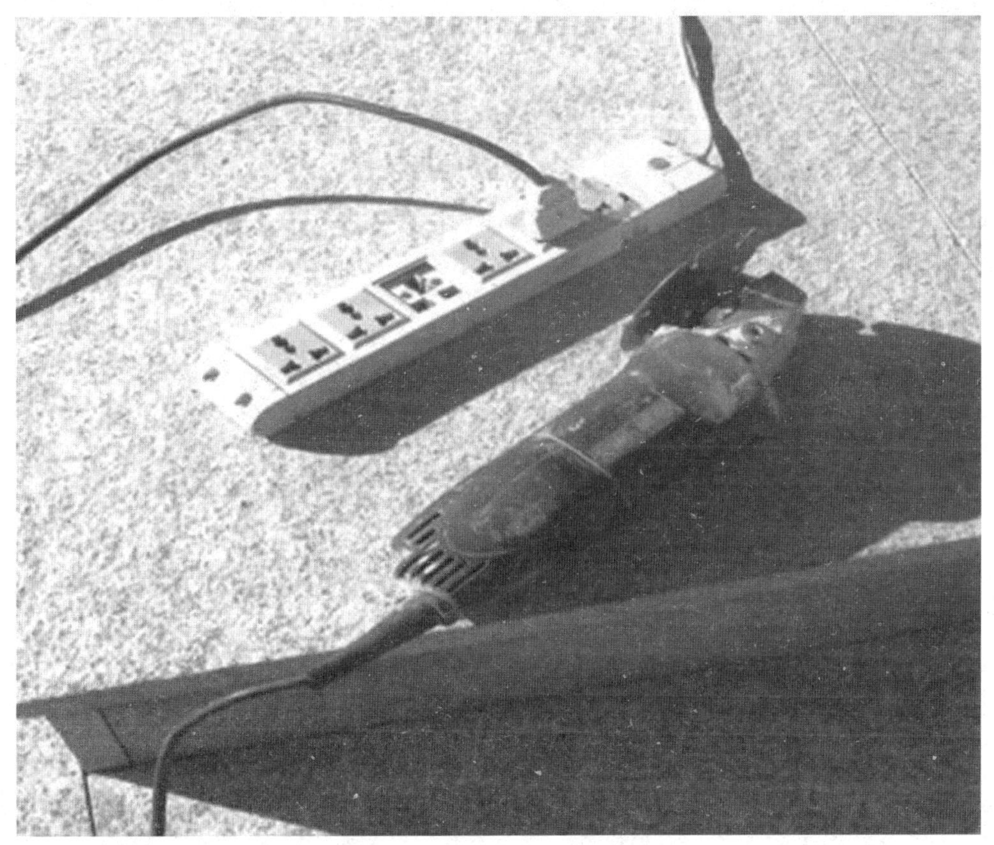

管控和治理措施

根据《建筑施工现场临时用电安全技术规范》（JGJ 46—2005）9.6.5 手持式电动工具的外壳、手柄、插头、开关、负荷线等必须完好无损，使用前必须做绝缘检查和空载柱查，在绝缘合格、空载运转正常后方可使用。

维修电动工具，更换完好合格的插座。

风险和隐患 19：人员密集场所电灯靠近窗帘

风险和隐患描述

电灯距离窗帘太近，容易因发热引燃窗帘，造成火灾事故。

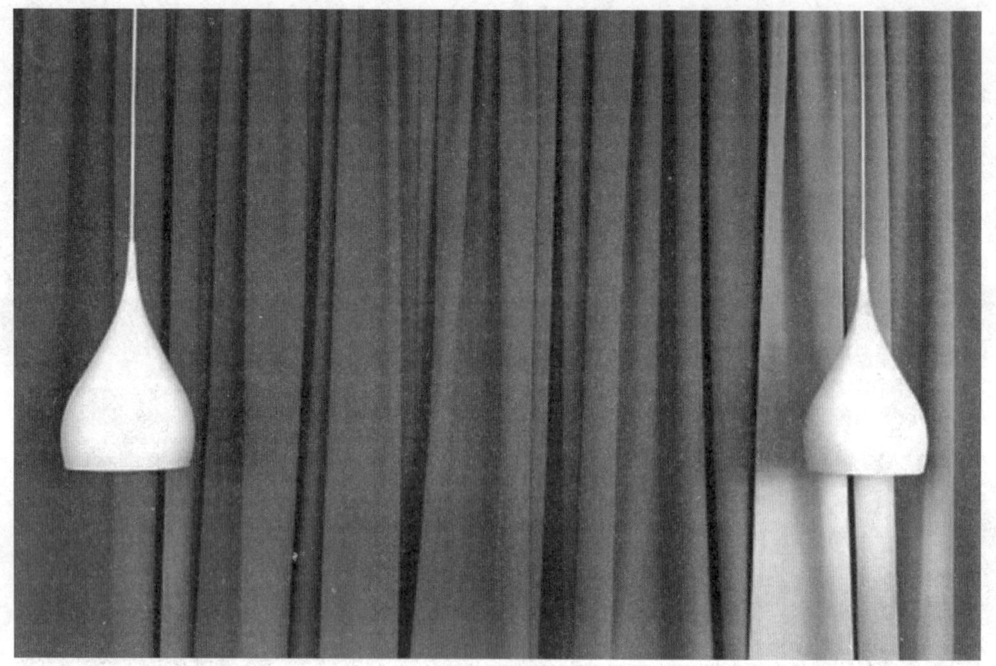

管控和治理措施

根据《用电安全导则》(GB/T 13869—2008)

6.5 一般环境下，用电产品以及电气线路的周围应留有足够的安全通道和工作空间，且不应堆放易燃、易爆和腐蚀性物品。

重新安装电灯，使电灯远离易燃可燃物。

风险和隐患 20：学生宿舍走廊电线过低、过乱且有接头

风险和隐患描述

宿舍走廊明敷电线高度低，容易误碰损坏电线，引发事故。

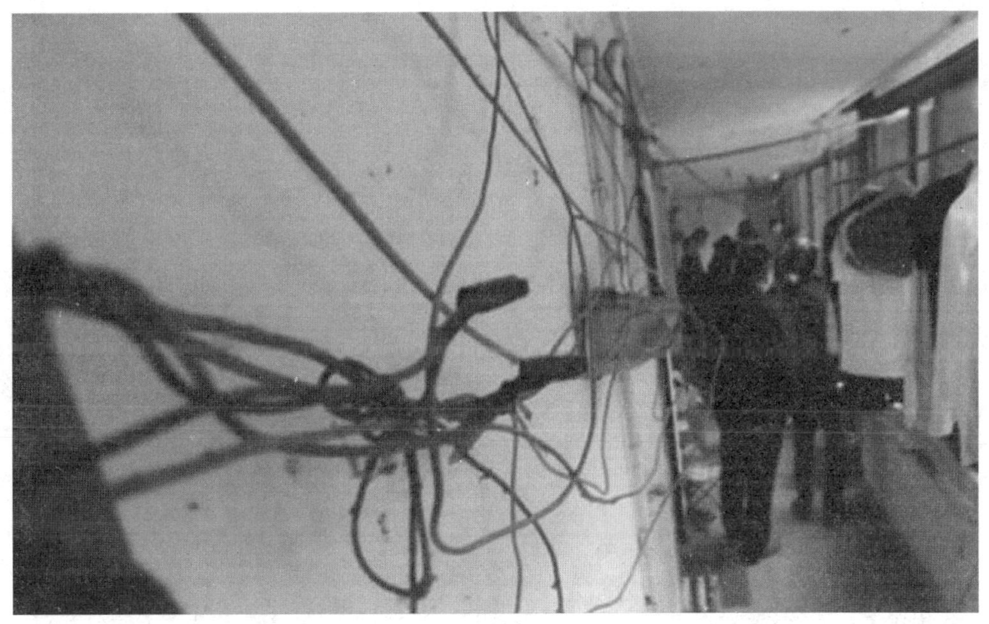

管控和治理措施

根据《建筑施工现场临时用电安全技术规范》(JGJ 46—2005) 7.3.4 架空进户线的室外端应采用绝缘子固定，过墙处应穿管保护，距地面高度不得小于 2.5 m，并应采取防雨措施。

重新规范配线、布线，穿管、穿槽或暗敷，明线高度距地面高度不得小于 2.5 m。

风险和隐患 21：学生宿舍用电混乱且私拉电源，使用大功率电器

风险和隐患描述

宿舍用电私拉线，使用大功率电器，容易因负载过大导致电线损坏，引发火灾等事故。

管控和治理措施

根据《用电安全导则》(GB/T 13869—2008)

6.7 用电产品的电气线路须具有足够的绝缘强度、机械强度和导电能力并应定期检查。

学生宿舍禁止私拉电线、禁止使用大功率电器，防止负载过重。

风险和隐患 22：小餐馆厨房内煤气灶具上方电缆凌乱且线管过低

风险和隐患描述

厨房煤气灶具上方电缆凌乱且与煤气灶距离近，容易损坏电缆，引发火灾事故。

管控和治理措施

根据《用电安全导则》（GB/T 13869－2008）

6.5 一般环境下，用电产品以及电气线路的周围应留有足够的安全通道和工作空间，且不应堆放易燃、易爆和腐蚀性物品。

小餐馆内的电器线路应由专业电工安装，电源与煤气灶具保持距离，免受油烟和热量的影响。

风险和隐患 23：娱乐场所软包装墙内安装的电箱无箱门、电线裸露，与墙面可燃软包装太近

风险和隐患描述

娱乐场所软包装墙内安装的电箱无箱门、电线裸露，容易因产生的电火花引燃墙面的可燃软包装，进而引发火灾事故。

管控和治理措施

根据《电气装置安装工程　盘、柜及二次回路接线施工及验收规范》（GB 50171—2012）

5.0.1 盘、柜上的电器安装应符合下列规定：

1 电器元件至质量应良好，型号、规格应符合设计要求，外观应完好，附件应整齐，排列应整齐，固定应牢固，密封应良好。

软包装墙上的电气设备应安装良好，无缺陷并保护措施良好。

风险和隐患24：养老院内老人的电热毯长期通电

风险和隐患描述

电热毯长期通电，容易因过热引发火灾。

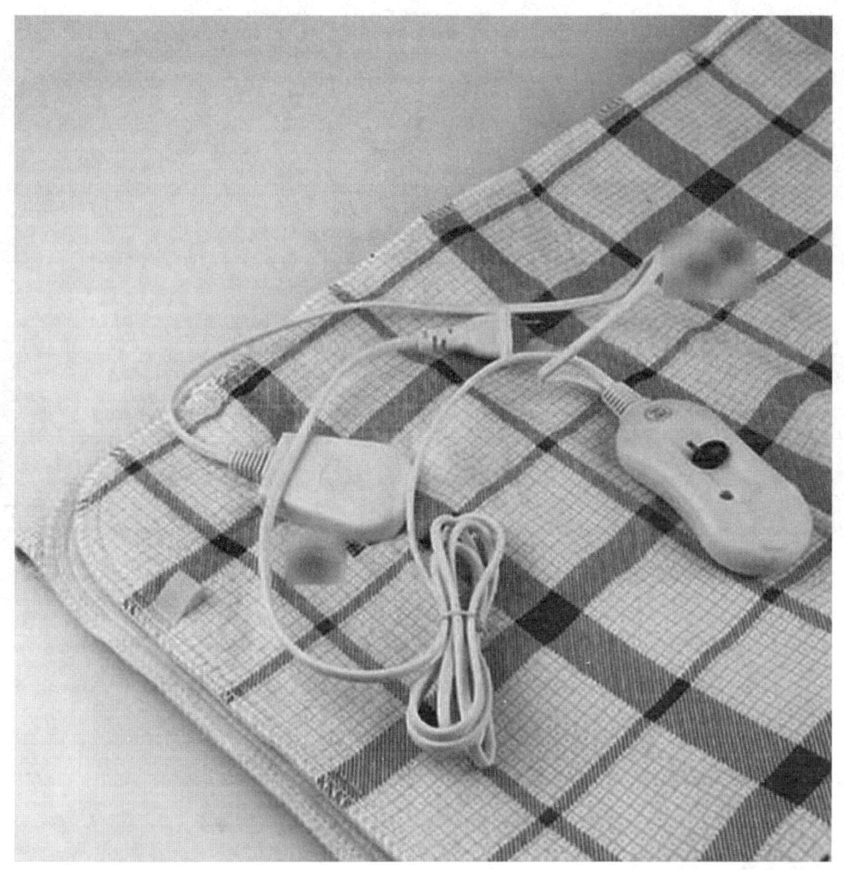

管控和治理措施

根据《用电安全导则》(GB/T 13869—2008)

6.6 正常运行时会产生飞溅火花或外壳表面温度较高的用电产品，使用时应远离可燃物质或采取相应的密闭、隔离等措施，用完后及时切断电源。

电热毯在使用过后应切断电源或更换具有长时间运行自动断电功能的电热毯；敬老院内的老人取热应采用空调等安全方式。

风险和隐患25：托儿所、幼儿园等人员密集场所的插座安装太低

风险和隐患描述

托儿所、幼儿园的插座安装太低，容易被儿童触碰造成触电，甚至酿成更为严重的惨剧。

管控和治理措施

根据《用电安全导则》(GB/T 13869－2008)

8.1 在儿童活动场所，应考虑将插座安装在一定的高度，否则应采取必要的防护措施。

托儿所、幼儿园等人员密集场所的插座应安装在儿童无法触及到的地方或有安全防护措施。

风险和隐患 26：娱乐场所的灯具有缺陷或安装在易燃物品上

风险和隐患描述

娱乐场所的景观灯整流器缺少防护罩，容易因发热引燃周围可燃物造成火灾等事故。

管控和治理措施

根据《用电安全导则》(GB/T 13869—2008)

8.4 在可燃、助燃、易燃(爆)物体的储存、生产、使用等场所或区域内使用的用电产品，其阻燃或防爆等级要求应符合特殊场所的标准规定。

特殊场所的景观灯整流器应有保护罩并安装在非易燃材料上。

风险和隐患 27：室外露天路灯电源箱门缺失

风险和隐患描述

室外露天电箱无箱门，且无防雨措施，在下雨的时候容易进水造成短路、元器件老化，甚至引发火灾等事故。

管控和治理措施

根据《用电安全导则》(GB/T 13869—2008)

8.2 在浴场(室)、蒸汽房、游泳池等潮湿的公共场所，应有特殊的用电安全措施，保证在任何情况下人体不触及用电产品的带电部分，并当用电产品发生漏电、过载、短路或人员触电时能自动切断电源。

室外电箱应有防雨措施，并且安装在能保证人体无法触及轻易触及的地方。

风险和隐患 28：卖场的毛绒玩具堆积在电气开关附近

风险和隐患描述

毛绒玩具堆积在电气开关附近，且电气开关不防爆。容易因蓄热、电火花引燃毛绒玩具，造成火灾事故。

管控和治理措施

根据《用电安全导则》(GB/T 13869—2008)

8.4 在可燃、助燃、易燃(爆)物体的储存、生产、使用等场所或区域内使用的用电产品，其阻燃或防爆等级要求应符合特殊场所的标准规定。

卖场的电源安装位置应远离床单衣物等可燃物并有安全保护措施。

风险和隐患29：小商品商场内商贩在可燃物附近使用大功率电器

风险和隐患描述

在可燃物附近使用大功率电器产品，容易因大功率产生的高温引燃可燃物，造成火灾事故。

管控和治理措施

根据《用电安全导则》（GB/T 13869－2008）

8.4 在可燃、助燃、易燃（爆）物体的储存、生产、使用等场所或区域内使用的用电产品，其阻燃或防爆等级要求应符合特殊场所的标准规定。

在小商品商场内，不得在可燃物附近使用大功率电器，电器使用时应有安全防范措施。

风险和隐患30：小商品市场内使用、销售的取暖器长期对着可燃物

风险和隐患描述

小商品市场内的展示取暖器长期带电运行，且朝向可燃物，容易蓄热引燃可燃物，造成火灾。

管控和治理措施

根据《用电安全导则》(GB/T 13869—2008)

8.4 在可燃、助燃、易燃（爆）物体的储存、生产、使用等场所或区域内使用的用电产品，其阻燃或防爆等级要求应符合特殊场所的标准规定。

小商品市场禁止使用电取暖器取暖，电取暖器卖场内的电取暖器严禁长期带电展示，短时间带电时应远离可燃物并做好安全防范措施。

风险和隐患31：市场内的用电线路杂乱、随意增加负载、私拉乱接

风险和隐患描述

用电线路杂乱，私拉乱接现象严重，电线超负荷运行极易发热，甚至击穿绝缘护套，发生火灾等事故。

管控和治理措施

根据《配电设计规范》（GB 50054－2011）

4.1.1 配电室的位置应靠近用电负荷中心，设置在尘埃少、腐蚀介质少、周围环境干燥和无剧烈震动的场所，并宜留有发展余地。

4.1.2 配电设备的布置必须遵循安全、可靠、适用和经济等原则，并应便于安装、操作、搬运、检修、试验和监测。

市场内的配电系统应统一安装，遵守用电安全规范，安装合理。

风险和隐患32：娱乐场所吊顶内的电源线凌乱无保护措施

风险和隐患描述

吊顶内的电源线没有使用导管、槽盒等防火保护措施，一旦发生线路故障极易引发火灾等事故，且难以处置。

管控和治理措施

根据《建筑电气工程施工质量验收规范》(GB 50303－2015)

14.2.1 除塑料护套线外，绝缘导线应采取导管或槽盒保护，不可外露明敷。

《低压配电设计规范》(GB 50054－2011)

7.1.5 电缆敷设的防火封堵，应符合下列规定：

1 布线系统通过地板、墙壁、屋顶、天花板、隔墙等建筑构件时，其孔隙应按等同建筑构件耐火等级的规定封堵。

敷设在可燃物上方或有可燃物的闷顶、吊顶内的电气线路，应采取穿金属管、密封槽盒等防火保护措施。

风险和隐患33：餐厅导线被老鼠咬破

风险和隐患描述

餐厅导线被老鼠咬破，造成金属线芯外露，如未处理直接使用，容易发生触电、短路等，造成事故。

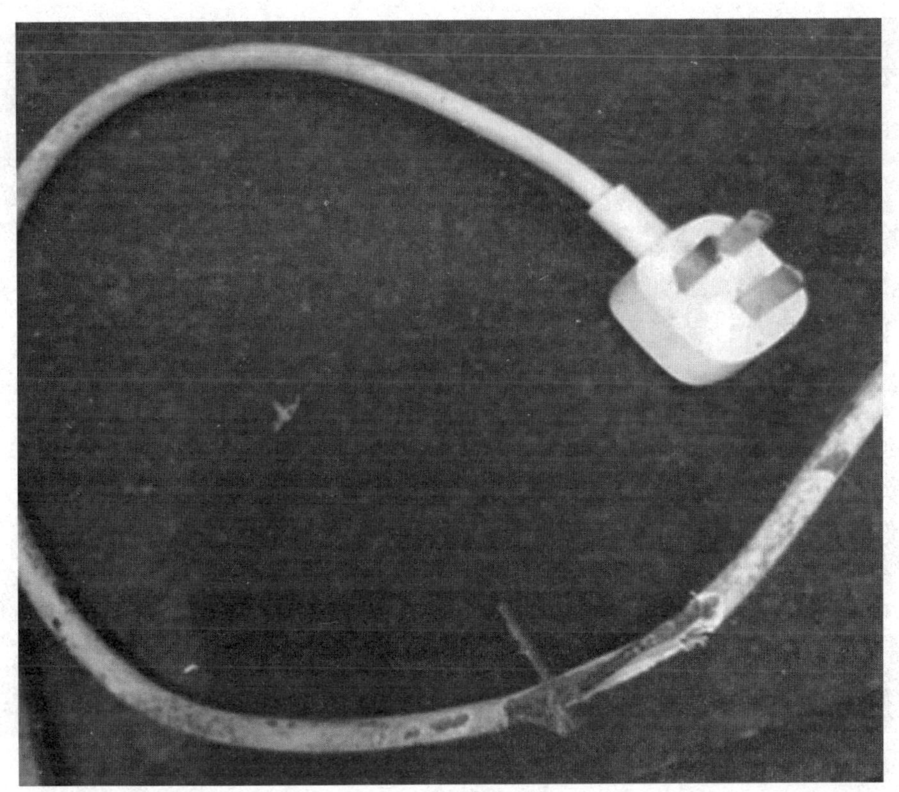

管控和治理措施

根据《低压配电设计规范》（GB 50054－2011）

7.1.2 配电线路的敷设环境，应符合下列规定：

8 应避免有动物的情况对布线系统带来的损害。

7.6.1 电缆路径的选择，应符合下列规定：

1 应使电缆不易受到机械、振动、化学、地下电流、水锈蚀、热影响、蜂蚁和鼠害等损伤。

应避免有动物等情况对布线系统带来的损害，餐厅应加强防鼠、灭鼠工作。

风险和隐患 34：街头栏杆上的夜景照明灯用 220V 供电

风险和隐患描述

街头栏杆上的夜景照明灯采用 220V 供电，且无任何防护措施，容易发生人员触电等事故。

管控和治理措施

根据《城市夜景照明设计规范》(JGJ/T 163－2008)

8.3.1 安装在人员可触及的防护栏上的照明装置应采用特低安全电压供电，否则应采取防意外触电的保障措施。

栏杆上的夜景照明灯应改为特低安全电压供电。

风险和隐患35：人员密集场所的电缆竖井里的塑料导线密集且污染无防护

风险和隐患描述

电缆竖井里的塑料导线密集且无任何防护，容易因散热不良、机械损害、动物啃咬等对电线造成损害，造成线路故障，甚至引发火灾等事故。

管控和治理措施

根据《低压配电设计规范》(GB 50054－2011)

7.1.2 配电线路的敷设环境，应符合下列规定：

1 应避免由外部热源产生的热效应带来的损害；

2 应防止在使用过程中因水的侵入或因进入固体物带来的损害；

3 应防止外部的机械性损害；

4 在有大量灰尘的场所，应避免由于灰尘聚集在布线上对散热带来的影响；

6 应避免腐蚀或污染物存在的场所对布线系统带来的损害；

8 应避免有动物的情况对布线系统带来的损害。

按规定整理电缆，并施以安全防护措施。

风险和隐患 36：网吧里一个拖线插座排上接多台电脑无防过载措施

风险和隐患描述

插线板上连接多台电脑，造成插座过负荷运行，容易因持续高温损害插座，引发火灾等事故。

管控和治理措施

根据《用电安全导则》(GB/T 13869－2008)

5.5 正确选用用电产品的规格型式、容量和保护方式（如过载保护等），不得擅自更改用电产品的结构、原有配置的电气线路以及保护装置的整定值和保护元件的规格等。

安装固定的插座并保证每个插座只接一台电脑，防止过载。

风险和隐患 37：菜市场内的水产品摊位上配电凌乱无防护，插座、开关无防水措施

风险和隐患描述

菜市场内的水产品摊位上配电凌乱，插座、开关无防水措施，容易因水进入插座、开关，引起短路，造成事故。

管控和治理措施

根据《低压配电设计规范》(GB 50054－2011)

7.6.1 电缆路径的选择，应符合下列规定：

1 应使电缆不易受到机械、振动、化学、地下电流、水锈蚀、热影响、蜂蚁和鼠害等损伤。

水产品摊位上的电气应规范配线，开关、插座选用防水型的。

风险和隐患38：商超营业结束后，灯未关

风险和隐患描述

商场、超市等营业场所结束营业后未关灯，一旦灯具发生故障，容易引发火灾等事故。

管控和治理措施

根据《用电安全导则》（GB/T 13869－2008）

6.4 任何用电产品在运行过程中，应有必要的监控或监视措施；用电产品不允许超负荷运行。

营业结束后，现场无人，应切断非必要电源。

风险和隐患39：营业场所停放大量电动自行车并充电

风险和隐患描述

营业场所内停放大量电动自行车会占用通道，同时电动自行车充电时电瓶如果发热会起火导致火灾事故。

管控和治理措施

根据《用电安全导则》（GB/T 13869－2008）

6.4 任何用电产品在运行过程中，应有必要的监控或监视措施；用电产品不允许超负荷运行。

大量电动自行车在充电过程中难以做到监控到位，电瓶发热极易导致发生火灾，所以不应在营业场所内为大量电动自行车充电，同时为了消防通道的畅通，不应停放大量电动自行车。

第二节　电气安全管理

风险和隐患 40：无证人员安装电气线路

风险和隐患描述

无证人员进行电气线路安装、维修工作，容易因不具备专业知识，错误接线或接线质量问题引发火灾等事故。

管控和治理措施

根据《用电安全导则》（GB/T 13869—2008）

10.4 从事电气作业中的特种作业人员应经专门的安全作业培训，在取得相应特种作业操作资格证书后，方可上岗。

电气线路敷设、电气设备安装和维修人员应具备相应操作资格证书。

风险和隐患41：用电产品没有安排专人负责管理，未定期检测

风险和隐患描述

电气设备没有安排专人进行定期检测，不能及时处理电气设备可能存在隐患，容易因电气设备带病运行导致发生火灾等事故。

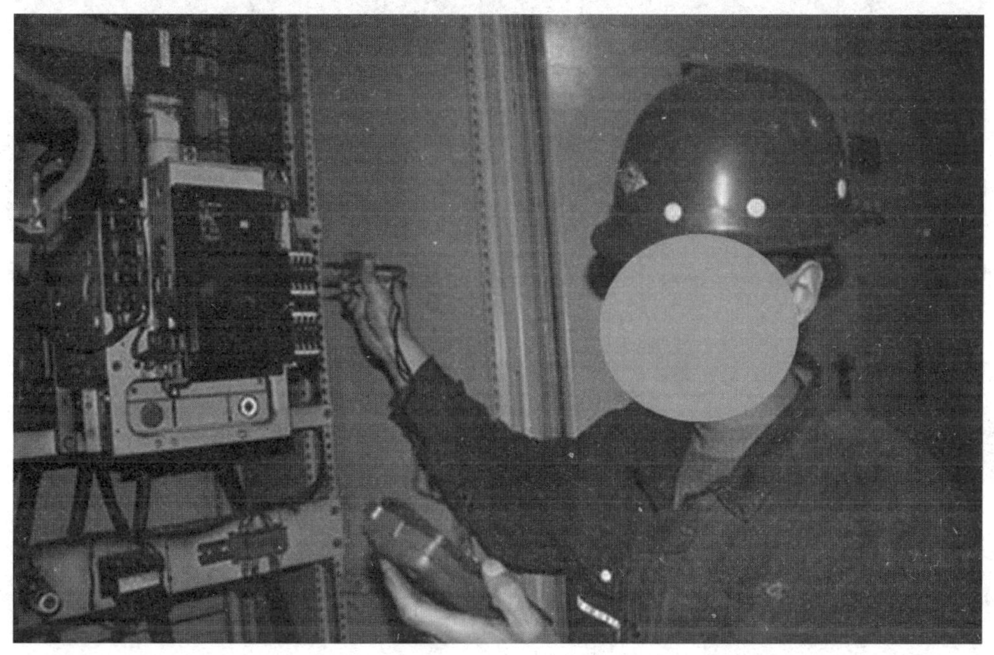

管控和治理措施

根据《用电安全导则》(GB/T 13869－2008)

10.7 用电产品应有专人负责管理，并定期进行检修、测试和维护，检修、测试和维护的频度应取决于用电产品的规定的要求和使用情况。

电气设备应安排专人负责管理，定期检测、维护并做好记录。

风险和隐患 42：营业场所没有定期安排电气消防火灾演练

风险和隐患描述

营业场所没有定期安排电气消防火灾演练，一旦发生火灾，难以有效处置，造成严重的后果。

管控和治理措施

根据《仓储场所消防安全管理通则》(GA 1131－2014)

3.3.3 属于消防安全重点单位的仓储场所应至少每半年、其他仓储场所应至少每年组织一次消防演练。

应制定各类电气设备操作规程并组织员工培训，应制定电气火灾应急处置预案，并组织员工定期演练

第七章

小经营加工场所电气火灾风险防控和隐患排查治理

第一节　电气线路和电气设备

风险和隐患 1：选用的电气设备无生产许可证或 CCC 证书

风险和隐患描述

电气设备无生产许可证和 CCC 证书，不合格的电器产品容易导致发生火灾等事故。

管控和治理措施

根据《用电安全导则》(GB/T 13869－2008)

5.1 用电产品的设计制造应符合规定，如需要强制性认证的，应取得认证证书或标志。非强制认证的产品应具备有效的检验报告。

更换合格的电气设备，电气线路、电气设备应选用具有生产许可证或 CCC 证书的电器产品，并与经营、生产场所的火灾危险性相适应。

风险和隐患 2：安装使用的绝缘导线线径过小，和现场电器设备功率不匹配

风险和隐患描述

使用的电缆线径过小，使用过程中容易发热造成电缆短路，引发火灾等事故。

管控和治理措施

根据《施工现场临时用电安全技术规范》(JGJ 46—2005)

7.3.5 室内配线所用导线或电缆的截面应根据用电设备或线路的计算负荷确定，但铜线截面不应小于 1.5 mm^2，铝线截面不应小于 2.5 mm^2。

更换电缆，根据用电设备或线路的计算负荷确定电缆、绝缘导线的材质、导体截面积。

风险和隐患 3：电力部门查验发现配电盘里的过载保护装置失效

风险和隐患描述

配电盘里的过载保护装置失效，一旦出现过载，轻则引起线路故障，重则导致火灾等事故。

管控和治理措施

根据《用电安全导则》(GB/T 13869－2008)

10.7 用电产品应有专人负责管理，并定期进行检修、测试和维护，检修、测试和维护的频度应取决于用电产品的规定的要求和使用情况。

用电设备应指定专人管理，由专人定期进行检修、测试和维护，以保证电气设备的完好状态。

风险和隐患 4：配电箱里的一个低压断路器上接两路负载

风险和隐患描述

配电箱里的一个低压断路器上接两路负载，一旦其中一路发生意外容易导致另一路也发生故障，引发事故。

管控和治理措施

根据《施工现场临时用电安全技术规范》(JGJ 46－2005)

8.1.3 每台用电设备必须有各自专用的开关箱，严禁用同一个开关箱直接控制2台及2台以上用电设备（含插座)。

每台用电设备应配备独立的开关箱，保证一闸一机。

风险和隐患 5：照明配电箱里的开关接线端子上接多条导线

风险和隐患描述

配电箱里的开关接线端子上接多条导线，容易发生接线头脱落，引发事故。

管控和治理措施

根据《建筑电气工程施工质量验收规范》（GB 50303—2015）

5.1.12 照明配电箱（盘）安装应符合下列规定：

1 箱（盘）内配线应整齐、无绞接现象；导线连接应紧密、不伤线芯、不断股；垫圈下螺丝两侧压的导线截面积应相同，同一电器器件端子上的导线连接不应多于 2 根，防松垫圈等零件应齐全。

重新接线，保证开关接线端子上应保证接线不超过 2 根。

风险和隐患 6：配电开关老旧且没有安装在配电箱内

风险和隐患描述

配电开关老旧且没有安装在配电箱内，容易因开关闭合时产生的电火花造成火灾等事故。

管控和治理措施

根据《用电安全导则》（GB/T 13869－2008）

6.3 用电产品应该在规定的使用寿命期内使用，超过使用寿命期限的应及时报废或更换，必要时按照相关规定延长使用寿命。

超过使用寿命期限的电器产品应及时报废或更换，设备的电气开关应装设在配电箱内，防止电器产品打火引起火灾。

风险和隐患 7：配电箱里电器进出导线有金属裸露无保护措施

风险和隐患描述

配电箱内的导线存在金属裸露现象，且没有保护措施，容易发生短路、产生电火花，甚至引发火灾事故。

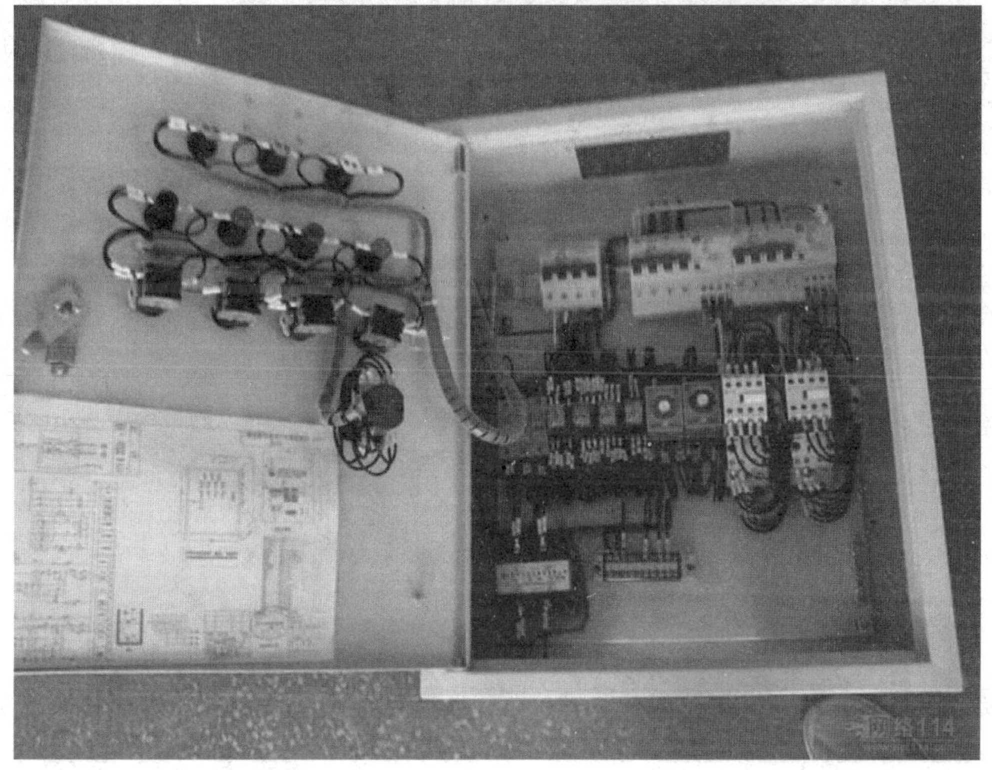

管控和治理措施

根据《用电安全导则》（GB/T 13869－2008）

6.2　用电产品应该按照制造商提供的使用环境条件进行安装，如果不能满足制造商的环境要求，应该采取附加的安装措施，例如，为用电产品提供防止外来机械应力、电应力，以及热效应的防护。

配电箱内各导线端部无变色、老化现象，金属裸露部分保护措施完好有效。

风险和隐患8：配电箱内堆放杂物且无电箱门

风险和隐患描述

配电箱内堆放杂物且无电箱门，容易进入小动物，电气设备启闭容易产生电火花，引燃可燃物，进而造成火灾。

管控和治理措施

根据《用电安全导则》（GB/T 13869－2008）

6.5 一般环境下，用电产品以及电气线路的周围应留有足够的安全通道和工作空间，且不应堆放易燃、易爆和腐蚀性物品。

应保证电箱处于完好，且不得将易燃物等杂物堆放在电箱里和附近周围。

风险和隐患 9：电箱出口没有封堵，导线与尖锐开口接触

风险和隐患描述

电箱出口没有封堵，且电线与尖锐的开口直接接触，容易造成电线被割破，进而造成事故。

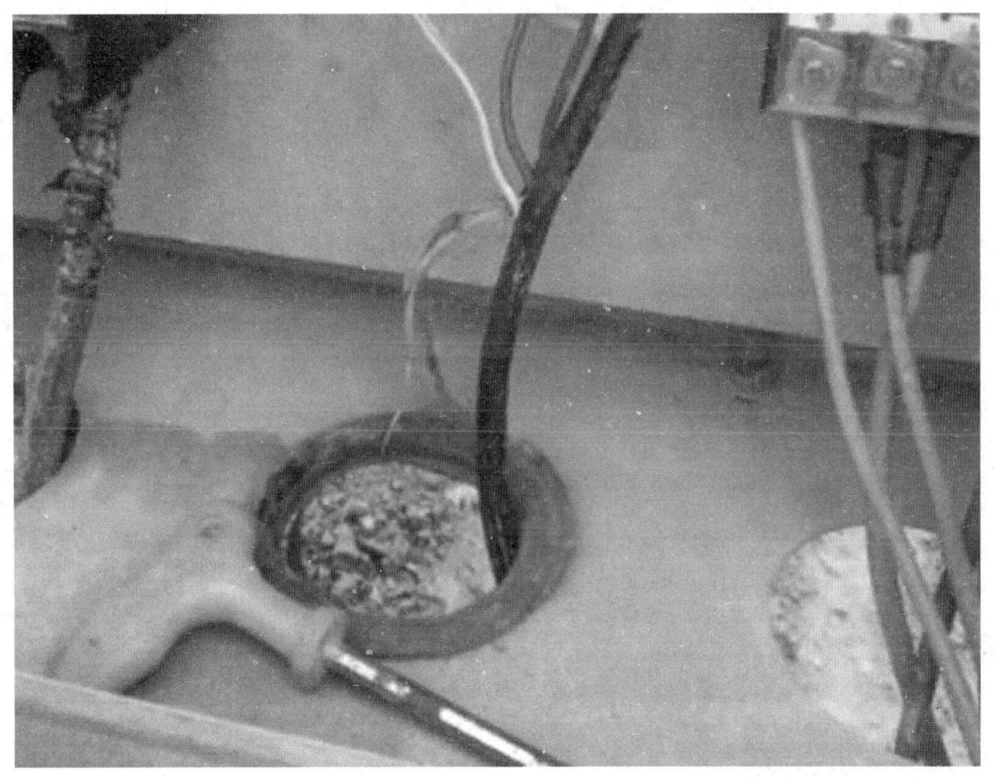

管控和治理措施

根据《施工现场临时用电安全技术规范》(JGJ 46—2005)

8.3.11 配电箱、开关箱的进线和出线严禁承受外力，严禁与金属尖锐断口、强腐蚀介质和易燃易爆物接触。

电箱进出口开孔应安装橡胶圈等防护措施，防止导线出开孔处金属切割发生断路而导致大火发生火灾。

风险和隐患 10：茶叶炒制作坊内配线未穿管敷设且有接头

风险和隐患描述

室内配线没有采用穿管敷设，容易损坏线缆，造成事故。

管控和治理措施

根据《施工现场临时用电安全技术规范》(JGJ 46—2005)

7.3.2 室内配线应根据配线类型采用瓷瓶、瓷(塑料)夹、嵌绝缘槽、穿管或钢索敷设。

室内布线应穿管且规范布线，防止电线有接头。

风险和隐患11：小作坊场所内潮湿地面电线未穿管、随意放在地面

风险和隐患描述

潮湿地面电线未穿管敷设，且随意放在地面，容易使电缆绝缘层受损，造成短路，引发事故。

管控和治理措施

根据《施工现场临时用电安全技术规范》(JGJ 46—2005)

7.3.2 潮湿场所或埋地非电缆配线必须穿管敷设，管口和管接头应密封；当采用金属管敷设时，金属管必须做等电位连接，且必须与PE线相连接。

重新敷设电缆，电缆穿管并规范敷设。

风险和隐患12：手持式电动工具的负荷线应采用耐气候型的橡皮护套铜芯软电缆

风险和隐患描述

随意延长手持式电动工具的负荷线，容易造成电线损坏，引发火灾等事故。

管控和治理措施

根据《施工现场临时用电安全技术规范》(JGJ 46—2005)

9.6.4 手持式电动工具的负荷线应采用耐气候型的橡皮护套铜芯软电缆，并不得有接头。

取下负荷线的延长线，避免中间有接头，将电源箱靠近手持电动工具使用点。

风险和隐患 13：不同等级电压插座装设一起，结构类似，无法分辨

风险和隐患描述

不同等级电压插座装设在一起，造成使用上的不便，容易发生插错插座引发事故。

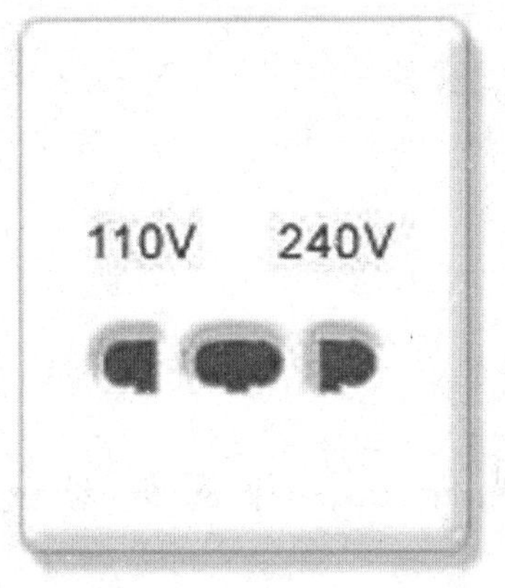

管控和治理措施

根据《施工现场临时用电安全技术规范》(JGJ 46—2005)

9.6.1 空气湿度小于75%的一般场所可选用Ⅰ类或Ⅱ类手持式电动工具，其金属外壳与PE线的连接点不得少于2处；除塑料外壳Ⅱ类工具外，相关开关箱中漏电保护器的额定漏电动作电流不应大于15 mA，额定漏电动作时间不应大于0.1 s，其负荷线插头应具备专用的保护触头。所用插座和插头在结构上应保持一致，避免导电触头和保护触头混用。

插座和插头在结构上应保持一致，避免导电触头和保护触头混用。

风险和隐患14：螺口灯头相线、零线接反

风险和隐患描述

螺口灯头的相线和零线接反，如果灯头破损造成螺口外露，容易发生触电等事故。

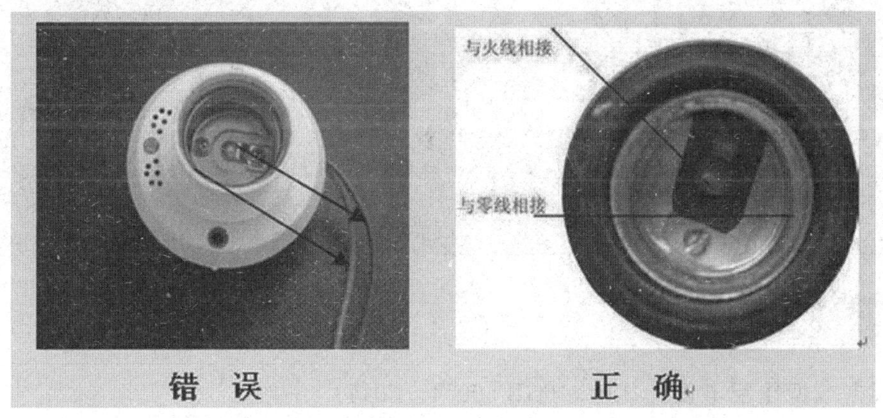

错误　　　　正确

管控和治理措施

根据《施工现场临时用电安全技术规范》(JGJ 46—2005)

10.3.7 螺口灯头及其接线应符合下列要求:

2 相线接在与中心触头相连的一端,零线接在与螺纹口相连的一端。

应将螺口灯头的中点与红色火线连接,螺纹口与蓝色零线连接。

风险和隐患 15:贴地电缆线无保护,外皮被老鼠咬破露铜

风险和隐患描述

贴地敷设的电缆线被老鼠咬破,造成金属外露,容易发生触电,甚至因电火花引发火灾事故。

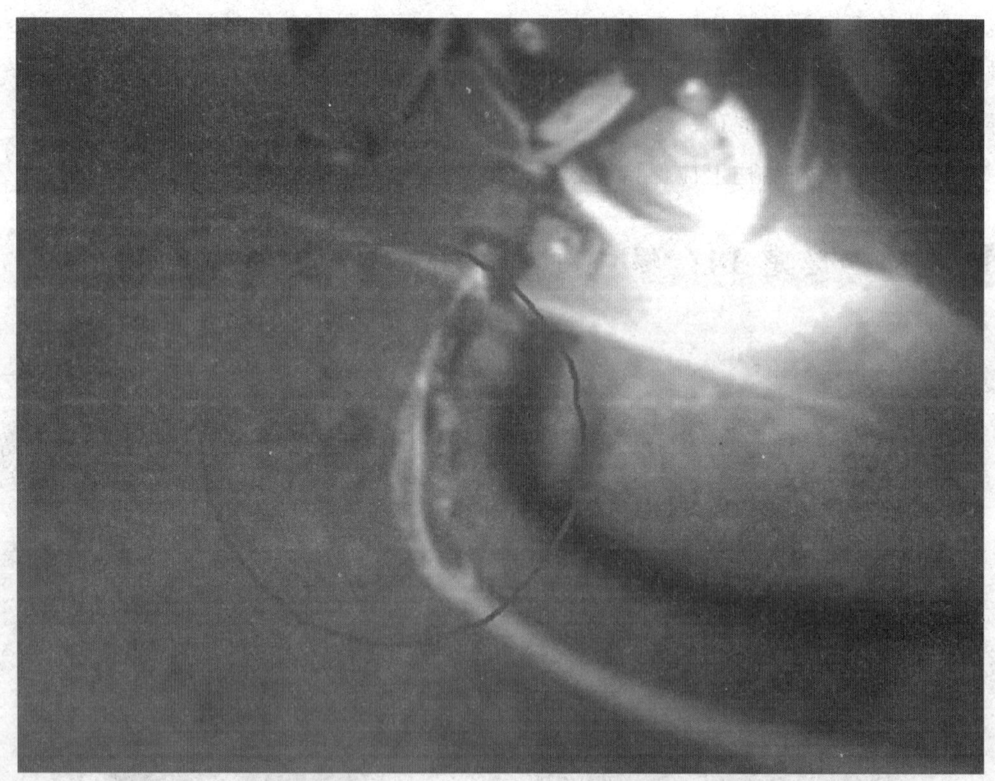

管控和治理措施

根据《低压配电设计规范》(GB 50054—2011)

7.6.1 电缆路径的选择，应符合下列规定：

1 应使电缆不易受到机械、振动、化学、地下电流、水锈蚀、热影响、蜂蚁和鼠害等损伤。

敷设在地面的电缆应做好穿管保护措施，防止电缆被压坏或老鼠咬破导致短路打火。

风险和隐患 16：螺口灯头的绝缘外壳损伤漏电

风险和隐患描述

螺口灯头的绝缘外壳损伤，带电金属部件外露，容易发生漏电打火现场，引发火灾等事故。

管控和治理措施

根据《施工现场临时用电安全技术规范》(JGJ 46—2005)

10.3.7 螺口灯头及其接线应符合下列要求：

1 灯头的绝缘外壳无损伤、无漏电。

10.1.4 照明器具和器材的质量应符合国家现行有关强制性标准的规定，不得使用绝缘老化或破损的器具和器材。

螺口灯头外壳损伤后，为防止漏电打火，应及时更换良好的灯头。

风险和隐患 17：室外电缆低垂且在电缆上晾晒衣物

风险和隐患描述

在电缆上晾晒衣物，重物使电缆线受力，容易损坏电缆，造成事故。

管控和治理措施

根据《用电安全导则》（GB/T 13869－2008）

6.2 用电产品应该按照制造商提供的使用环境条件进行安装，如果不能满足制造商的环境要求，应该采取附加的安装措施，例如，为用电产品提供防止外来机械应力、电应力，以及热效应的防护。

室外电缆应规范敷设，严禁在电缆上悬挂重物，以防止外来机械应力损伤电缆。

风险和隐患 18：插头连接电缆外皮损坏露铜

风险和隐患描述

插头连接电缆外皮损坏，金属外露，继续使用的话容易发生触电、短路，甚至引发火灾等事故。

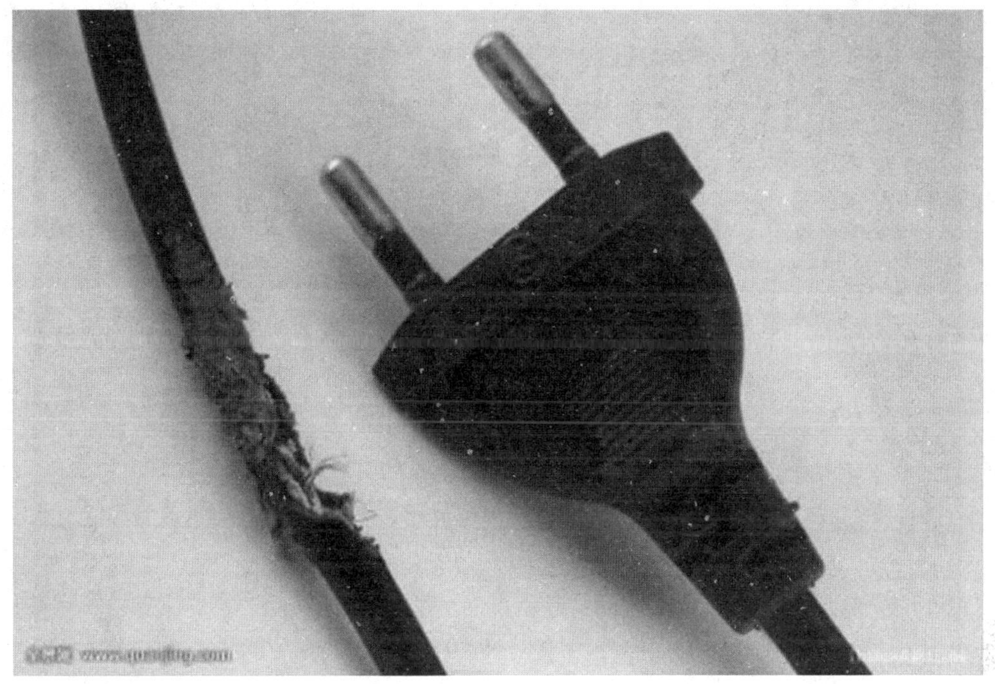

管控和治理措施

根据《家用和类似用途插头插座 第1部分：通用要求》（GB 2099.1—2008）

23.1 可拆线插头和拆线移动式插座应装有软缆固定部件，使导线在端子或端头之处不受包括拧绞在内的应力，并使导线的护套受到保护而不被磨损。

插头导线应有保护其不被磨损、压坏的措施，防止其破碎后接地打火。

风险和隐患19：电工带电维修时使用的工具绝缘不良

风险和隐患描述

带电检修时所用工具绝缘不良，在检修过程中容易发生触电，甚至造成更为严重的事故。

管控和治理措施

根据《施工现场临时用电安全技术规范》(JGJ 46—2005)

8.3.3 配电箱、开关箱应定期检查、维修。检查，维修人员必须是专业电工。检查、维修时必须按规定穿、戴绝缘鞋、手套，必须使用电工绝缘工具，并应做检查、维修工作记录。

更换绝缘符合要求的工具，防止工具上的金属与带电体接触发生断路。

风险和隐患 20：敷设在吊顶木制龙骨上的导线未穿管保护

风险和隐患描述

敷设在吊顶木制龙骨上的导线未穿管保护，一旦电线受损，极易引发火灾等事故。

管控和治理措施

根据《建筑电气工程施工质量验收规范》(GB 50303－2015)

14.2.1 除塑料护套线外，绝缘导线应采取导管或槽盒保护，不可外露明敷。

《低压配电设计规范》(GB 50054－2011)

7.1.5 电缆敷设的防火封堵，应符合下列规定：

1 布线系统通过地板、墙壁、屋顶、天花板、隔墙等建筑构件时，其孔隙应按等同建筑构件耐火等级的规定封堵。

敷设在吊顶木制龙骨上的导体应穿管保护，并且不应有接头，防止电气打火引起火灾。

风险和隐患 21：新增加电器设备时，没有根据实际负荷重新核定配电线路的承载能力

风险和隐患描述

新增加电器设备时，没有根据实际负荷重新核定配电线路的承载能力，一旦线

路超负荷运行，极易因发热造成火灾等事故。

管控和治理措施

根据《低压配电设计规范》(GB 50054—2011)

3.1.1 低压配电设计所选用的电器，应符合国家现行的有关产品标准，并应符合下列规定：

4 电器的额定电流不应小于所在回路的计算电流。

新增加电器设备时，应根据实际负荷重新核定配电线路的承载能力，防止过载引起电气火灾。

风险和隐患 22：用移动插座给大功率电器设备供电

风险和隐患描述

使用移动插座给大功率电器设备进行供电，移动插座的线路因负荷能力较小容易发热，进而引发火灾等事故。

管控和治理措施

根据《低压配电设计规范》（GB 50054－2011）

3.1.1 低压配电设计所选用的电器，应符合国家现行的有关产品标准，并应符合下列规定：

3 电器的额定电流不应小于所在回路的计算电流。

给大功率电器设备供电的开关应与其功率匹配，并且需固定和规范安装。不应随意拉接临时电线。

风险和隐患 23：制衣小作坊内塑料电线在工位上垂吊

风险和隐患描述

服装加工厂使用塑料电线，且将塑料电线垂吊在工位上，容易被人员误碰损坏，进而引发火灾等事故。

管控和治理措施

根据《施工现场临时用电安全技术规范》(JGJ 46—2005)

7.3.1 室内配线必须采用绝缘导线或电缆。

用电导线应使用电缆，如果使用塑料导线则应该穿管，做好保护，防止发生电气短路等故障引起火灾事故。

风险和隐患 24：棉絮制作小作坊内电灯风扇安装在工位附近且过低

风险和隐患描述

棉絮加工厂内电气线路乱，且电气设备上堆积棉絮，容易因发热或电火花引燃棉絮，造成火灾事故。

管控和治理措施

根据《用电安全导则》(GB/T 13869—2008)

6.5 一般环境下，用电产品以及电气线路的周围应留有足够的安全通道和工作空间，且不应堆放易燃、易爆和腐蚀性物品。

电气设备应安装在与可燃物保持距离的安全位置，防止电气事故导致引燃可燃物。

风险和隐患 25：电气失火燃烧过的线路仍然在使用

风险和隐患描述

失火燃烧过的线路仍在使用，由于线路的安全性能可能不达标，容易造成线路故障，引发火灾等事故。

管控和治理措施

根据《用电安全导则》(GB/T 13869－2008)

10.9 用电产品如不能修复或修复后达不到规定的安全性能时应及时予以报废，并在明显位置予以标识。

发生过电气起火燃烧过的线路及其他电器配件应废弃并重现安装整改。

风险和隐患 26：小作坊内的电器设备的电源开关安装在墙壁上的木板上

风险和隐患描述

电源开关安装在木板上，容易因开关发热或启闭的电火花引燃木板造成火灾事故。

管控和治理措施

根据《施工现场临时用电安全技术规范》(JGJ 46—2005)

8.1.9 配电箱、开关箱内的电器（含插座）应先安装在金属或非木质阻燃绝缘电器安装板上，然后方可整体紧固在配电箱、开关箱箱体内。

将固定电器开关的木板换成金属或非木质阻燃绝缘电器安装板上，然后整体紧固在配电箱、开关箱箱体内。

风险和隐患 27：木制品加工作坊内的电器配电线在地面明敷

风险和隐患描述

木制品加工作厂内的配电线明敷在地面，容易因产生的高温或电火花造成火灾事故。

管控和治理措施

根据《用电安全导则》（GB/T 13869－2008）

6.2 用电产品应该按照制造商提供的使用环境条件进行安装，如果不能满足制造商的环境要求，应该采取附加的安装措施，例如，为用电产品提供防止外来机械应力、电应力，以及热效应的防护。

电线应穿管暗敷，防止电气打火引燃木料。

风险和隐患 28：小作坊照明灯使用的闸刀开关属强令淘汰的产品型号

风险和隐患描述

使用闸刀开关作为照明灯开关，容易因开关闭合产生的电火花造成火灾事故。

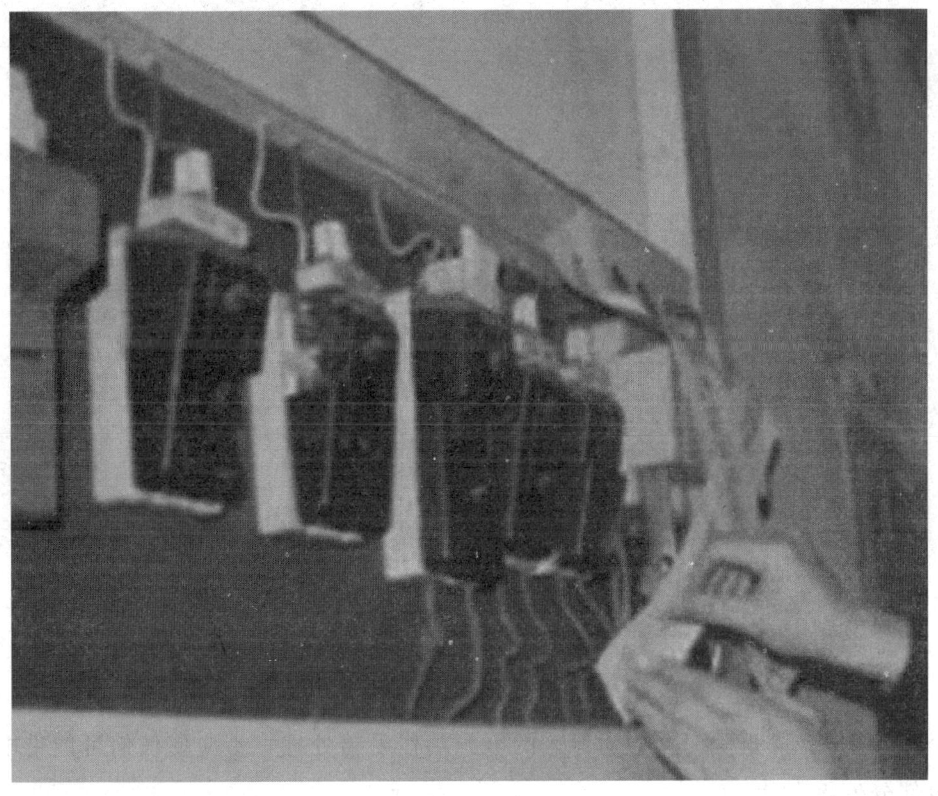

管控和治理措施

根据《高耗能落后机电设备（产品）淘汰目录（第二批）》

三、电器

3－1 刀开关 HD9－200、400、600、1000、1500

禁止使用已经淘汰的电气产品，用断路器替代闸刀开关。

风险和隐患 29：用电设备拆除后，多股电线缠绕未妥善处理

风险和隐患描述

用电设备拆除后，多股电线缠绕未妥善处理，容易发生触电、短路，甚至引发火灾等事故。

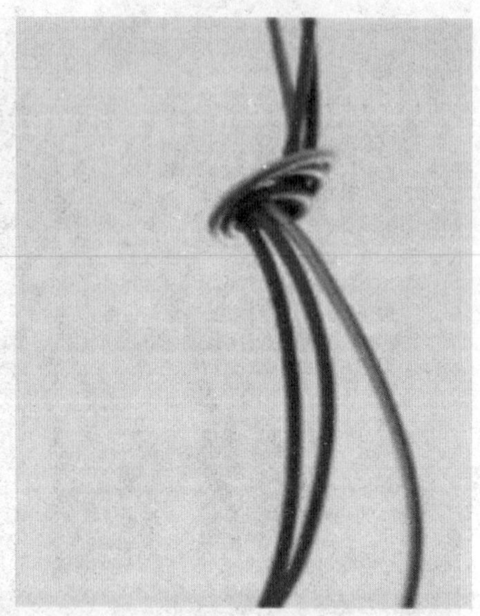

管控和治理措施

根据《用电安全导则》(GB/T 13869－2008)

7.3 用电产品拆除时，应对原来的电源端作妥善处理，不应使任何可能带电的导电部分外露。

用电设备拆除后，应将电源线拆除。

风险和隐患 30：敷设在闷顶、吊顶内的配电电气线路凌乱无保护

风险和隐患描述

敷设在闷顶、吊顶内的配电电气线路凌乱无保护，一旦线路受损发生短路等故障，极易造成火灾等事故。

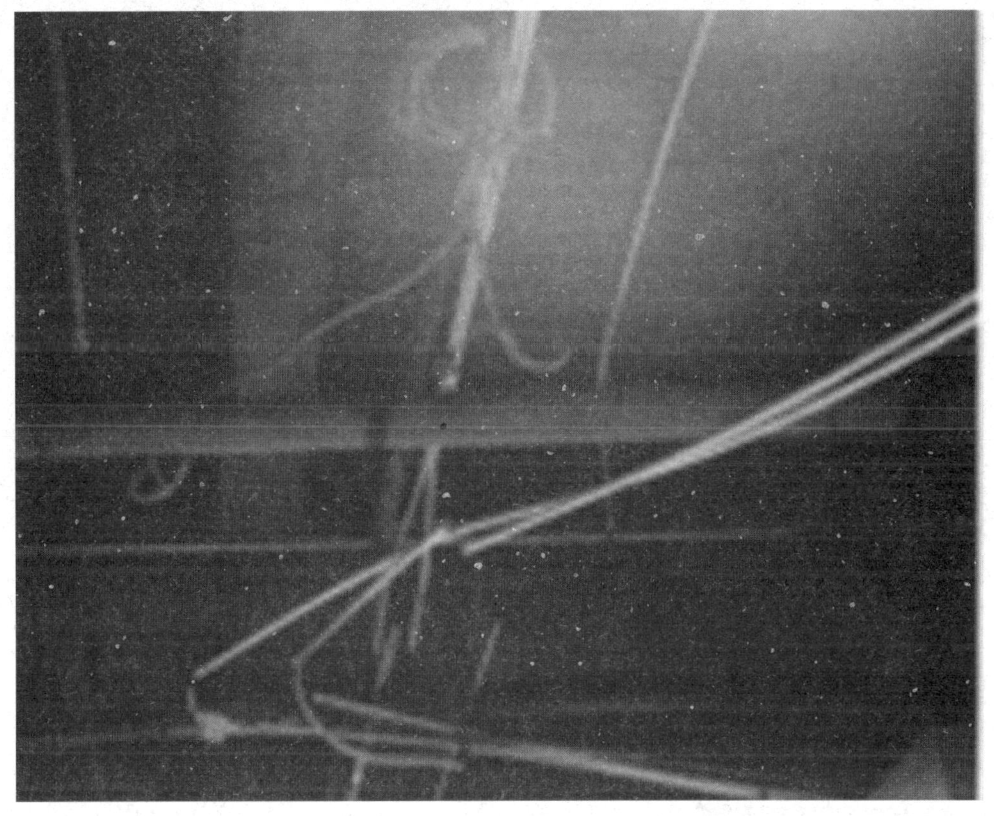

管控和治理措施

根据《建筑设计防火规范》（GB 50016－2014）

10.2.3 配电线路敷设在有可燃物的闷顶、吊顶内时，应采取穿金属导管、采用封闭式金属槽盒等防火保护措施。

敷设在有可燃物的闷顶、吊顶内的电气线路，应采取穿金属管、密封槽盒等防火保护措施。

风险和隐患 31：小经营场所宿舍内挂起的衣物靠近灯泡

风险和隐患描述

宿舍内挂起的衣物靠近灯泡，容易因灯泡散热不良引燃衣物，进而造成火灾。

管控和治理措施

根据《建筑设计防火规范》(GB 50016—2014)

10.2.4 开关、插座和照明灯具靠近可燃物时，应采取隔热、散热等防火措施。

衣物靠近照明灯具时应采取隔热、散热等防火措施，应尽量使衣物等易燃物品应远离照明灯具等热源。

风险和隐患 32：小作坊库房内使用卤钨灯等高温照明灯具。

风险和隐患描述

小作坊库房内使用卤钨灯作为照明灯具，因卤钨灯照明时产生大量的热量，容易引燃周围的可燃物，造成火灾事故。

管控和治理措施

根据《建筑设计防火规范》（GB 50016－2014）

10.2.5 可燃材料仓库内宜使用低温照明灯具，并应对灯具的发热部件采取隔热等防火措施，不应使用卤钨灯等高温照明灯具。

更换照明灯具未低冷温照明灯具，并做好安全防范措施。

风险和隐患 33：小经营场所的煤气管道和无任何保护的塑料软线没有保持安全距离

风险和隐患描述

煤气热水器的煤气管道与塑料软线紧靠，且无保护措施，容易引发火灾爆炸等事故。

管控和治理措施

根据《施工现场临时用电安全技术规范》(JGJ 46—2005)

4.2.1 电气设备现场周围不得存放易燃易爆物、污源和腐蚀介质，否则应予清除或做防护处置，其防护等级必须与环境条件相适应。

《用电安全导则》(GB/T 13869—2008)

8.4 在可燃、助燃、易燃（爆）物体的储存、生产、使用等场所或区域内使用的用电产品，其阻燃或防爆等级要求应符合特殊场所的标准规定。

煤气管道与电气线路应保持安全距离，同时，电气线路应做好安全保护。

风险和隐患 34：小作坊的电器电源线路凌乱无固定，开关与电表直接安装悬挂在墙体上

风险和隐患描述

室内线路凌乱无固定，开关与电表直接安装悬挂在墙体上，容易使电气线路发生破损，造成事故。

管控和治理措施

根据《施工现场临时用电安全技术规范》(JGJ 46—2005)

7.3.1 室内配线必须采用绝缘导线或电缆。

7.3.2 室内配线应根据配线类型采用瓷瓶、瓷(塑料)夹、嵌绝缘槽、穿管或钢索敷设。

潮湿场所或埋地非电缆配线必须穿管敷设，管口和管接头应密封；当采用金属管敷设时，金属管必须做等电位连接，且必须与PE线相连接。

电器电源线路安装规范，开关、电表应装在配电箱内并安装合理。

风险和隐患35：使用用电产品时，其配线用塑料软芯与橡胶软线连接，且接头处无保护

风险和隐患描述

移动式用电产品的配线用塑料软芯与橡胶软线连接，且接头处无保护，容易造成电源线被拉断，发生短路，造成事故。

管控和治理措施

根据《用电安全导则》(GB/T 13869－2008)

6.8 移动使用的用电产品，应采用完整的铜芯橡皮套软电缆或护套软线作电源线；移动时，应防止电源线拉断或损坏。

更换电源配线为完整的铜芯橡皮套软电缆或护套软线，并做好安全防护措施。

风险和隐患 36：小作坊电器电源线附近油污容易腐蚀电源线绝缘层

风险和隐患描述

在有油污的场所的电器电源线没有安全防护措施，容易腐蚀电源线绝缘层，造成线路短路，产生电火花，引发火灾等事故。

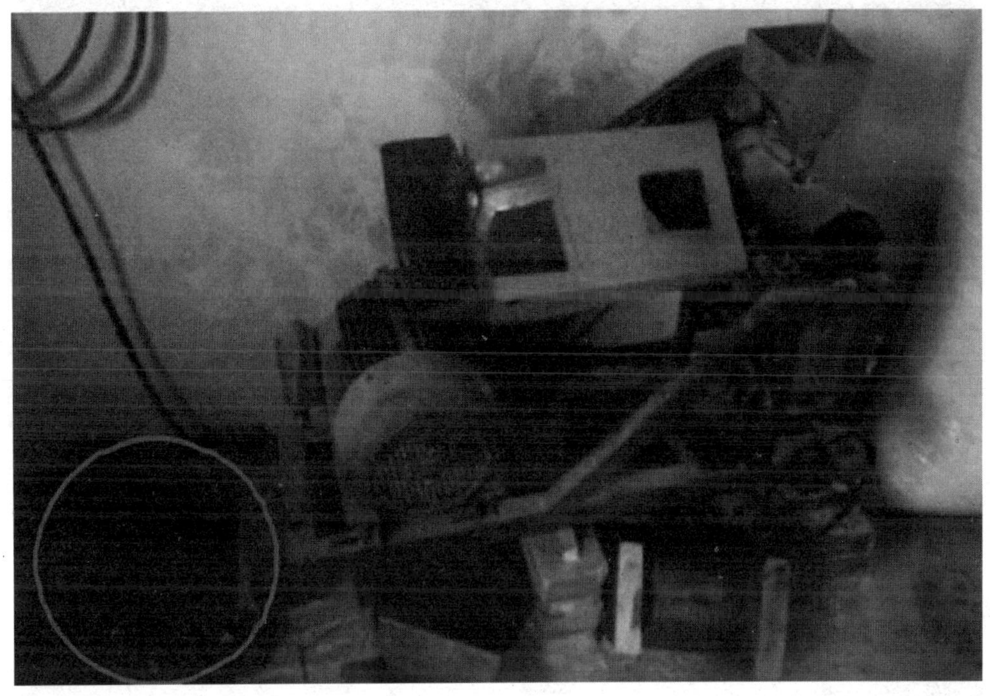

管控和治理措施

根据《用电安全导则》（GB/T 13869－2008）

8.4 在可燃、助燃、易燃（爆）物体的储存、生产、使用等场所或区域内使用的用电产品，其阻燃或防爆等级要求应符合特殊场所的标准规定。

做好安全防护措施，防止油污腐蚀电线绝缘层。

风险和隐患 37：小作坊电器电源配线的柔性导管过长

风险和隐患描述

电器电源配线的柔性导管过长，造成线路零乱，外力损伤线路，导致发生事故。

管控和治理措施

根据《建筑电气工程施工质量验收规范》（GB 50303－2015）

12.2.8 可弯曲金属导管及柔性导管敷设应符合下列规定：

1 刚性导管经柔性导管与电气设备、器具连接时，柔性导管的长度在动力工程中不宜大于 0.8 m，在照明工程中不宜大于 1.2 m。

用电设备距离电源箱太远时，适用刚性线缆导管接至用电设备。

风险和隐患 38：小加工厂户外临时用电配电塑料线随意放置与地上

风险和隐患描述

户外临时用电配电塑料线随意放置与地上，容易造成线路损坏，引发火灾等事故。

管控和治理措施

根据《用电安全导则》(GB/T 13869－2008)

6.7 用电产品的电气线路须具有足够的绝缘强度、机械强度和导电能力并应定期检查。

6.8 移动使用的用电产品，应采用完整的铜芯橡皮套软电缆或护套软线作电源线；移动时，应防止电源线拉断或损坏。

户外临时用电线应使用机械强度较好的电缆线并穿管敷设。

风险和隐患 39：小作坊的配电箱进线口没有封堵

风险和隐患描述

配电箱进线口没有封堵，容易进入雨雪及小动物，造成箱内线路损伤，造成事故。

管控和治理措施

根据《施工现场临时用电安全技术规范》(JGJ 46—2005)

6.1.3 配电室和控制室应能自然通风，并应采取防止雨雪侵入和动物进入的措施。

配电箱进出线口应做好封堵，防止小动物进入。

风险和隐患40：电工带电作业人员作业时工具的金属杆部分没有做好防护措施

风险和隐患描述

带电作业时工具的金属部位没有做安全防护措施，容易使线路短路，产生的电火花容易造成火灾等事故。

管控和治理措施

根据《用电安全导则》（GB/T 13869－2008）

10.3 电气作业人员在进行电气作业前应熟悉作业环境，并根据作业的类型和性质采取相应的防护措施；进行电气作业时，所使用的电工个体防护用品应保证合格并与作业活动相适应。

电工带电作业时应做好防护措施，螺丝刀的金属杆应套上绝缘套管，防止作业过程中意外短路导致电气起火。

风险和隐患 41：电动机接线端盖缺失且用电线路有接头

风险和隐患描述

电动机接线端盖缺失，容易损坏接线端端子，产生的电火花容易引燃周围可燃物，造成火灾事故。

管控和治理措施

根据《建筑电气工程施工质量验收规范》(GB 50303－2015)

6.2.4 电动机电源线与出线端子接触应良好、清洁，高压电动机电源线紧固时不应损伤电动机引出线套管。

应保证电动机完整良好，用电线路无接头等不良情况。

风险和隐患 42：多台用电设备共用一台小配电箱，且无电压、电流表

风险和隐患描述

多台设备共用一台小电源控制箱，容易因过载运行造成短路，发生火灾等事故。

管控和治理措施

根据《施工现场临时用电安全技术规范》(JGJ 46—2005)

6.1.5 配电柜应装设电度表，并应装设电流、电压表。电流表与计费电度表不得共用一组电流互感器。

《用电安全导则》(GB/T 13869—2008)

6.4 任何用电产品在运行过程中，应有必要的监控或监视措施；用电产品不允许超负荷运行。

多台设备共用电源控制箱时，应选用合适容量的配电盘，并装设电压、电流表以监视用电情况。

风险和隐患43：电箱内的相线用地线代替，颜色不符合规范

风险和隐患描述

电箱内的相线用地线代替，在使用上容易造成误接，引起事故。

管控和治理措施

根据《电线电缆识别标志方法　第 2 部分：标准颜色》(GB/T 6995.2—2008)

3 标准颜色

电线电缆识别用的标准颜色为：

白色、红色、黑色、黄色、蓝色、绿色、橙色、灰色、棕色、青绿色、紫色和粉红色。

《施工现场临时用电安全技术规范》(JGJ 46—2005)

5.1.11 相线、N 线、PE 线的颜色标记必须符合以下规定：相线 L_1（A）、L_2（B）、L_3（C）相序的绝缘颜色依次为黄、绿、红色；N 线的绝缘颜色为淡蓝色；PE 线的绝缘颜色为绿/黄双色。任何情况下上述颜色标记严禁混用和互相代用。

电箱内的电线颜色按照标准规定设置。

风险和隐患 44：电箱内配线导体截面过小，和载流容量不匹配

风险和隐患描述

电箱内配线导体截面过小，容易因过载运行发热造成线路短路，引发火灾等事故。

管控和治理措施

根据《低压配电设计规范》(GB 50054—2011)

3.2.2 选择导体截面，应符合下列要求：

1 按敷设方式及环境条件确定的导体载流量，不应小于计算电流；

2 导体应满足线路保护的要求；

3 导体应满足动稳定与热稳定的要求。

配线线径合适，保证导体和负载电流匹配。

风险和隐患 45：小作坊发热设备附近有可燃碎布

风险和隐患描述

运行时发热的电气设备附近有可燃碎布，容易因高温引燃碎布，造成火灾等事故。

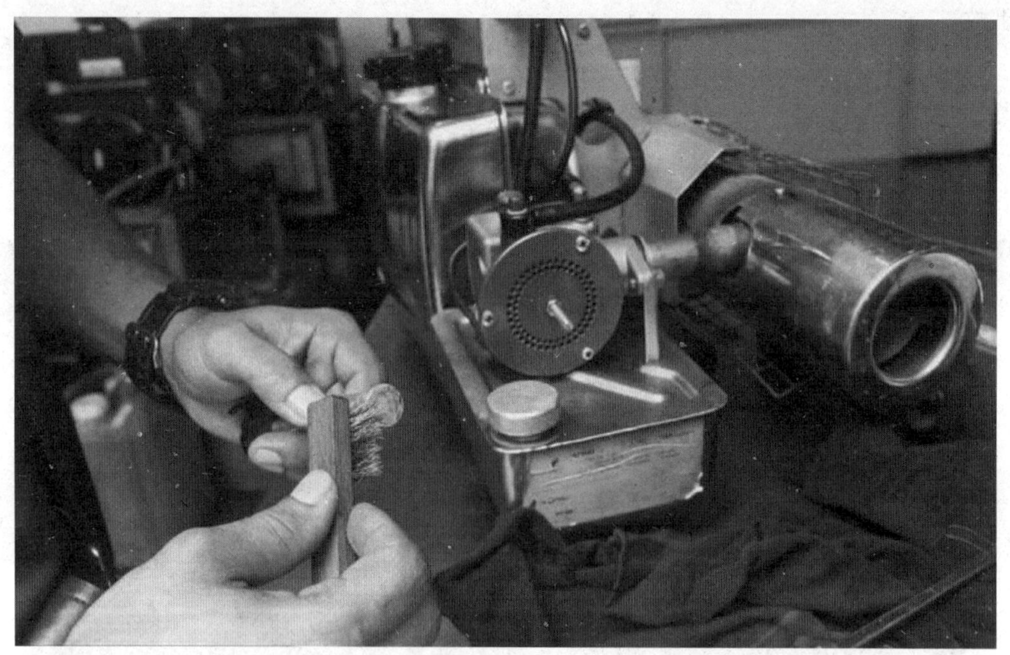

管控和治理措施

根据《用电安全导则》（GB/T 13869－2008）

6.6 正常运行时会产生飞溅火花或外壳表面温度较高的用电产品，使用时应远离可燃物质或采取相应的密闭、隔离等措施，用完后及时切断电源。

发热设备的可燃物质应及时清理，防止被引燃发生火灾事故。

风险和隐患 46：小经营加工厂员工宿舍电线混乱，私拉电源，导线由多处接头，插座损坏

风险和隐患描述

员工宿舍电线混乱，存在多处接头，且插座损坏，负载运行时容易发生线路短

路，进而造成火灾等事故。

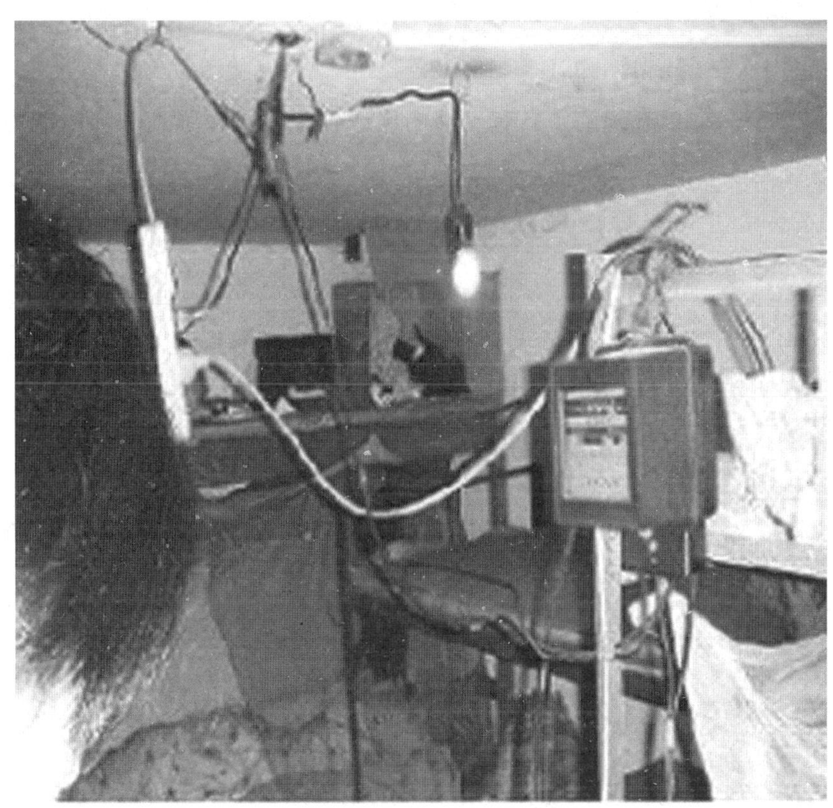

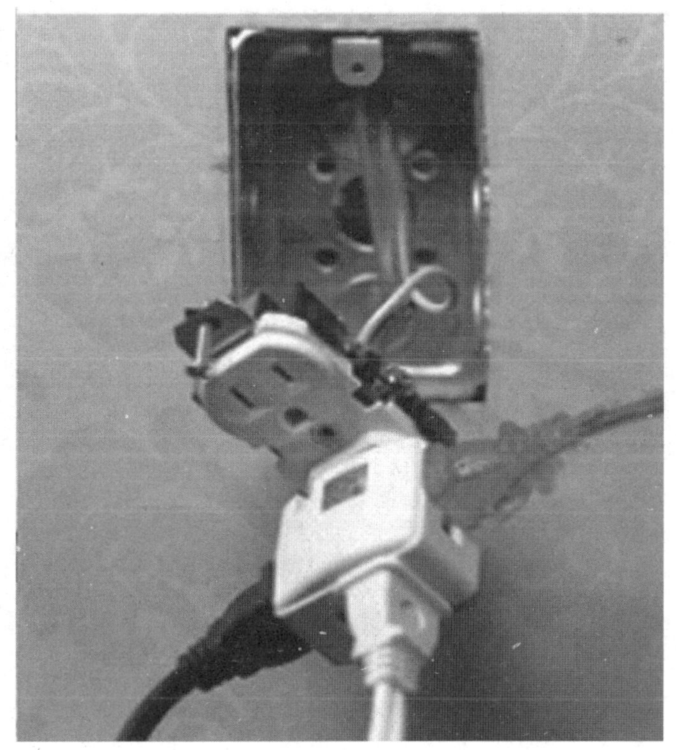

管控和治理措施

根据《用电安全导则》(GB/T 13869－2008)

6.7 用电产品的电气线路须具有足够的绝缘强度、机械强度和导电能力并应定期检查。

员工宿舍禁止私拉电线，损坏的电器应及时检查修理，加强电气管理。

第二节　电气安全管理

风险和隐患 47：小作坊内的电瓶自行车充电场所有可燃物

风险和隐患描述

电瓶车充电场所存在可燃物体，容易因电瓶车充电出现的故障造成火灾事故。

管控和治理措施

根据《用电安全导则》（GB/T 13869－2008）

8.4 在可燃、助燃、易燃（爆）物体的储存、生产、使用等场所或区域内使用的用电产品，其阻燃或防爆等级要求应符合特殊场所的标准规定。

严禁在有可燃物场所给电瓶自行车充电。

风险和隐患 48：小加工企业小作坊作业完成没有及时关闭电源

风险和隐患描述

营业结束后，未及时关闭设备的电源开关，设备长时间处于通电状态容易因线路损坏发生火灾事故。

管控和治理措施

根据《用电安全导则》（GB/T 13869－2008）

6.4 任何用电产品在运行过程中，应有必要的监控或监视措施；用电产品不允许超负荷运行。

营业结束后，现场无人，应切断非必要电源。

风险和隐患49：小作坊安排无电工证的青年工人制作、安装小电箱

风险和隐患描述

无证人员从事电工作业，容易因未熟练掌握操作技能而发生电气火灾事故。

管控和治理措施

根据《用电安全导则》(GB/T 13869－2008)

10.4 从事电气作业中的特种作业人员应经专门的安全作业培训，在取得相应特种作业操作资格证书后，方可上岗。

从事电气安装、制作、维修的人员应取得电工特种作业操作证。

风险和隐患50：维修电工戴线手套带电维修

风险和隐患描述

电工进行带电作业时穿戴线手套代替绝缘手套，容易发生触电，造成事故。

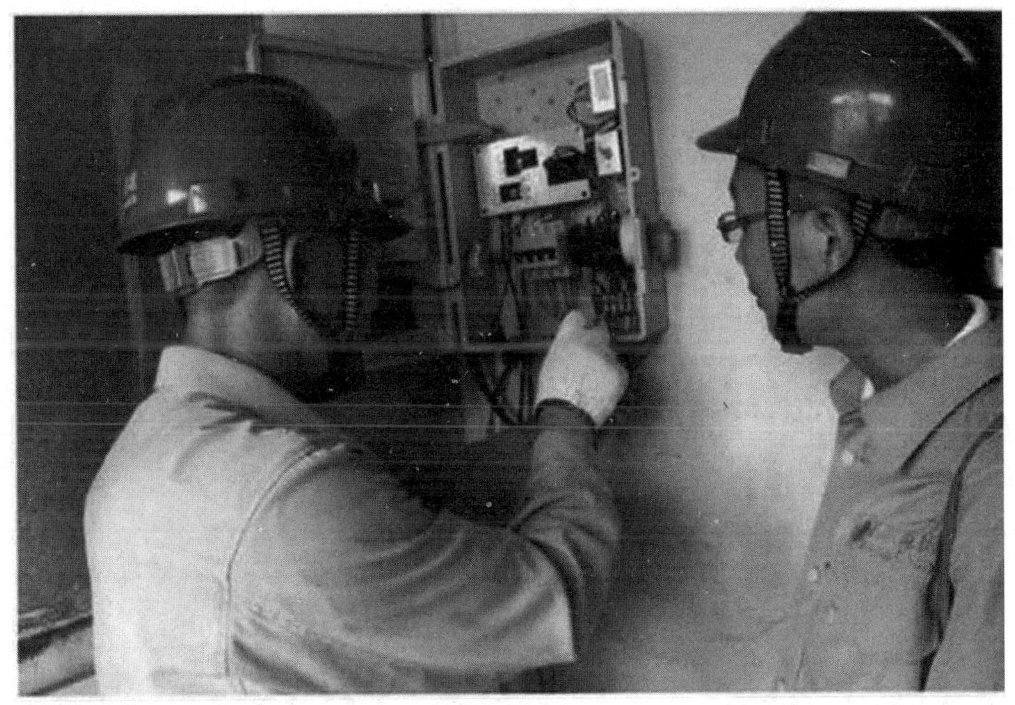

管控和治理措施

根据《施工现场临时用电安全技术规范》(JGJ 46—2005)

8.3.3 配电箱、开关箱应定期检查、维修。检查，维修人员必须是专业电工。检查、维修时必须按规定穿、戴绝缘鞋、手套，必须使用电工绝缘工具，并应做检查、维修工作记录。

电工应配备必备的劳保用品，带电检修时应戴好绝缘手套。

风险和隐患 51：没有指定专人对用电设备定期检修、测试与维保

风险和隐患描述

没有指定专人对用电设备定期检修、测试与维保，可能致使用电设备带病运转，极易发生火灾等事故。

管控和治理措施

根据《用电安全导则》(GB/T 13869—2008)

10.7 用电产品应有专人负责管理，并定期进行检修、测试和维护，检修、测试和维护的频度应取决于用电产品的规定的要求和使用情况。

应指定专人对电气设备进行管理并定期检查、测试、维护、保养，保证用电设备、线路良好，并做好相关记录。

风险和隐患52：从业人员没有掌握基本的电气火灾扑救方法

风险和隐患描述

从业人员没有掌握基本的电气火灾扑救方法，一旦发生电气火灾无法及时进行应急处置，致使损失扩大。

管控和治理措施

根据《中华人民共和国安全生产法》

第二十五条 生产经营单位应当对从业人员进行安全生产教育和培训，保证从业人员具备必要的安全生产知识，熟悉有关的安全生产规章制度和安全操作规程，掌握本岗位的安全操作技能，了解事故应急处理措施，知悉自身在安全生产方面的权利和义务。未经安全生产教育和培训合格的从业人员，不得上岗作业。

加强安全培训，使从业人员掌握本岗位的安全操作技能，并了解事故应急处理措施。

第八章

居民住宅建筑电气火灾风险防控和隐患排查治理

第一节 住宅建筑公共区域

风险和隐患1：小区配电箱无强制性认证标志的产品

风险和隐患描述

小区配电箱无强制性认证标志，不能保证产品的安全性能，一旦发生火灾等事故，后果十分严重。

管控和治理措施

根据《用电安全导则》(GB/T 13869－2008)

5.1 用电产品的设计制造应符合规定，如需要强制性认证的，应取得认证证书或标志。非强制认证的产品应具备有效的检验报告。

更换为取得3C认证的产品，未取得3C认证的产品为不合法产品，严禁销售使用。

风险和隐患2：小区变压器安装接线凌乱，周围大量可燃物

风险和隐患描述

小区变压器接线凌乱，周围存在可燃物，设备运行发热，容易引燃周围的可燃物，造成火灾事故。

管控和治理措施

根据《施工现场临时用电安全技术规范》(JGJ 46－2005)

4.2.1 电气设备现场周围不得存放易燃易爆物、污源和腐蚀介质，否则应予清

除或做防护处置，其防护等级必须与环境条件相适应。

变压器应安装在合理的位置并保证安装规范，且周围没有易燃易爆物、污源和腐蚀介质。

风险和隐患3：小区配电系统经常故障，未定期维护、检测

风险和隐患描述

小区配电系统没有定期维护、检测，可能导致用电设备带病运转，极易导致火灾等事故。

管控和治理措施

根据《用电安全导则》(GB/T 13869－2008)

10.7 用电产品应有专人负责管理，并定期进行检修、测试和维护，检修、测试和维护的频度应取决于用电产品的规定的要求和使用情况。

电表箱、配电盘（柜）设置的短路、过负荷、漏电等保护装置应保持完好有效，应定期测试保护功能。

风险和隐患4：小区公共配电箱内端子接线导线压接不规范、多股线没有使用终端端子或搪锡

风险和隐患描述

小区配电箱内端子接线不规范，容易造成接触不良，产生电火花，进而造成火灾事故。

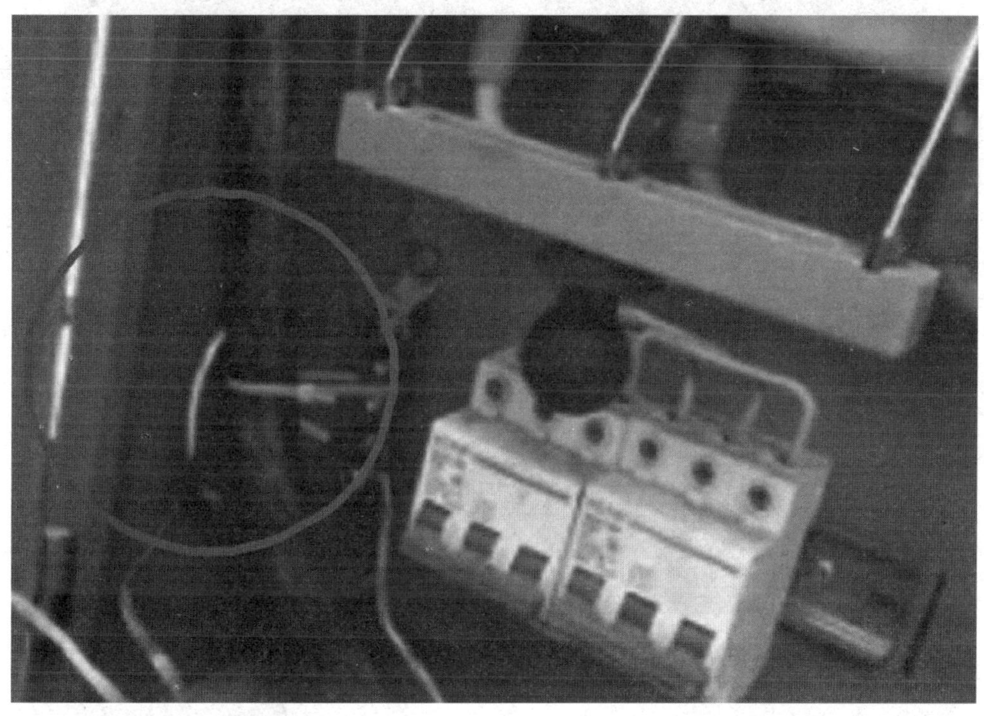

管控和治理措施

根据《建筑电气工程施工质量验收规范》(GB 50303－2015)

5.2.9 柜、台、箱、盘面板上的电器连接导线应符合下列规定：

3 与电器连接时，端部应绞紧、不松散、不断股，其端部可采用不开口的终端端子或搪锡。

多股线应使用铜接头终端端子连接或搪锡后压接。

风险和隐患 5：小区公共配电箱内有塑料杂物

风险和隐患描述

小区配电箱内有塑料等可燃杂物，容易因散热不良或电火花引燃可燃物，造成火灾等事故。

管控和治理措施

根据《施工现场临时用电安全技术规范》(JGJ 46—2005)

8.3.8 配电箱、开关箱内不得放置任伺杂物，并应保持整洁。

清除电箱内的杂物，并保持箱内整洁。

风险和隐患 6：小区电箱内的相线压接不良，有金属裸露

风险和隐患描述

小区电箱内的相线压接不良，有露铜现象，容易发生短路故障，引发火灾等事故。

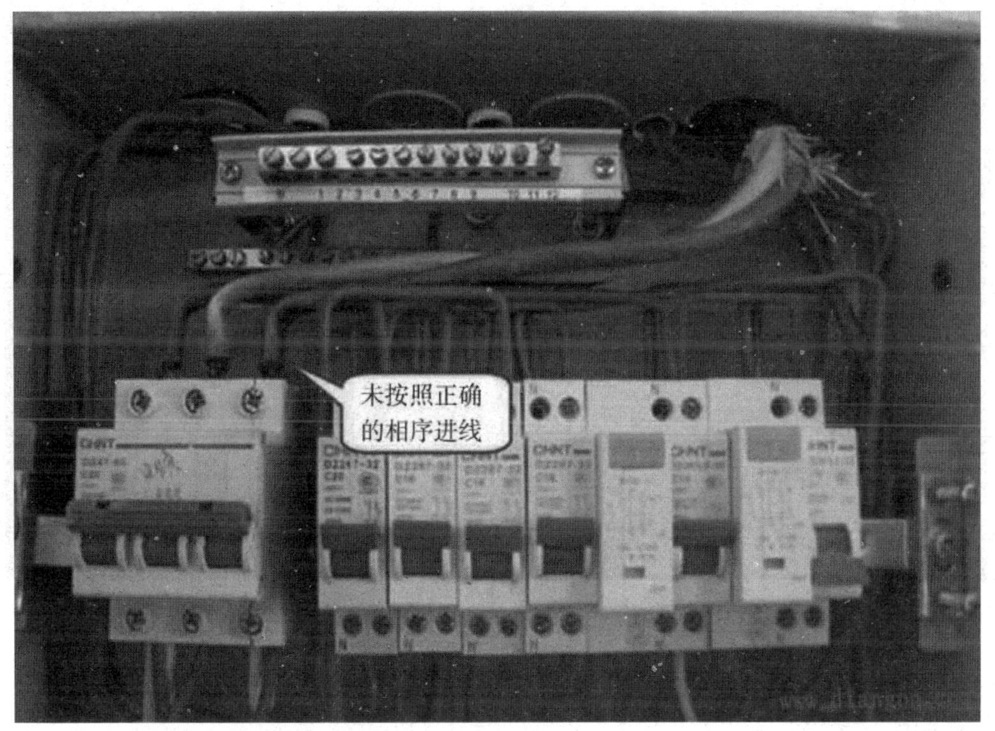

管控和治理措施

根据《电气装置安装工程 盘、柜及二次回路接线施工及验收规范》（GB 50171—2012）

5.0.1 盘、柜上的电器安装应符合下列规定：

1 电器元件质量应良好，型号、规格应符合设计要求，外观应完好，附件应齐全，排列应整齐，固定应牢固，密封应良好。

导线应压接良好，接线端绝缘层剥离不应过长，防止接线露铜。

风险和隐患7：电箱内电线多处接头，颜色没有按照标准布线

风险和隐患描述

电箱内电线颜色没有按照标准布线，容易造成误接，引发事故。

管控和治理措施

根据《施工现场临时用电安全技术规范》(JGJ 46—2005)

5.1.11 相线、N线、PE线的颜色标记必须符合以下规定：相线 L_1 (A)、L_2 (B)、L_3 (C) 相序的绝缘颜色依次为黄、绿、红色；N线的绝缘颜色为淡蓝色；PE线的绝缘颜色为绿/黄双色。任何情况下上述颜色标记严禁混用和互相代用。

配电箱内布线应规范，各相导线颜色应按照规范配置。

风险和隐患8：电箱内配线导体截面过小，和载流容量不匹配

风险和隐患描述

电箱内配线导体截面过小，一旦过载发热容易损坏导线，甚至引发火灾事故。

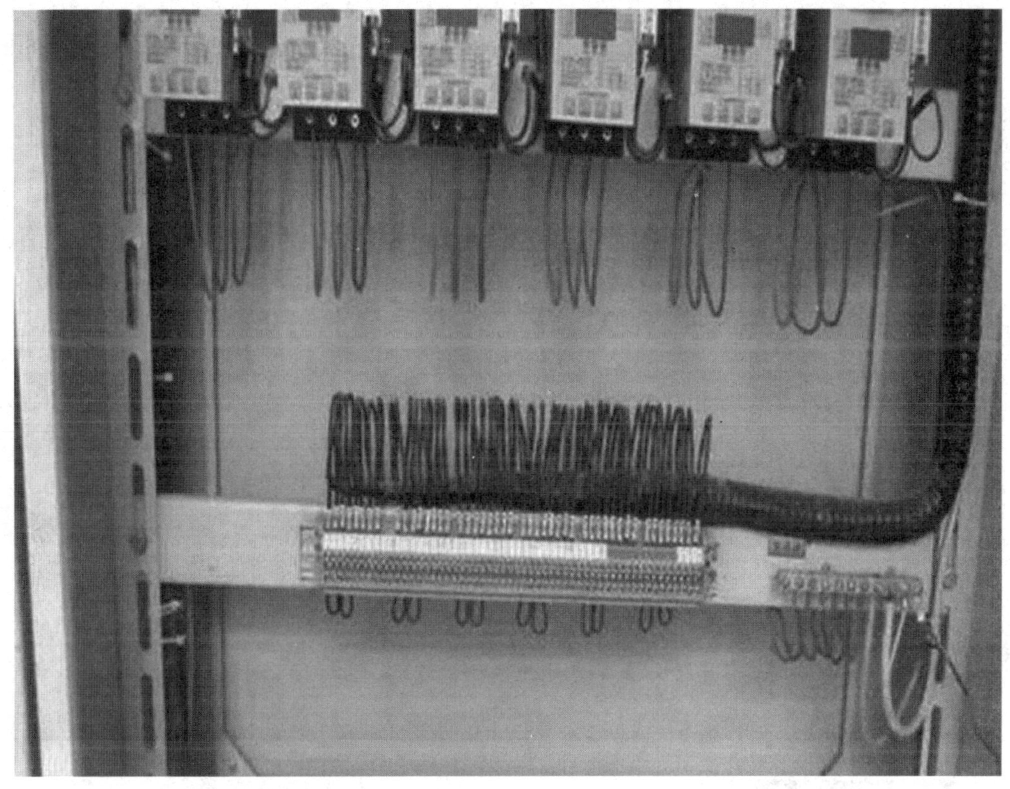

管控和治理措施

根据《低压配电设计规范》（GB 50054－2011）

3.2.2 选择导体截面，应符合下列要求：

1 按敷设方式及环境条件确定的导体载流量，不应小于计算电流；

2 导体应满足线路保护的要求；

3 导体应满足动稳定与热稳定的要求；

更换和载流容量相匹配的配线。

风险和隐患 9：导线布线不规范，绝缘层出现老化现象。

风险和隐患描述

小区配电室内线缆绝缘层老化，且未采取保护措施，容易因线缆损坏，引发火灾事故。

管控和治理措施

根据《建筑电气工程施工质量验收规范》(GB 50303—2015)

14.2.1 除塑料护套线外，绝缘导线应采取导管或槽盒保护，不可外露明敷。

绝缘导线应采取导管或槽盒保护，不可外露明敷，防止绝缘层被污染出现老化、龟裂等不良引起电气火灾。

风险和隐患 10：小区配电箱内有用电线拆除后没有包扎

风险和隐患描述

小区配电箱内存在用电线拆除后没有包扎的现象，容易造成线路短路，引发火灾。

管控和治理措施

根据《用电安全导则》(GB/T 13869—2008)

7.3 用电产品拆除时，应对原来的电源端作妥善处理，不应使任何可能带电的导电部分外露。

导线拆除后应同时拆除或做好标记，妥善处理。

风险和隐患 11：小区公共电箱外堆放大量可燃杂物

风险和隐患描述

小区电箱外堆放大量可燃杂物，容易因发热或电火花引燃可燃杂物，引发火灾事故。

管控和治理措施

根据《施工现场临时用电安全技术规范》(JGJ 46—2005)

4.2.1 电气设备现场周围不得存放易燃易爆物、污源和腐蚀介质，否则应予清除或做防护处置，其防护等级必须与环境条件相适应。

电箱周围可燃杂物应清理，保持整洁。

风险和隐患12：小区架空导线上晾晒衣物

风险和隐患描述

在小区架空电缆线上晾晒衣物，重物使电缆线受力，容易损坏电缆，造成事故。

管控和治理措施

根据《用电安全导则》（GB/T 13869－2008）

6.2 用电产品应该按照制造商提供的使用环境条件进行安装，如果不能满足制造商的环境要求，应该采取附加的安装措施，例如，为用电产品提供防止外来机械应力、电应力，以及热效应的防护。

禁止在导线上悬挂重物，防止导体机械损伤。

风险和隐患 13：电箱进出线孔没有封闭

风险和隐患描述

配电箱出线口没有封堵，容易进入小动物，造成箱内线路损伤，引发事故。

管控和治理措施

根据《施工现场临时用电安全技术规范》(JGJ 46—2005)

6.1.3 配电室和控制室应能自然通风，并应采取防止雨雪侵入和动物进入的措施。

电箱导线进出孔应做好封闭处理，防止小动物进入引起火灾事故。

风险和隐患 14：电箱容量和所装电器不匹配

风险和隐患描述

电箱的容量和所装电器不匹配，造成操作的不便，容易因误碰引发事故。

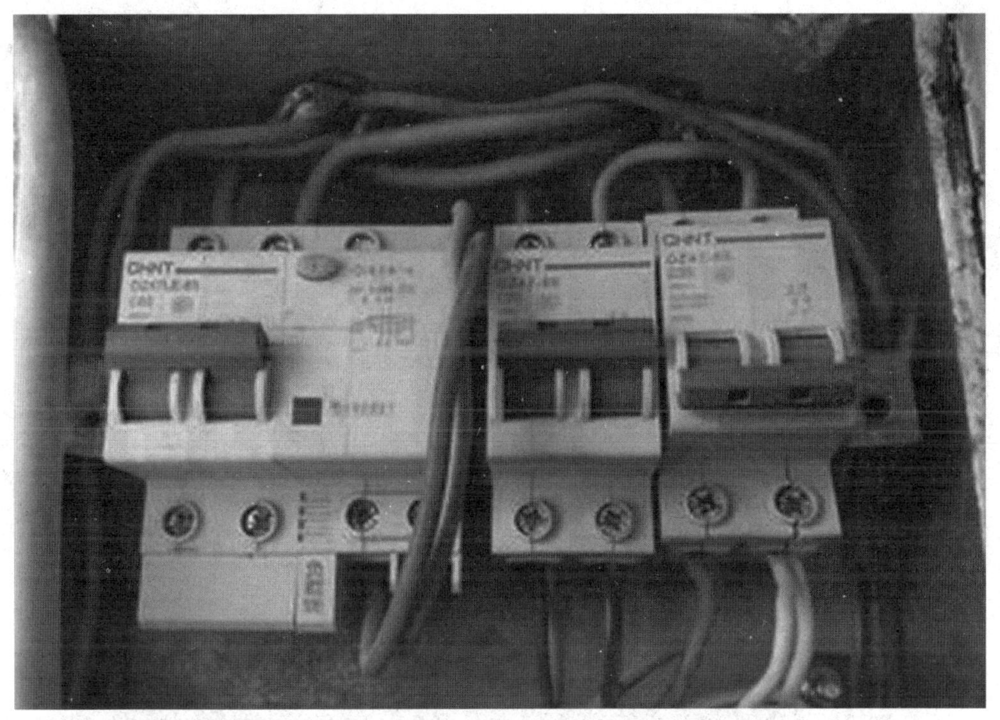

管控和治理措施

根据《施工现场临时用电安全技术规范》（JGJ 46－2005）

8.1.14 配电箱、开关箱的箱体尺寸应与箱内电器的数量和尺寸相适应．箱内电器安装板板面电器安装尺寸可按照表 8.1.14 确定。

配电箱、开关箱的箱体尺寸应与箱内电器的数量和尺寸相适应。

风险和隐患 15：电缆沟内电缆凌乱，沟外盖缺失

风险和隐患描述

电缆沟内的电缆交叉缠绕，容易损坏电缆，造成线路短路，引发火灾事故。

管控和治理措施

根据《建筑电气工程施工质量验收规范》(GB 50303－2015)

13.2.2 电缆敷设应符合下列规定：

1 电缆的敷设排列应顺直、整齐，并宜少交叉。

沟内电缆敷设应排列顺直、整齐，沟板良好齐备、密封良好，防止电缆发热或外物引起电缆燃烧起火。

风险和隐患 16：小区公共配电房附近大量杂草、围栏过低

风险和隐患描述

小区配电房附近存在大量杂草，一旦杂草被引燃，将酿成严重的火灾事故。

管控和治理措施

根据《施工现场临时用电安全技术规范》(JGJ 46—2005)

4.2.1 电气设备现场周围不得存放易燃易爆物、污源和腐蚀介质，否则应予清除或做防护处置，其防护等级必须与环境条件相适应。

清理配电房附近杂草，加高围栏，防止无关人员进入。

风险和隐患 17：小区楼道导线明敷无保护，电箱无门

风险和隐患描述

小区楼道导线外露明敷，且无保护措施，容易使导线损坏，引发火灾等事故。

管控和治理措施

根据《建筑电气工程施工质量验收规范》(GB 50303－2015)

14.2.1 除塑料护套线外，绝缘导线应采取导管或槽盒保护，不可外露明敷。

导线应穿管或安装电缆槽，电箱门应配齐，加强用电保护。

风险和隐患 18：小区楼道内电箱与水管安装距离太近，电箱上部水管有接头

风险和隐患描述

小区楼道内的电箱与水管安装距离太近，水管一旦发生“跑冒滴漏”现象，将会有水进入电箱，损坏箱内设备，甚至引发火灾。

管控和治理措施

根据《建筑电气工程施工质量验收规范》（GB 50303－2015）

11.2.3 当设计无要求时，梯架、托盘、槽盒及支架安装应符合下列规定：

2 配线槽盒与水管同侧上下敷设时，宜安装在水管的上方；与热水管、蒸气管平行上下敷设时，应敷设在热水管、蒸气管的下方，当有困难时，可敷设在热水管、蒸气管的上方；相互间的最小距离宜符合本规范附录 G 的规定。

电箱与水管接头、阀门应错开距离安装，保持安全距离，防止滴漏进水。

风险和隐患 19：小区配电系统未安排专人定期检查、测试

风险和隐患描述

小区配电系统未安排专人进行定期检查，无法保证电气系统的安全性能，容易发生故障，造成火灾等事故。

管控和治理措施

根据《用电安全导则》(GB/T 13869－2008)

10.7 用电产品应有专人负责管理，并定期进行检修、测试和维护，检修、测试和维护的频度应取决于用电产品的规定的要求和使用情况。

小区物业应指定专人对电气设备进行管理并定期检查、测试、维护、保养，保证用电设备、线路良好，并做好相关记录。

风险和隐患 20：小区公共区域电箱门损坏，容易进水及小动物

风险和隐患描述

小区电箱的箱门损坏，容易进水及小动物，造成箱内线路故障，引发火灾事故。

管控和治理措施

根据《施工现场临时用电安全技术规范》(JGJ 46—2005)

6.1.3 配电室和控制室应能自然通风，并应采取防止雨雪侵入和动物进入的措施。

更换电箱箱门，确保电箱处于完好状态，并设置防止雨雪侵入和动物进入的措施。

风险和隐患 21：小区非电工居民维修电气故障

风险和隐患描述

小区内，非电工居民维修电气故障，因不具备电工的专业知识，极易发生触电、线路短路，甚至引发火灾等事故。

管控和治理措施

根据《用电安全导则》(GB/T 13869－2008)

10.4 从事电气作业中的特种作业人员应经专门的安全作业培训，在取得相应特种作业操作资格证书后，方可上岗。

小区物业应配备专业电工，专人管理、检测、维护电气设备。

风险和隐患 22：小区公共区域配电箱有漏雨、导线金属氧化痕迹

风险和隐患描述

小区配电箱存在漏雨现象，部分导线的金属部位发生氧化，容易造成接触不良，引发火灾等事故。

管控和治理措施

根据《施工现场临时用电安全技术规范》(JGJ 46—2005)

6.1.3 配电室和控制室应能自然通风和动物进入的措施。并应采取防止雨雪侵入和动物侵入的措施。

室外电箱密封条应保证良好，防止雨水进入电箱导致接地、断路导致电气起火，老旧设备应及时更换。

风险和隐患 23：居民楼道入户线凌乱，且低垂影响居民通行

风险和隐患描述

居民楼道入户线低垂影响居民通行，容易因人触碰造成线缆损坏，引发火灾等事故。

管控和治理措施

根据《施工现场临时用电安全技术规范》(JGJ 46—2005)

7.3.4 架空进户线的室外端应采用绝缘子固定，过墙处应穿管保护，距地面高度不得小于 2.5 m，并应采取防雨措施。

配线、布线应规范，应穿管、穿槽或暗敷，明线高度距地面高度不得小于 2.5 m。

风险和隐患 24：小区电箱内灰尘多，电线凌乱

风险和隐患描述

电箱内堆积灰尘，容易因散热不良损坏电线及元器件，灰尘中含有导电成分的话还会造成线路短路，引发火灾事故。

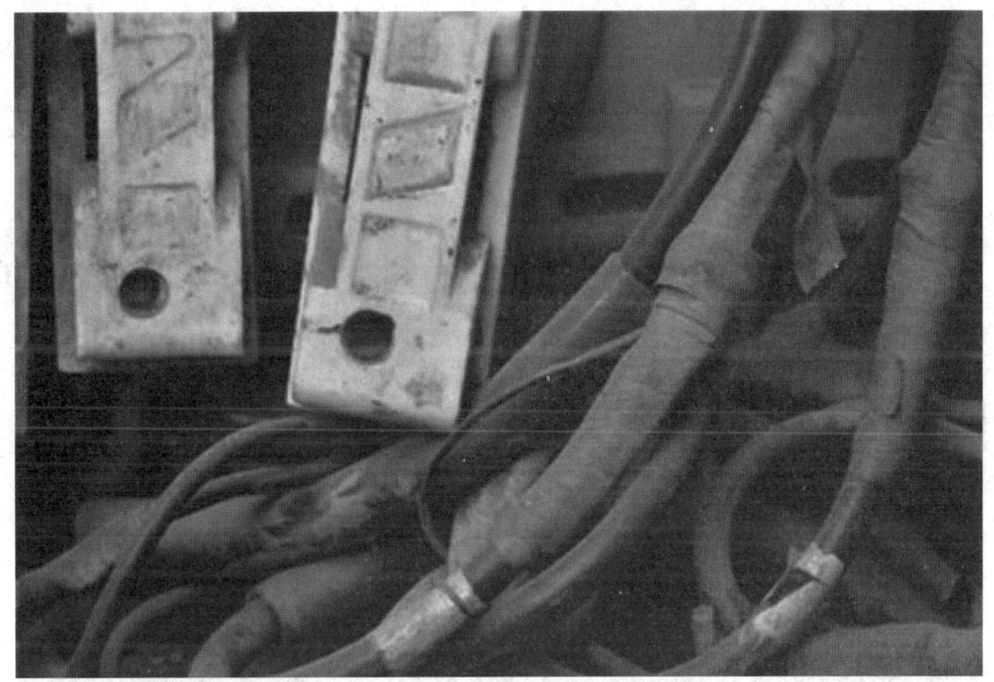

管控和治理措施

根据《民用建筑电气设计规范》(JGJ 16—2008)

8.1.3 环境温度、外部热源的热效应；进水对绝缘的损害；灰尘聚集对散热和绝缘的不良影响；腐蚀性和污染物质的腐蚀和损坏；撞击、震动和其他应力作用以及因建筑物的变形而引起的危害等，对布线系统的敷设和使用安全都将产生极为不利的影响和危害。因此，在选择布线及敷设方式时，必须多方比较选取合适的方式或采取相应措施，以减少或避免上述不良影响和危害。

配电箱应做好防尘措施，配电箱内的灰尘应及时清洁，防止灰尘导电发生火灾。

风险和隐患 25：小区临时增加设备超过前期配电容量

风险和隐患描述

小区临时增加电气设备，致使超过前期配电容量，超负荷运行将造成线路受损。短路，甚至引发火灾事故。

管控和治理措施

根据《民用建筑电气设计规范》(JGJ 16—2008)

7.4.2 低压配电导体截面的选择应符合下列要求：按敷设方式、环境条件确定的导体截面，其导体载流量不应小于预期负荷的最大计算电流和按保护条件所确定的电流。

小区增加临时增加设备应考虑前期配电导体容量，不得随意增加。

风险和隐患 26：居民违规私拉乱接电气线路为电动车充电

风险和隐患描述

私拉电线为电动车充电，且现场无人看守，电瓶充电发热起火容易造成火灾等事故。

管控和治理措施

根据《用电安全导则》（GB/T 13869—2008）

6.4 任何用电产品在运行过程中，应有必要的监控或监视措施；用电产品不允许超负荷运行。

禁止私拉电线为电动自行瓶车充电，防止长时间无人监视，电瓶发热起火导致电气火灾发生。

风险和隐患 27：居民楼道堆放杂物堵塞在配电箱前

风险和隐患描述

居民楼道内堆放可燃性杂物，一旦电箱发生线路故障，容易引燃可燃物，造成火灾事故。

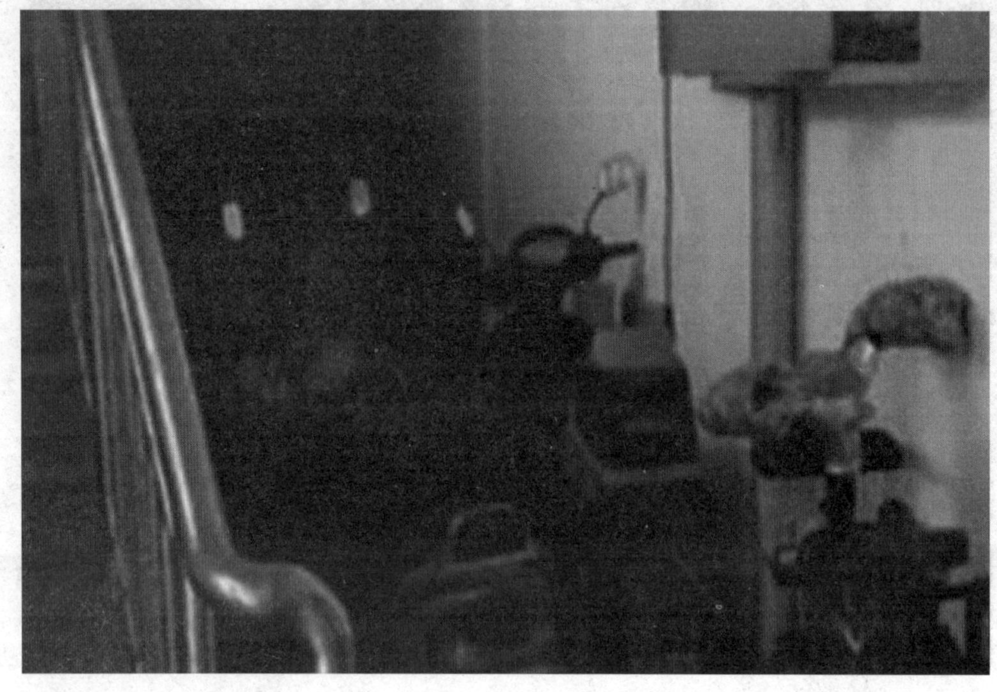

管控和治理措施

根据《施工现场临时用电安全技术规范》(JGJ 46—2005)

8.1.6 配电箱、开关箱周围应有足够2人同时工作的空间和通道，不得堆放任何妨碍操作、维修的物品，不得有灌木、杂草。

楼道不得堆放杂物，禁止电箱前被堵塞，留出维修、检查通道。

风险和隐患28：物业管理单位未建立用电安全管理制度和各类电气设备操作规程

风险和隐患描述

物业管理单位未建立用电安全管理制度及各类电气设备操作规程，容易因操作失误引发火灾等事故。

管控和治理措施

根据《物业管理条例》（2018 年修正本）

第七条 业主在物业管理活动中，履行下列义务：

（二）遵守物业管理区域内物业共用部位和共用设施设备的使用、公共秩序和环境卫生的维护等方面的规章制度。

物业管理公司与业主大会共同制定用电安全管理制度和各类电气设备操作规程。

风险和隐患 29：物业管理单位无电气火灾事故应急预案，未组织应急演练

风险和隐患描述

没有电气火灾事故应急预案，一旦发生电气火灾事故，无法妥善处理，势必造成严重后果。

管控和治理措施

根据《生产安全事故应急预案管理办法》（国家安全生产监督管理总局 88 号令）

第十二条　生产经营单位应当根据有关法律、法规、规章和相关标准，结合本单位组织管理体系、生产规模和可能发生的事故特点，确立本单位的应急预案体系，编制相应的应急预案，并体现自救互救和先期处置等特点。

物业管理公司应该制定电气火灾事故应急预案，加强物业区域内的用电安全宣传，并组织业主共同参加应急预案演练。

风险和隐患 30：小区电动汽车和电动自行车充电桩无 CCC 认证标志

风险和隐患描述

小区充电桩没有 CCC 认证标志，无法保证充电桩的安全性能，在电动汽车或电动自行车充电时容易发生意外，引发火灾等事故。

管控和治理措施

根据《用电安全导则》(GB/T 13869—2008)

5.1 用电产品的设计制造应符合规定，如需要强制性认证的，应取得认证证书或标志。非强制认证的产品应具备有效的检验报告。

应该购买安装使用通过国家 CCC 认证的充电桩并保证其有认证标志。

第二节　居民家庭

风险和隐患 31：居民家中照明箱内有可燃物

风险和隐患描述

照明电箱内堆放有可燃物，容易因散热不良导致可燃物被引燃，从而引发火灾事故。

管控和治理措施

根据《施工现场临时用电安全技术规范》（JGJ 46－2005）

8.3.8 配电箱、开关箱内不得放置任何杂物，并应保持整洁。

禁止在电箱内放置杂物，防止散热不畅引起电气火灾。

风险和隐患32：居民家中磁插保险用铜丝代替保险丝

风险和隐患描述

居民家中使用铜丝代替保险丝，一旦发生线路过载或短路，铜丝不能熔断，无法实现保护线路的作用。

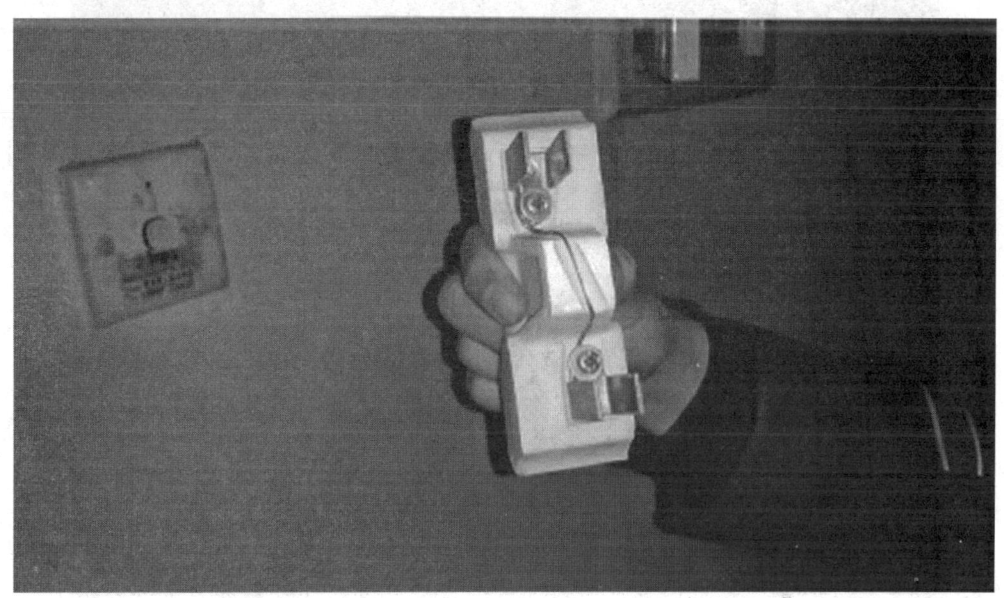

管控和治理措施

根据《用电安全导则》(GB/T 13869—2008)

5.5 正确选用用电产品的规格型式、容量和保护方式（如过载保护等），不得擅自更改用电产品的结构、原有配置的电气线路以及保护装置的整定值和保护元件的规格等。

严禁用铜丝替代保险丝，防止线路因过载而铜丝保险无法熔断，发生电气火灾。

风险和隐患33：居民家中使用被淘汰的闸刀开关

风险和隐患描述

民家中使用已淘汰的闸刀开关，因刀开关性能落后，容易引发火灾等事故。

管控和治理措施

根据《高耗能落后机电设备（产品）淘汰目录（第二批）》

三、电器

3—1 刀开关

HD9—200、400、600、1000、1500

禁止使用被淘汰的闸刀开关，防止使用过程中因电路保护不足，导致电气火灾。

风险和隐患34：居民家中使用非标插头、插座

风险和隐患描述

居民家中使用的插头为非标插头，因没有接地保护，容易发生火灾等事故。

管控和治理措施

根据《用电安全导则》（GB/T 13869－2008）

5.1 用电产品的设计制造应符合规定，如需要强制性认证的，应取得认证证书或标志。非强制认证的产品应具备有效的检验报告。

三孔插座配备两脚插头，缺保护接地插脚，此类非标插头插座禁止使用，防止电器接地漏电引起电气火灾等事故。

风险和隐患 35：居民家用使用老旧的电器

风险和隐患描述

居民家中使用老旧的电器，因电器内部线路老化，极易发生火灾等事故。

管控和治理措施

根据《用电安全导则》(GB/T 13869－2008)

6.3 用电产品应该在规定的使用寿命期内使用，超过使用寿命期限的应及时报废或更换，必要时按照相关规定延长使用寿命。

超过使用寿命的电器应及时报废或更换，防止使用过程中引起电气火灾事故。

风险和隐患36：居民家中电箱、电线没有防鼠咬措施

风险和隐患描述

居民家中电箱、电线没有防止鼠咬的措施，一旦电线被鼠咬坏，容易发生短路故障，甚至造成火灾等事故。

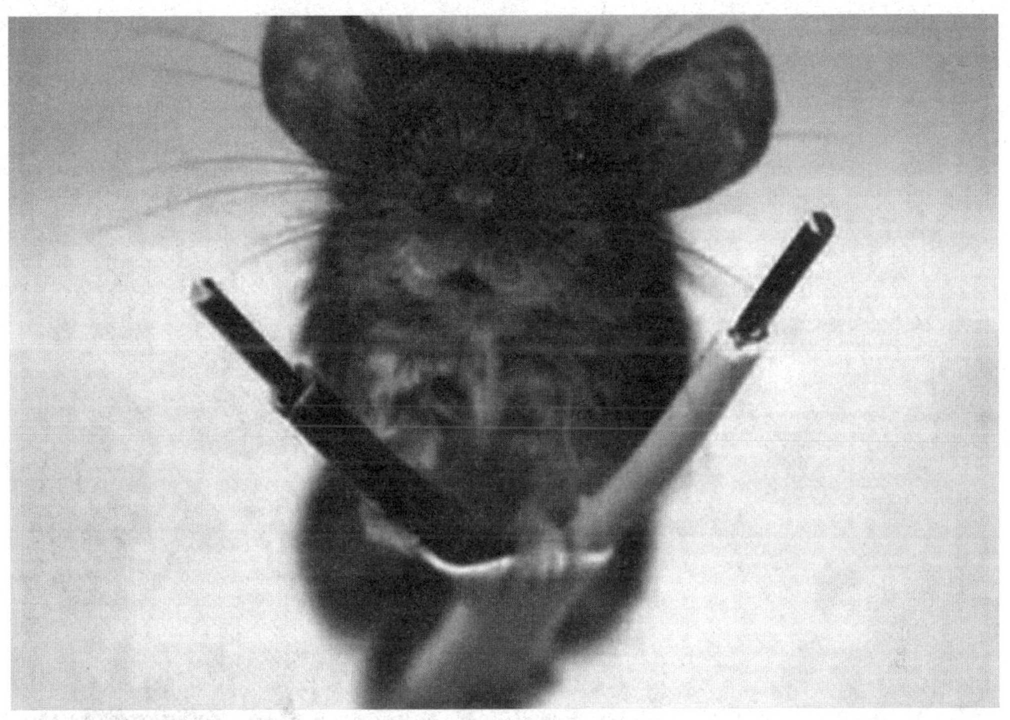

管控和治理措施

根据《低压配电设计规范》（GB 50054—2011）

7.1.2 配电线路的敷设环境，应符合下列规定：

8 应避免有动物的情况对布线系统带来的损害。

7.6.1 电缆路径的选择，应符合下列规定：

1 应使电缆不易受到机械、振动、化学、地下电流、水锈蚀、热影响、蜂蚁和鼠害等损伤。

居民家中电器应做好防鼠及家中应做好灭鼠工作。

风险和隐患37：居民家中有小孩，插座安装高度不足，插座保护措施不良

风险和隐患描述

居民家中插座安装高度不足，容易被家中小孩接触，容易发生触电，甚至引发火灾等事故。

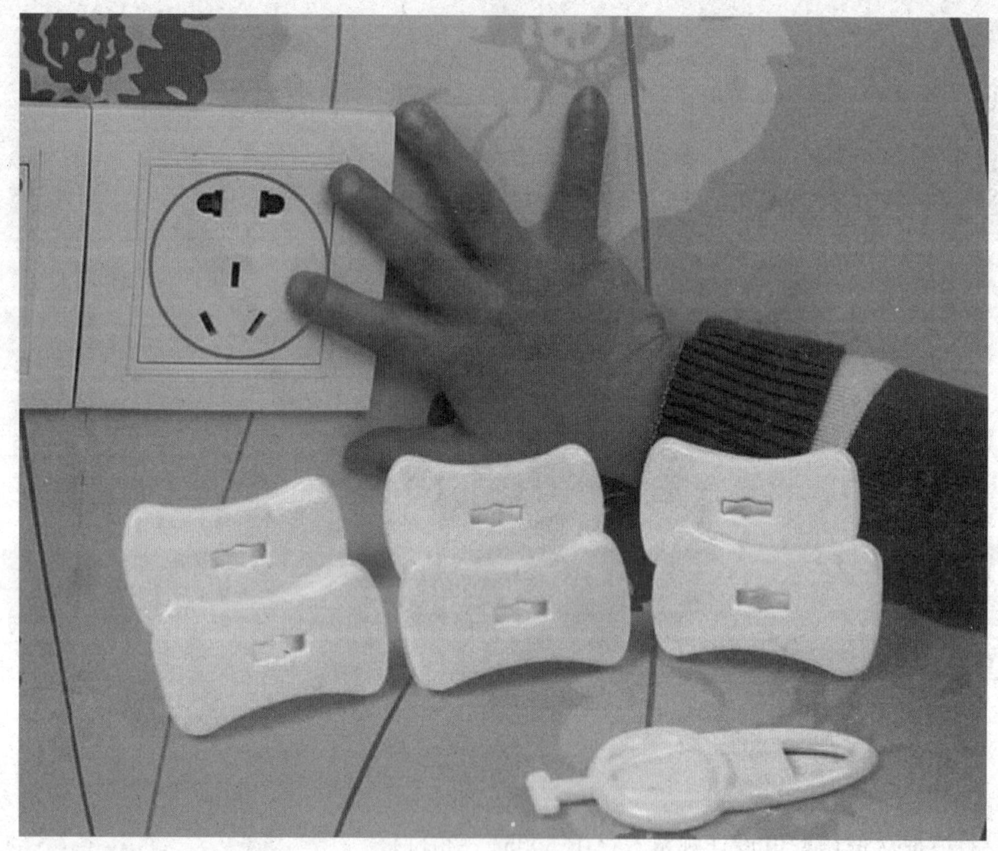

管控和治理措施

根据《用电安全导则》(GB/T 13869－2008)

8.1 在儿童活动场所，应考虑将插座安装在一定的高度，否则应采取必要的防护措施。

居民家中插座安装高度应考虑小孩意外插入电器设备，导致发生火灾等电气安全事故。

风险和隐患 38：居民外出时没有关闭电源

风险和隐患描述

居民外出时没有关闭电器电源开关，因无人监护，容易发生火灾等事故。

根据《用电安全导则》(GB/T 13869－2008)

管控和治理措施

6.4 任何用电产品在运行过程中，应有必要的监控或监视措施；用电产品不允许超负荷运行。

居民外出时应关闭电器，外出时间较长时（如旅游）更应该关闭家中电源总开关。

风险和隐患 39：居民家中增加空调等大功率电器时没有考虑入户电线承载能力

风险和隐患描述

居民擅自增加家中大功率电器产品，一旦线路过载运行，容易因发热或短路引发火灾等事故。

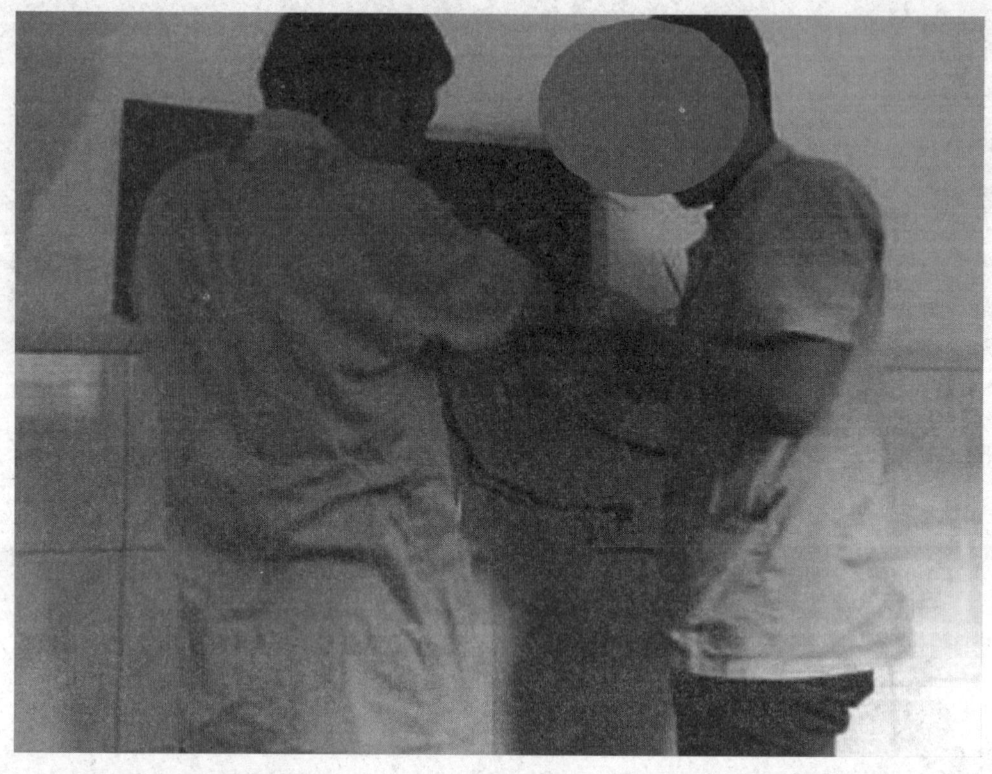

管控和治理措施

根据《民用建筑电气设计规范》(JGJ 16－2008)

7.4.2 低压配电导体截面的选择应符合下列要求：

1）按敷设方式、环境条件确定的导体截面，其导体载流量不应小于预期负荷的最大计算电流和按保护条件所确定的电流。

居民增加大功率电器时，应先考虑家中总电源进线的承载能力，防止过载导致电气起火。

风险和隐患 40：居民家中一个插座上接多台电器且插头导线露在保护层外面

风险和隐患描述

居民家中的一个插座上接有多台电器，且插头导线裸露在保护层的外面，容易因过载、电火花发生火灾事故。

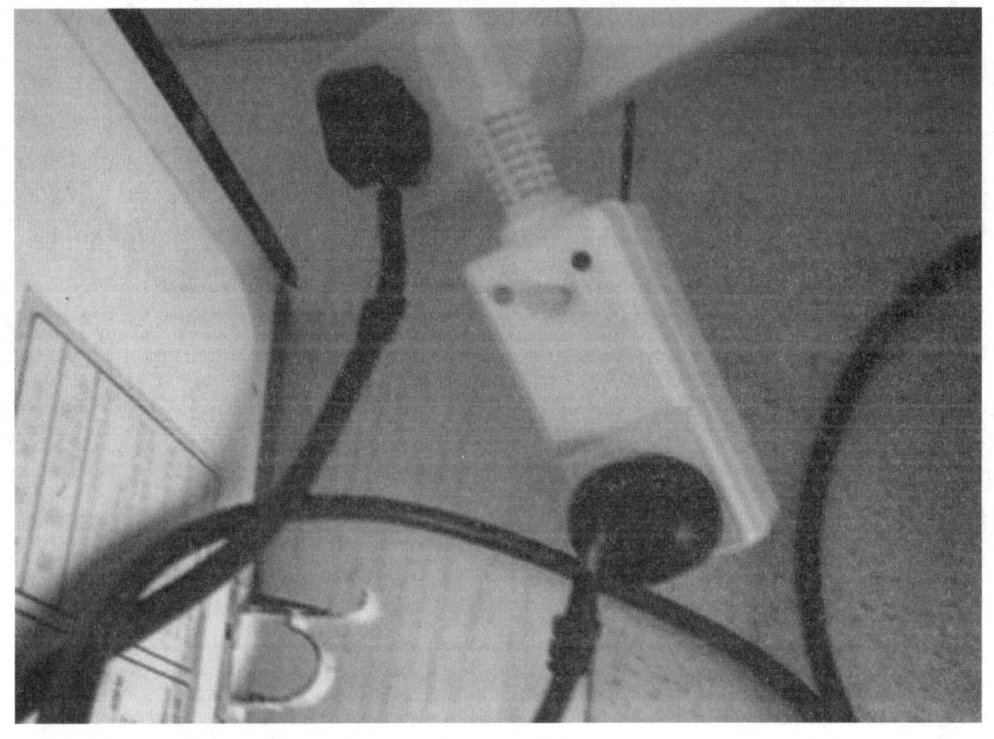

管控和治理措施

根据《家用和类似用途插头插座　第 1 部分：通用要求》(GB 2099.1—2008)

16.2 由外壳提供的防护

外壳应能提供符合电器附件标志的 IP 等级的防护。包括防危险部件的进入的防护、防由于固体物进入有害影响的防护和防水进入的有害影响的防护。

《用电安全导则》(GB/T 13869—2008)

5.5 正确选用用电产品的规格型式、容量和保护方式（如过载保护等），不得擅自更改用电产品的结构、原有配置的电气线路以及保护装置的整定值和保护元件的规格等。家中插座应在其承载范围内使用插接电器，插头导线应保证良好。

风险和隐患 41：家用电器无强制性认证证书或标志

风险和隐患描述

居民家中使用没有强制性认证证书或标志的电气产品，因无法保证电气产品的安全性能，容易引发火灾等事故。

管控和治理措施

根据《用电安全导则》(GB/T 13869－2008)

5.1 用电产品的设计制造应符合规定，如需要强制性认证的，应取得认证证书或标志。非强制认证的产品应具备有效的检验报告。

居民应购买使用通过CCC强制认证的电器产品。

风险和隐患42：居民家中插座安装在窗帘附近

风险和隐患描述

居民家中的插座安装在窗帘附近，容易因负载发热或电火花引燃窗帘，造成火灾事故。

管控和治理措施

根据《施工现场临时用电安全技术规范》(JGJ 46—2005)

4.2.1 电气设备现场周围不得存放易燃易爆物、污源和腐蚀介质，否则应予清除或做防护处置，其防护等级必须与环境条件相适应。

居民家中电器应和可燃物保持距离，防止发生电气起火。

风险和隐患43：居民家中电取暖器烘烤衣物或长期工作

风险和隐患描述

居民家中的电取暖器长时间烘烤衣物，容易引燃衣物，造成火灾等事故。

管控和治理措施

根据《施工现场临时用电安全技术规范》(JGJ 46—2005)

4.2.1 电气设备现场周围不得存放易燃易爆物、污源和腐蚀介质，否则应予清除或做防护处置，其防护等级必须与环境条件相适应。

禁止用取暖器长时间对着衣物吹扫热风，防止引燃衣物发生火灾。

风险和隐患 44：居民家中安装使用劣质导线

风险和隐患描述

居民家中安装使用劣质导线，因劣质导线的安全性能不足，容易因发热造成短路故障，甚至引发火灾等事故。

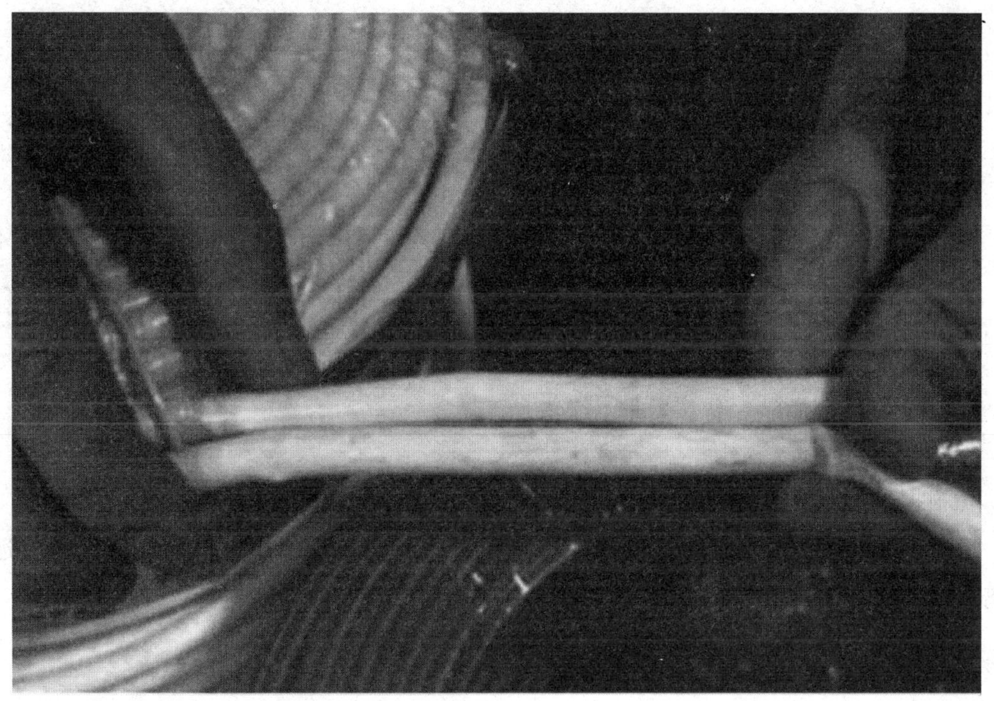

管控和治理措施

根据《用电安全导则》（GB/T 13869－2008）

5.1 用电产品的设计制造应符合规定，如需要强制性认证的，应取得认证证书或标志。非强制认证的产品应具备有效的检验报告。

6.7 用电产品的电气线路须具有足够的绝缘强度、机械强度和导电能力并应定期检查。

居民应购买使用合格的导线。

风险和隐患 45：居民家中行动不便老人使用电热毯

风险和隐患描述

居民家中行动不便的老人使用电热毯，因电热毯长期运行，容易发生火灾等事故。

管控和治理措施

根据《用电安全导则》（GB/T 13869－2008）

6.6 正常运行时会产生飞溅火花或外壳表面温度较高的用电产品，使用时应远离可燃物质或采取相应的密闭、隔离等措施，用完后及时切断电源。

将行动不便老人的取暖方式改为空调制热取暖。

风险和隐患 46：室内墙上插座与燃气表等设施距离近

风险和隐患描述

居民家中的墙上插座与燃气表等设施的距离较近，容易因电火花致使燃气发生火灾爆炸等事故。

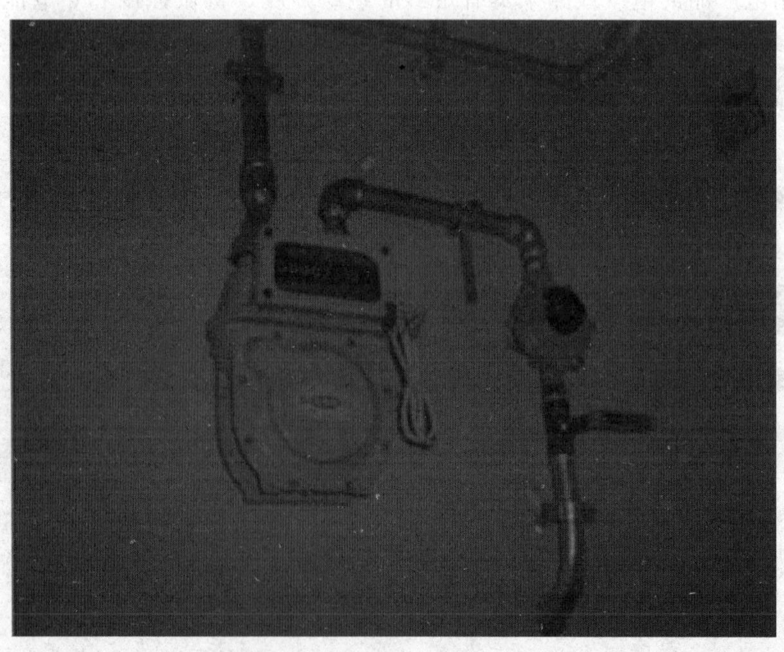

4.2.1 电气设备现场周围不得存放易燃易爆物、污源和腐蚀介质，否则应予清除或做防护处置，其防护等级必须与环境条件相适应。

照明灯应避免安装在床的正上方，外罩缺失的灯具应及时修理。

风险和隐患49：居民家中无护套塑料电线明敷

风险和隐患描述

居民家中采用无护套塑料电线外露明敷，容易损坏电线，造成电路短路，甚至引发火灾等事故。

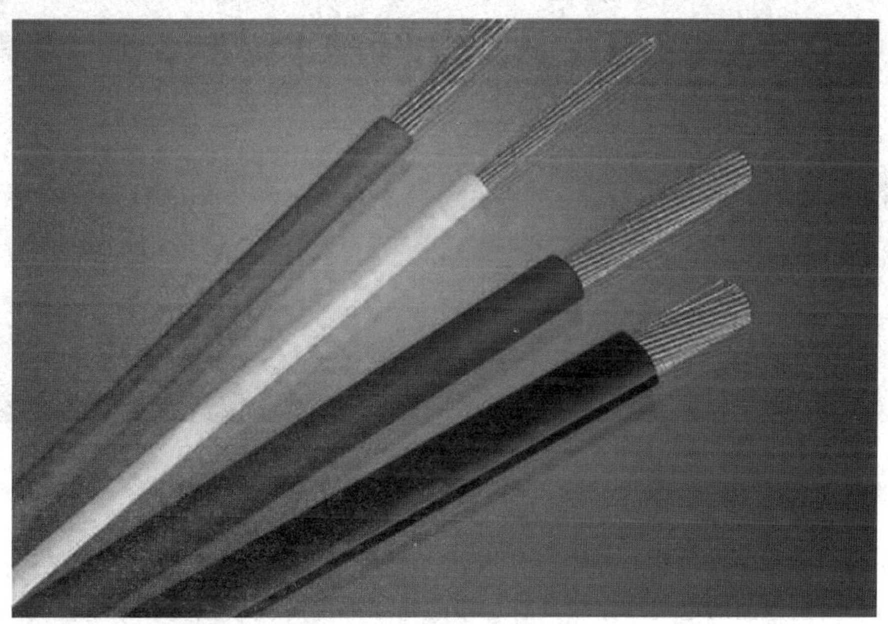

管控和治理措施

根据《建筑电气工程施工质量验收规范》（GB 50303—2015）

14.2.1 除塑料护套线外，绝缘导线应采取导管或槽盒保护，不可外露明敷。

无护套塑料电线应穿管或装槽盒敷设，做好安全防护措施。

风险和隐患 50：排插电源导线破损用绝缘胶简单包扎

风险和隐患描述

居民家中移动排插的导线破损，用绝缘胶带简单包扎，容易发生接触不良，产生电火花，甚至引发火灾等事故。

管控和治理措施

根据《用电安全导则》（GB/T 13869－2008）

6.7 用电产品的电气线路须具有足够的绝缘强度、机械强度和导电能力并应定期检查。

经常检查电气线路，要坚持经常性地检查，发现绝缘层破损，要及时修理，无法修理的应更换或报废。

第九章

电气火灾典型事故案例

一、襄阳市迅驰星空网络会所“4·14”重大火灾事故

2013 年 4 月 14 日 5 时 40 分许，襄阳市樊城区前进路 158 号迅驰星空网络会所发生火灾，建筑物过火面积 510 m^2，造成 14 人死亡，47 人受伤，直接经济损失达 1051.78 万元。

一、基本情况

(一) 事故房屋基本情况

1. 事故房屋权属及结构情况

襄阳市前进路 158 号共有三栋楼房，属中铁七局集团有限公司所有。起火建筑为其中一栋靠西北边呈“L”型的建筑。该建筑东面为停车场，南面为居民楼及一景城市花园酒店香榭楼，西面临前进路，北面为泰然新城小区。“L”型建筑的长边靠西，短边靠北，开口向东南。该建筑主体为五层，局部六层，建筑高度 19.8 m，占地面积 947 m^2，建筑面积 4044 m^2，砖混结构，二级耐火等级。起火建筑的“L”型长边一层为 8 间临街商铺及酒店大堂，二层为网吧、娱乐室、办公室、仓库、配电室，三至六层为酒店客房；“L”型短边一、二层为食尚坊餐厅，三至五层为酒店客房。

2. 事故房屋租赁情况

该建筑所有权人为中铁七局集团有限公司，由其下属的第四工程有限公司（以下简称“中铁七局四公司”）负责管理。2008 年 10 月，中铁七局四公司将其出租给一景酒店管理有限公司用于旅馆业经营，开设一景城市花园酒店。配电、消防、给排水等有关设施按当时状况一并租赁，但要求酒店办理相关手续后方能使用。合同约定房屋不能转租，对于消防责任没有明确约定。在酒店装修改造中，新增消防设施皆由一景酒店管理有限公司投资安装。

2009 年 12 月，一景酒店管理有限公司违背合同约定，将“部分房屋”转租给

苏某开网吧。配电、消防、给排水等有关设施按当时状况一并租赁给网吧使用，但同样要求网吧办理相关手续后方能使用，并承诺遵守国家的法律法规和襄樊市有关规定。合同中租赁的具体范围未明确，只用“部分房屋”代替，而网吧在L型长边的一层屋顶平台上搭建的第二层大厅（实测面积205 m^2）未明确租赁、改建、使用关系及管理责任。

3. 事故房屋消防设施情况

一景城市花园酒店内设置有火灾自动报警系统、自动喷水灭火系统、室内消火栓系统、消防广播、声光报警器、防火卷帘等建筑消防设施；配置了32具应急照明灯，28具疏散指示标志，80具4 kg干粉灭火器等消防器材。消防供水由12 m^3的屋顶水箱、160 m^3消防水池及消防水泵组成，消防水泵包括消火栓泵和消防喷淋泵各2台（分别为一主一备）。2009年12月28日，樊城区公安消防大队核发了消防安全检查合格证。事故发生时自动喷水灭火系统处于手动状态。

网吧未与酒店一起设置火灾自动报警系统、自动喷水灭火系统等消防设施。仅配置了干粉灭火器、应急照明灯、疏散指示标志等消防器材。2010年2月8日，樊城区公安消防大队核发了消防安全检查合格证。

（二）事故相关单位基本情况

1. 一景酒店管理有限公司

一景酒店管理有限公司2005年6月8日在襄阳市工商行政管理局登记注册，办理企业法人营业执照，工商注册号为4206000＊＊＊＊＊＊17，住所为襄阳市前进路与三元路交汇处，成立时注册资金200万元，由刘某和李某东按60%、40%的比例共同出资，法定代表人为刘某。经营范围为饮食服务、住宿、美容美发、洗浴服务、日用百货销售、票务代理、酒店管理及相关技术咨询服务、企业营销策划咨询服务。2011年12月19日公司注册资本变更为1000万元，出资比例不变。该公司下设3个酒店，分别是一景城市花园酒店（即受灾酒店）、一景快捷酒店和一景假日酒店。公司章程明确不设董事会和监事会，只设一名执行董事和一名监事。公司执行董事、经理刘某负责公司全面工作；股东、监事李某东负责日常业务运作。

2. 一景城市花园酒店

一景城市花园酒店于2010年6月13日在襄阳市工商行政管理局登记注册，工商注册号4206000＊＊＊＊＊＊56，营业场所为襄阳市樊城区前进路158号，负责人为刘某。经营范围为住宿、公共浴池、中型餐馆餐饮服务。酒店为外廊式建筑，共有客房58间，其中三至五层各有18间，六层有4间。走道和客房的地面铺有地毯，墙面均贴墙纸，顶部为轻钢龙骨石膏板吊顶，吊顶内相互连通。客房均为木质房门，电视机背景墙的墙面有部分木质装修材料，每间房内均有铝合金玻璃窗。走道的外墙上装有铝合金玻璃窗，"L"型短边（北）的房间外墙窗户安装有不可开启的金属防盗网。

3. 迅驰网吧

"迅驰星空网络会所"由"阿炳网吧"变更而来。2009年4月10日，经原襄阳市文化市场管理办公室审核，为其核发了网络文化经营许可证，编号为42＊＊＊＊＊＊0，单位名称由"阿炳网吧"变更为"迅驰星空网络会所"。经营范围为计算机上网服务，核准的电脑台数为100台（发生事故时该网吧共有电脑148台）。2010年3月29日，苏某在襄樊市工商行政管理局樊城分局登记注册，办理个人独资企业营业执照，注册号为4206060＊＊＊＊＊＊08，企业住所为樊城区前进路158号，法定代表人苏某，日常管理工作由店长负责，发生事故时店长为彭某。迅驰网吧总建筑面积为396.74 m^2，分为大厅区和包厢区，中间以走道分隔。大厅区在走道东侧，是在二楼露天平台上搭建的违法建筑，采用钢架搭建，建筑面积205 m^2，屋顶为彩钢夹芯板，大厅东侧为玻璃外墙并装有窗帘。包厢区在走道西侧，为砖混结构，内设包房、2间竞技场、机房和卡座，均未设门。其中包房被走道和隔墙分为南、北、东、西四个部分，分别为东南侧的包一、西南侧的包二、西北侧的包三、东北侧的休息区，入口设在休息区；隔断采用轻钢龙骨、双面贴石膏板。经调查，迅驰网吧为24小时营业。

4. 中铁七局四公司

中铁七局四公司于2008年8月20日由武汉市工商行政管理局登记注册，注册号为4201000＊＊＊＊＊＊31，住所为武汉市东湖开发区茅店山西路2号，注册资本为1亿元，法定代表人为李某林。经营范围为铁路、公路、城市轨道交通、市政公用、管道、桥梁、隧道、水利水电、房屋建筑工程施工，房屋、机械及场地租赁。作为火灾房屋的管理方，日常管理工作实际由下属部门襄阳劳务中心承担。

二、事故发生经过、应急救援及善后处理情况

（一）事故发生经过

2013年4月14日5时40分许，襄阳市前进路158号襄阳迅驰星空网络会所（以下简称"迅驰网吧"）包房区东南侧包房一的吊顶内因电气线路短路引起电线的

绝缘层等可燃物发生缓慢燃烧，烟气通过吊顶内的孔洞向迅驰网吧西侧各房间蔓延。上网人员高某分别于5时50分许、6时07分许在北侧的卫生间、收银台闻到了塑料燃烧的味道，卫生间内的味道较重，但未看到烟、火，离开迅驰网吧时也没有发现异常。因包房内无人，火情一直没有被发现。6时41分许，火先从包房的东南角突破，引燃其下方的沙发、布帘等物品。6时42分至44分有39人陆续从北侧大门离开迅驰网吧，期间无人报警，也无人呼喊。6时46分许，二层最后逃生的一名上网人员从窗口跳出，此时大厅屋顶彩钢板内的聚苯乙烯泡沫板被引燃，东、西两侧的窗口及北侧的通风口冒出大量浓烟。6时47分，正在一层餐厅上班的服务员庹某看到二层迅驰网吧浓烟滚滚，东侧的彩钢板顶棚在燃烧，即拨打119电话报警。火灾迅速蔓延并形成大面积立体燃烧。火灾导致在酒店住宿或娱乐的人员共14人死亡（其中，3人跳楼当场死亡，7人窒息死亡，4人在医院经抢救无效死亡）、47人受伤，一景城市花园酒店、迅驰网吧设施严重受损。

（二）应急救援及现场处置情况

襄阳市公安消防支队指挥中心接到报警后，先后调集特勤一中队、樊东中队、樊西中队、襄城中队、特勤二中队、襄州中队共6个消防中队、1个战勤保障大队，16台消防车、126名官兵到场灭火救人。6时57分，第一台消防车到场后发现，二楼迅驰网吧全部处于猛烈燃烧状态，火势已从西侧4个窗口向外翻卷，三楼以上多间客房浓烟向外翻滚，4间客房、走廊及四楼、五楼部分走廊出现明火，整栋建筑内部已充满浓烟，各楼层房间窗口均有被困人员呼救。根据火场情况，现场指挥员采取“救人与灭火同步展开、内攻与外攻结合”的技战术措施，利用拉梯与挂钩梯联用方式在北面和东面开辟3个救生通道从外部窗口救人，通过西侧、东侧和东南角3部楼梯深入内部疏散、搜寻被困人员，利用云梯车在南侧直接靠近窗口救人，前后开辟7个救生通道，从火场中营救被困人员40人，疏散被困人员28人。同时，在东、南、西、北四个方向铺设6条水带干线，设置9支水枪、1门水炮，深入建筑内部强攻近战，全力控制火势，阻止火势蔓延。8时48分，明火基本扑灭。9时30分，现场清理完毕。

（三）善后处理情况

事故发生后，省政府立即启动火灾事故应急救援预案。省委书记李鸿忠迅速作出重要指示，要求襄阳市委、市政府尽全力抢救伤员，最大限度减少死亡，周密细致做好善后处理工作。要立即成立事故调查组，查找事故原因，依法追究事故责任人，并举一反三，整改安全隐患。省委副书记、省长王国生第一时间赶赴现场指导事故应急救援和善后处理工作。国家安监总局、公安部消防局派员到现场指导督办。襄阳市委、市政府、市直有关部门第一时间赶赴现场，开展抢救伤员、应急救援工作。

襄阳市政府迅速成立由市区领导牵头的善后工作指挥部，组织对伤者进行全力抢救，对死者家属采取“一对一”包保的工作方式做好善后处置工作。2013 年 4 月 22 日，14 名死者的善后处置工作结束，47 名伤者病情稳定好转，社会秩序总体平稳。

三、事故原因和事故性质

（一）直接原因

经过调查组的现场勘查、调查走访、技术鉴定和综合分析，排除人为放火、遗留火种等原因引起火灾，认定火灾原因为二层迅驰网吧包房区东南侧包房一，即包房区南墙往北 0～3.5 米、东面玻璃隔墙往西 0～3 米范围的吊顶内电气线路短路引燃周围可燃物引发火灾。

（二）间接原因

1. 一景酒店管理有限公司及其一景城市花园酒店安全生产主体责任落实不到位

一景酒店管理有限公司及其一景城市花园酒店消防安全制度和消防安全责任不落实；对员工的消防安全教育培训不到位；固定消防设施作用未发挥；火灾发生后组织疏散不力。

2. 迅驰网吧安全生产主体责任落实不到位

迅驰网吧消防安全制度、用火用电操作规程及灭火和应急疏散预案缺失；违章搭建、违规使用装修材料，存在重大火灾隐患；消防安全责任不明确，日常管理不到位。

3. 中铁七局四公司安全生产主体责任落实不力

中铁七局四公司未按照租赁合同的要求及时有效阻止一景酒店的转租和违章搭建行为，资产安全监管责任落实不力。

4. 襄阳市文化管理部门违规审批，履行日常监管职责不力

（1）襄阳市文化新闻出版局在办理迅驰网吧变更登记时（“阿炳网吧”变更为

“迅驰星空网络会所”)，未发现并制止违规交易行为；违规为迅驰网吧颁发网络文化经营许可证；对超时经营未及时研究；对迅驰网吧日常监管不到位。

(2) 襄阳市文化新闻出版局内部管理职责不清，分工不明，管理混乱，迅驰网吧法定代表人、名称、营业场所变更档案资料缺失。

(3) 襄阳市文化市场综合执法支队对迅驰网吧超时、超规模经营监管不到位。

5. 襄阳市公安消防支队樊城区大队审批把关不严，日常监管不力

襄阳市公安消防支队樊城区大队对一景城市花园酒店、迅驰网吧开业前的消防验收把关不严，违规许可；日常消防监督检查、监管不到位，对消防安全隐患失察失管；档案管理混乱，迅驰网吧消防验收档案缺失。

6. 襄阳市樊城区城市管理执法局对违建查处不力

襄阳市樊城区城市管理执法局对迅驰网吧违规搭建行为未依法依规组织查处，执法监管不到位。

(三) 事故性质

经调查认定，襄阳市“4·14”重大火灾事故是一起责任事故。

四、事故防范和

管控和治理措施

(一) 进一步加强对消防工作的领导，提高社会防控火灾的能力。襄阳市各级人民政府要切实落实消防工作责任制，按照《消防法》等法律法规和上级文件要求，进一步加强对消防工作的领导。要进一步明确并督促落实各相关部门消防监管职责，不断完善体制机制；将消防工作与当地国民经济和社会发展同步规划、同步实施、同步考核，不断提升消防工作水平；建立完善有关部门参加的消防安全协调制度，定期研究解决消防工作重大问题；建立火灾隐患排查治理长效机制，及时消除消防安全隐患；加大对社会公众的消防安全宣传教育，提高全民消防安全意识和自救互救能力。

(二) 进一步加强对消防安全的监管，切实履行部门职责。襄阳市各级人民政府有关部门要认真落实消防安全责任制，切实履行消防安全监管职责；加强部门间协调沟通，形成齐抓共管、联合执法的合力；要督促宾馆、饭店、网吧等人员密集场所加强员工消防安全教育培训，定期开展灭火疏散应急预案演练，提高从业人员

组织扑救初起火灾、组织人员疏散逃生等消防安全“四个能力”。公安消防部门要认真履行职责，加强对辖区内各类生产经营单位消防安全的监督管理，严格依法履行消防设施验收职责，严厉查处消防违法违规行为，全面排查消防安全隐患，督促相关单位彻底消除隐患；文化部门要切实加强对文化市场执法检查，对辖区内的网吧等公共文化单位实行有效监管，严厉查处各类违法违规行为；城市管理部门要认真履行城市管理职责，严厉查处违法违规建设行为。

（三）进一步督促企业落实消防安全责任，强化消防安全基础。襄阳市各级政府、各职能部门要加强对消防安全网格化管理工作的组织领导，严格落实责任，保障各项工作措施的落实，真正构建起“全覆盖、无盲区”的消防管理网络及责任明晰、机制健全、运行高效的消防安全网格化管理组织和工作机制，强化社会消防安全基础。各类企事业单位要建立健全消防安全管理制度和消防安全组织，明确消防安全第一责任人和相关管理人员职责；严格执行建筑物室内装修竣工验收和开业前消防安全检查要求；保持消防设施完好有效，保持消防通道和安全出口畅通；编制、完善灭火和应急疏散预案并加强演练；加强消防安全培训教育，提高员工扑救初起火灾和引导人员疏散的能力；建立火灾隐患排查治理长效机制，及时排查和治理火灾隐患；主动接受政府有关部门的安全监督管理，切实做好火灾预防工作。

（四）进一步加强公安消防部门的建设和管理，严格依法实施消防监管。省消防总队要进一步加强对基层消防队伍的管理，强化干部队伍的思想政治素质和业务技能；要指导、督促基层消防队伍建立健全内部管理制度，尤其是各类消防单位的建审、验收档案管理；要强化监督指导，适时监督、及时指导基层消防队伍严格依法依规实施包括消防设施验收在内的各类行政许可；要进一步强化基层基础，将更多的力量投入到一线、投入到基层，加大消防监督检查的力度，全面排查整治隐患。

二、吉林省长春市宝源丰禽业有限公司“6·3”特别重大火灾爆炸事故

2013 年 6 月 3 日 6 时 10 分许，位于吉林省长春市德惠市的吉林宝源丰禽业有限公司（以下简称宝源丰公司）主厂房发生特别重大火灾爆炸事故，共造成 121 人死亡、76 人受伤，17234 m² 主厂房及主厂房内生产设备被损毁，直接经济损失 1.82 亿元。

事故发生后，党中央、国务院高度重视，习近平总书记、李克强总理等中央领导同志立即作出重要批示指示，要求全力以赴组织救援，千方百计救治受伤人员，

做好遇难者的善后和家属安抚工作；查明事故原因，依法追究责任，并要深刻总结教训，采取切实有力有效措施，坚决防止重特大事故发生。6月3日下午，受党中央、国务院委派，国务委员郭声琨同志率领国务院有关部门负责同志赶赴现场，传达习近平、李克强等中央领导同志的重要批示指示精神，指导人员搜救、善后处理和事故调查工作并慰问受伤人员。6月4日，李克强总理通过视频系统对做好抢险救援、事故查处和善后处理工作提出了明确要求。期间，张高丽、马凯、孟建柱、杨晶、王勇等领导同志也通过各种方式，了解现场情况，指导应急救援、伤员救治、善后处理和事故调查工作。

一、基本情况

1. 企业概况

宝源丰公司为个人独资企业，位于德惠市米沙子镇，成立于2008年5月9日，法定代表人贾某山。该公司资产总额6227万元，经营范围为肉鸡屠宰、分割、速冻、加工及销售，现有员工430人，年生产肉鸡36000吨，年均销售收入约3亿元。该企业于2009年10月1日取得德惠市肉品管理委员会办公室核发的《畜禽屠宰加工许可证》。2012年9月18日取得德惠市畜牧业管理局核发的《动物防疫条件合格证》。

2. 主厂房建筑情况

(1) 主厂房功能分区。主厂房内共有南、中、北三条贯穿东西的主通道，将主厂房划分为四个区域，由北向南依次为冷库、速冻车间、主车间（东侧为一车间、西侧为二车间、中部为预冷池）和附属区（更衣室、卫生间、办公室、配电室、机修车间和化验室等）。

(2) 主厂房结构情况。主厂房结构为单层门式轻钢框架，屋顶结构为工字钢梁上铺压型板，内表面喷涂聚氨酯泡沫作为保温材料。屋顶下设吊顶，材质为金属面聚苯乙烯夹芯板，吊顶至屋顶高度为2～3 m不等。

主厂房外墙1 m以下为砖墙，以上南侧为金属面聚苯乙烯夹芯板，其他为金属面岩棉夹芯板。冷库与速冻车间部分采用实体墙分隔，冷库墙体及其屋面内表面喷涂聚氨酯泡沫作为保温材料，附属区为金属面聚苯乙烯夹芯板，其余区域2 m以下为砖墙，以上为金属面岩棉夹芯板。钢柱4 m以下部分采用钢丝网抹水泥层保护。

主厂房屋顶在设计中采用岩棉（不燃材料，A级）作保温材料，但实际使用聚氨酯泡沫（燃烧性能为B3级），不符合《建筑设计防火规范》（GB 50016—2006）

不低于B2级的规定；冷库屋顶及墙体使用聚氨酯泡沫作为保温材料（燃烧性能为B3级），不符合《冷库设计规范》（GB 50072—2001）不低于B1级的规定。

（3）主厂房防火分区、安全出口及消防设施情况。主厂房火灾危险性类为丁戊类，建筑耐火等级为二级，主厂房为一个防火分区，符合《建筑设计防火规范》的相关规定。

主厂房主通道东西两侧各设一个安全出口，冷库北侧设置5个安全出口直通室外，附属区南侧外墙设置4个安全出口直通室外，二车间西侧外墙设置一个安全出口直通室外。安全出口设置符合《建筑设计防火规范》的相关规定。事故发生时，南部主通道西侧安全出口和二车间西侧直通室外的安全出口被锁闭，其余安全出口处于正常状态。

主厂房设有室内外消防供水管网和消火栓，主厂房内设有事故应急照明灯、安全出口指示标志和灭火器。企业设有消防泵房和1500 m^3 消防水池，并设有消防备用电源，符合《建筑设计防火规范》的相关规定。

（4）生产工艺流程情况。该工艺流程主要有挂鸡（挂鸡台）、宰杀、脱毛、除腔（一车间，又称脏区）、预冷（预冷池）、分割（二车间，又称净区）、速冻（速冻车间）、包装（纸箱间）、储存（冷库）。

（5）厂房内的配电情况。冷库、速冻车间的电气线路由主厂房北部主通道东侧上方引入，架空敷设，分别引入冷库配电柜和速冻车间配电柜。

一车间的电气线路由主厂房南部主通道东侧上方引入，电缆设置在电缆槽内，穿过吊顶，引入一车间配电室。

二车间的电气线路由主厂房南部主通道东侧上方引入，在屋顶工字钢梁上吊装明敷（未采取穿管保护），东西走向，穿过吊顶进入二车间配电室。

主厂房电器线路安装敷设不规范，电缆明敷，二车间存在未使用桥架、槽盒、穿管布线的问题。

3. 氨制冷系统情况

（1）制冷系统基本情况。事故企业使用氨制冷系统，系统主要包括主厂房外东北部的制冷机房内的制冷设备、布置在主厂房内的冷却设备、液氨输送和氨气回收管线。

制冷设备包括10台螺杆式制冷压缩机组、3台15.4 m^3 的高压贮氨器、10台7 m^3 的卧式低压循环桶（自北向南分别为1—10号）等。

冷却设备包括冷库、速冻库、预冷池的蒸发排管，螺旋速冻机，风机库和鲜品库的冷风机等。螺旋速冻机和冷风机均有大量铝制部件。

10台卧式低压循环桶通过液氨输送和氨气回收管线，分别向冷库、速冻库、预冷池、螺旋速冻机、风机库和鲜品库供冷，形成相对独立的6个冷却系统。

(2) 制冷系统受损情况。6个冷却系统中，螺旋速冻机、风机库和鲜品库所在冷却系统的管道无开放性破口，设备中的铝制部件有多处破损、部分烧毁；冷库、速冻库所在冷却系统的管道有23处破损点；预冷池所在冷却系统的管道无开放性破口。

制冷机房中，1号卧式低压循环桶外部包裹的保温层开裂，下方的液氨循环泵开裂，桶内液氨泄漏。机房内未见氨燃烧和化学爆炸迹象，其他设备完好。

(3) 制冷系统设计施工情况。制冷系统的设备及管线系事故企业自行购买，在未进行系统工程设计的情况下完成安装施工。

4. 劳动用工情况

宝源丰公司与120名工人签订了劳动用工合同，并在当地劳动管理部门备案，其余工人没有签订劳动合同。工人养老保险（社会统筹）金上缴不足，部分工人拒绝上缴个人承担的资金。

5. 特种设备管理及作业人员资质情况

宝源丰公司非法取得了《特种设备使用登记证》，未按规定建立特种设备安全技术档案，未按要求每月定期自查并记录，未在安全检验合格有效期届满前1个月向特种设备检验检测机构提出定期检验要求，未开展特种设备安全教育和培训。公司有8名特种作业人员（其中制冷工4名、电工2名、锅炉工2名）。

二、事故发生经过、应急救援及善后处理情况

（一）事故发生经过

6月3日5时20分至50分左右，宝源丰公司员工陆续进厂工作（受运输和天气温度的影响，该企业通常于早6时上班），当日计划屠宰加工肉鸡3.79万只，当日在车间现场人数395人（其中一车间113人，二车间192人，挂鸡台20人，冷库70人）。

6时10分左右，部分员工发现一车间女更衣室及附近区域上部有烟、火，主厂房外面也有人发现主厂房南侧中间部位上层窗户最先冒出黑色浓烟。部分较早发现火情人员进行了初期扑救，但火势未得到有效控制。火势逐渐在吊顶内由南向北蔓延，同时向下蔓延到整个附属区，并由附属区向北面的主车间、速冻车间和冷库方

向蔓延。燃烧产生的高温导致主厂房西北部的1号冷库和1号螺旋速冻机的液氨输送和氨气回收管线发生物理爆炸，致使该区域上方屋顶卷开，大量氨气泄漏，介入了燃烧，火势蔓延至主厂房的其余区域。

（二）应急救援及现场处置情况

6时30分57秒，德惠市公安消防大队接到110指挥中心报警后，第一时间调集力量赶赴现场处置。吉林省及长春市人民政府接到报告后，迅速启动了应急预案，省、市党政主要负责同志和其他负责同志立即赶赴现场，组织调动公安、消防、武警、医疗、供水、供电等有关部门和单位参加事故抢险救援和应急处置，先后调集消防官兵800余名、公安干警300余名、武警官兵800余名、医护人员150余名，出动消防车113辆、医疗救护车54辆，共同参与事故抢险救援和应急处置。在施救过程中，共组织开展了10次现场搜救，抢救被困人员25人，疏散现场及周边群众近3000人，火灾于当日11时被扑灭。

由于制冷车间内的高压贮氨器和卧式低压循环桶中储存有大量液氨，消防部队按照“确保液氨储罐不发生爆炸，坚决防止次生灾害事故发生”的原则，采取喷雾稀释泄漏氨气、水枪冷却贮氨器、破拆主厂房排烟排氨气等技战术措施，并组成攻坚组在宝源丰公司技术人员的配合下成功关闭了相关阀门。

事故中，制冷机房内的1号卧式低压循环桶内液氨泄漏，其余3台高压贮氨器、9台卧式低压循环桶及液氨输送和氨气回收管线内尚存储液氨30吨。在国家安全生产应急救援指挥中心有关负责同志及专家的指导下，历经8天昼夜处置，30吨液氨全部导出并运送至安全地点。

当地政府对残留现场已解冻、腐烂的2600余吨禽类产品进行了无害化处理，并对事故现场反复消毒杀菌，避免了疫情发生及对土壤、水源造成二次污染。

（三）善后处理情况

当地党委政府认真做好事故伤亡人员家属接待及安抚、遇难者身份确认和赔偿等工作，共成立121个包保安抚工作组，对121名遇难者家属实行包保帮扶，保持了社会稳定。121名遇难者遗体全部经DNA比对确认身份，遗体全部火化，遇难者理赔全部完成。

事故发生时共有77名受伤人员入院治疗（其中15名为重症），卫生部门成立了一对一的医疗救治小组，国家卫生计生委向长春派遣了医疗专家组，共有18名国家级专家、52名省市专家、370名医护人员参与治疗，累计会诊392人次。同时，对遇难者家属、受伤人员及其家属分步骤进行了心理疏导，实施了心理危机干预治疗。77名受伤人员中，除1人因伤势过重经抢救无效死亡外，其他受伤人员均可恢复生活和劳动能力。

三、事故原因和性质

（一）直接原因

宝源丰公司主厂房一车间女更衣室西面和毗连的二车间配电室的上部电气线路短路，引燃周围可燃物。当火势蔓延到氨设备和氨管道区域，燃烧产生的高温导致氨设备和氨管道发生物理爆炸，大量氨气泄漏，介入了燃烧。

造成火势迅速蔓延的主要原因：一是主厂房内大量使用聚氨酯泡沫保温材料和聚苯乙烯夹芯板（聚氨酯泡沫燃点低、燃烧速度极快，聚苯乙烯夹芯板燃烧的滴落物具有引燃性）。二是一车间女更衣室等附属区房间内的衣柜、衣物、办公用具等可燃物较多，且与人员密集的主车间用聚苯乙烯夹芯板分隔。三是吊顶内的空间大部分连通，火灾发生后，火势由南向北迅速蔓延。四是当火势蔓延到氨设备和氨管道区域，燃烧产生的高温导致氨设备和氨管道发生物理爆炸，大量氨气泄漏，介入了燃烧。

造成重大人员伤亡的主要原因：一是起火后，火势从起火部位迅速蔓延，聚氨酯泡沫塑料、聚苯乙烯泡沫塑料等材料大面积燃烧，产生高温有毒烟气，同时伴有泄漏的氨气等毒害物质。二是主厂房内逃生通道复杂，且南部主通道西侧安全出口和二车间西侧直通室外的安全出口被锁闭，火灾发生时人员无法及时逃生。三是主厂房内没有报警装置，部分人员对火灾知情晚，加之最先发现起火的人员没有来得及通知二车间等区域的人员疏散，使一些人丧失了最佳逃生时机。四是宝源丰公司未对员工进行安全培训，未组织应急疏散演练，员工缺乏逃生自救互救知识和能力。

（二）间接原因

1. 宝源丰公司安全生产主体责任根本不落实

（1）企业出资人即法定代表人根本没有以人为本、安全第一的意识，严重违反党的安全生产方针和安全生产法律法规，重生产、重产值、重利益，要钱不要安全，为了企业和自己的利益而无视员工生命。

（2）企业厂房建设过程中，为了达到少花钱的目的，未按照原设计施工，违规将保温材料由不燃的岩棉换成易燃的聚氨酯泡沫，导致起火后火势迅速蔓延，产生大量有毒气体，造成大量人员伤亡。

(3) 企业从未组织开展过安全宣传教育，从未对员工进行安全知识培训，企业管理人员、从业人员缺乏消防安全常识和扑救初期火灾的能力；虽然制定了事故应急预案，但从未组织开展过应急演练；违规将南部主通道西侧的安全出口和二车间西侧外墙设置的直通室外的安全出口锁闭，使火灾发生后大量人员无法逃生。

(4) 企业没有建立健全、更没有落实安全生产责任制，虽然制定了一些内部管理制度、安全操作规程，主要是为了应付检查和档案建设需要，没有公布、执行和落实；总经理、厂长、车间班组长不知道有规章制度，更谈不上执行；管理人员招聘后仅在会议上宣布，没有文件任命，日常管理属于随机安排；投产以来没有组织开展过全厂性的安全检查。

(5) 未逐级明确安全管理责任，没有逐级签订包括消防在内的安全责任书，企业法定代表人、总经理、综合办公室主任及车间、班组负责人都不知道自己的安全职责和责任。

(6) 企业违规安装布设电气设备及线路，主厂房内电缆明敷，二车间的电线未使用桥架、槽盒，也未穿安全防护管，埋下重大事故隐患。

(7) 未按照有关规定对重大危险源进行监控，未对存在的重大隐患进行排查整改消除。尤其是2010年发生多起火灾事故后，没有认真吸取教训，加强消防安全工作和彻底整改存在的事故隐患。

2. 相关部门监督管理职责不力

(1) 米沙子镇派出所未能认真履行负责全镇消防安全监管工作的职责，发现宝源丰公司符合《吉林省消防安全重点单位界定标准》后，未将宝源丰公司作为二级消防安全重点单位向德惠市公安消防大队上报，未进行盯防和监控；对劳动密集型生产加工企业等人员密集场所监督检查不力，疏于日常消防安全监管，未对该公司进行实地检查，未及时发现其存在的重大事故隐患并下达《整改通知书》督促整改。尤其是对2010年宝源丰公司多次发生的火灾事故没有会同德惠市消防大队进行认真严肃地查处，致使该企业没有吸取事故教训，加强消防安全管理。事故发生后，与企业有关人员共同对消防检查记录进行作假。

(2) 德惠市公安消防大队违规将宝源丰公司申请消防设计审核作为备案抽查项目，在没有进行消防设计审核、消防验收的前提下，违法出具《建设工程消防验收合格意见书》；未发现和督促纠正建设单位擅自更换不符合防火标准的建筑材料的问题；未按照《吉林省消防安全重点单位界定标准》将宝源丰公司列为二级消防安全重点单位，实施重点监控；未指导米沙子镇派出所对宝源丰公司定期进行消防安全教育培训；对 2010 年宝源丰公司多次发生的火灾事故没有认真严肃地查处，致使该企业没有认真吸取事故教训，加强消防安全工作和对重大事故隐患进行整改消除。

（3）德惠市公安局督促指导开展辖区内劳动密集型生产加工企业火灾隐患排查治理工作不力；对消防安全重点单位界定工作不力；对米沙子镇派出所消防安全监督管理工作疏于监管。

（4）长春市公安消防支队未能发现和纠正德惠市公安消防大队违规将宝源丰公司建设项目作为备案抽查项目、违法办理消防验收手续等问题；监督指导德惠市公安消防大队开展人员密集场所全覆盖安全监督检查不力；对德惠市公安消防大队失职问题失察。

（5）长春市公安局督促指导德惠市开展劳动密集型生产加工企业火灾隐患排查治理工作不得力；对消防安全重点单位界定工作不到位；对德惠市公安局及其消防大队消防安全监督管理工作疏于监督检查。

（6）吉林省公安消防总队宣传贯彻《消防法》及《建设工程消防监督管理规定》（公安部令第 106 号）、《消防监督检查规定》（公安部令第 107 号）等法律法规不到位；对长春市公安消防支队及其德惠市公安消防大队存在的问题失察；在业务培训、队伍建设、督促干部依法行政方面存在薄弱环节。

（7）吉林省公安厅对全省消防安全监督管理工作检查督促不到位，对长春市公安及其消防机构消防监督管理工作失察。

（8）米沙子镇安监站工作人员对安全生产工作职责不清，日常监管随意，检查记录残缺不全；对宝源丰公司安全生产监督检查流于形式，未对宝源丰公司特殊岗位操作人员资质和工作情况进行检查，未认真督促企业和镇消防部门对消防安全隐患进行深入排查治理；督促镇有关部门落实吉林省、长春市开展防火专项行动工作不力，且发现宝源丰公司没有开展安全生产培训的问题后未认真督促整改。

（9）德惠市安全生产监督管理局对特种作业人员持证上岗工作监管缺失；发现宝源丰公司使用存储液氨后，未对该公司特种作业人员持证上岗情况进行检查和查处；对重大危险源监控工作监管不力；督促指导辖区企业和消防部门落实吉林省、长春市开展防火专项行动和隐患排查治理工作不认真、不扎实；监督指导市属有关部门履行行业安全监管职责工作不到位。

（三）事故性质

经调查认定，吉林省长春市宝源丰禽业有限公司“6·3”特别重大火灾爆炸事故是一起生产安全责任事故。

四、事故防范措施

（一）要切实牢固树立和落实科学发展观。吉林省和长春市、德惠市各级人民政府及其有关部门以及各类生产经营单位要深刻吸取宝源丰禽业有限公司“6·3”特别重大火灾爆炸事故沉痛教训，痛定思痛、痛下决心、举一反三，下大力气加强安全生产尤其是消防安全工作。要按照党中央、国务院的重大决策部署和习近平总书记、李克强总理等中央领导同志的一系列重要指示要求，牢固树立和切实落实科学发展观、正确的政绩观及业绩观，坚决防止和纠正一些地方、部门和单位重速度、重增长、重效益、轻质量、轻安全甚至以牺牲安全为代价换取一时一地经济增长的倾向，认真实施安全发展战略，坚持以人为本、科学发展、安全发展，坚持发展以安全为前提和保障，坚持做到发展必须安全，不安全就不能发展，始终把人民生命安全放在首位，坚守发展决不能以牺牲人的生命为代价这一不可逾越的红线，真正把安全生产纳入地区经济社会发展的总体布局中去谋划、去推进、去落实，采取更加坚决、更加有力、更加有效的措施，通过完善体制、健全制度、创新机制，强化责任、强化管理、强化监督，严格执法、严格考核、严肃问责，真正把安全生产责任制和安全生产工作任务措施落到实处尤其是基层、企业，牢牢夯实企业安全生产和政府安全监管基础。同时，要处理好安全与发展、安全与效益、速度与素质、增长与质量等方面的关系，强化宏观调控、强化政策引导、强化监督检查，端正发展思想、理清发展思路、转变发展方式，调整产业结构、推进科技进步、提高发展水平，确保安全生产。

（二）要切实强化企业安全生产主体责任的落实。各类生产经营单位要从根本上强化安全意识，真正落实企业安全生产法定代表人负责制和安全生产主体责任，坚决贯彻执行安全生产和建筑施工、质量管理等方面的法律法规，建立健全并严格执行各项规章制度和安全操作规程，坚决克服重生产、重扩张、重速度、重效益、轻质量、轻安全的思想，切实摆正安全与生产、安全与效益、安全与发展的位置，坚持牢固树立和落实科学发展观，坚持安全发展原则和“安全第一、预防为主、综合治理”的方针，坚持不以牺牲人的生命为代价去换取企业的产量增长和经济效益。要建立健全安全管理机构和安全责任体系，严格安全生产绩效考核和责任追究，实行“一票否决”；依法保证安全生产投入，杜绝偷工减料、降低标准等现象，坚持科技兴安，提升本质安全水平；加强安全教育培训，加强安全生产标准化建设，加强现场安全管理，严格特种作业人员管理；持之以恒地狠反非法违法违规建设生产经营行为，治理和纠正违章指挥、违章作业、违反劳动纪律的现象；认真持久彻底地排查和治理安全隐患，加强对重大危险源的监控和危险品的管理；加强应急管理尤其要加强应急预案建设和应急演练，提高应对处置事故灾难的能力。要通过不懈努力，切实持续改进和提升企业安全生产水平，全面提高企业的安全保障能力，坚决防止各类事故发生。

（三）要切实强化以消防安全标准化建设为重点的消防安全工作。吉林省和长春市、德惠市各级人民政府及其有关部门和各类生产经营单位要强化安全生产尤其是消防安全“三同时”工作，进一步研究改善劳动密集型企业的消防安全条件，在建筑设计施工时应充分考虑消防安全需求，努力提高设防等级，并加强“三同时”审查、把关与验收，保证做到包括消防设施在内的安全设施“三同时”。要严格限制劳动密集型企业的生产加工车间中易燃、可燃保温材料的使用，保证建筑材料的防火性能；要合理设置疏散通道和安全出口，完善应急标志标识和报警系统，为作业人员提供充足的安全保障；要对全省类似企业尤其是使用此种保温材料的单位、场所进行全面排查、彻底整改并完善强化防控措施。同时，要层层落实特别是基层的消防安全责任制，全面深入地开展公众尤其是从业人员消防能力的提升工作，全面深入地开展消防安全专项整治，全面深入地加强人员密集场所和易燃易爆物品生产、销售、运输、储存等各环节的安全管理与监督，依法关闭取缔易引发火灾的“三合一”“多合一”厂点、作坊，加强“防火墙工程”建设，强化消防安全“网格化”管理，从源头上搞好火灾等各类生产安全事故防范工作。

（四）要切实强化使用氨制冷系统企业的安全监督管理。吉林省和长春市、德惠市各级人民政府及其有关部门要加强使用氨制冷系统企业和用氨单位的安全监督管理，在明确主管部门的基础上明确牵头部门，建立相关部门间的协调机制，完善行业安全管理制度，统一相关标准规范，加强日常监督检查和重大危险源监控，加强事故的防控工作。同时，要采取有力措施，加强宣传教育和业务培训，促进使用氨制冷系统的企业和用氨单位全体员工了解掌握氨的理化特性，并针对其危害性制定相应的安全操作规程，切实认真加以落实；要加强企业现场的监测监控，切实做好防泄漏等工作；要在劳动人员密集的地点设置氨气浓度报警装置及事故通风系统，为贮氨器增设水喷淋装置以及集水池和事故排水系统，为紧急泄氨器增设密封的事故排水罐或排水池。在此基础上，要大力推动企业转型升级，尤其要大力推广安全、环保的制冷机组。

（五）要切实强化工程项目建设的安全质量监管工作。吉林省和长春市、德惠市各级人民政府及其有关部门要监督所有建设工程的业主、设计、施工、监理单位严格遵守国家基本建设相关法律法规规定和程序，严格落实各方的安全和质量责任，遵守建设管理流程，严格履行项目立项、设计、施工许可、组织施工、竣工验收等手续，严禁盲目赶工期、催进度和放松对质量和安全的监管，切实保障工程合理投入尤其是安全投入和合理工期，精心组织、规范施工，确保建设工程质量和安全。工程建设领域相关管理及监督部门要认真履行职责、依法依规行政，加强日常监管和行政执法，坚持原则、秉公执法、从严执法，严格把住各道关口，严禁违法违规违反程序去开“绿灯”。同时，要加大“打非治违”工作力度，全面排查和解决工程建设领域的突出问题，严厉查处越权审批、未批先建，无资质设计、施工、监理，以及非法转包分包、出借资质等违法违规行为，采取有力措施，维护市场公平竞争，确保工程质量，搞好安全生产。

（六）要切实强化政府及其相关部门的安全监管责任。吉林省和长春市、德惠市各级人民政府及其有关部门要严格落实安全生产行政首长负责制和其他领导“岗双责”制以及行业主管部门直接监管责任、安全监管部门综合监管责任、地方政府属地监管责任。要严格行政许可制度和审批责任制。尤其是行政审批，要坚持“谁主管、谁负责”，“谁许可、谁负责”，“谁发证、谁负责”的原则，审批前要严格审查、审批中要严格把关、审批后要强化监管。各级行业主管部门要坚持管行业必须管安全、管业务必须管安全、管生产建设经营必须管安全的原则，认真履行行业安全监管职责，切实加强行业安全监管，加大行政执法力度，严厉打击非法违法生产经营建设行为，彻底治理纠正和解决违规违章问题，依法取缔关闭非法的不具备安全生产条件的各类小厂小矿和小作业经营点。特别要对劳动密集型企业的危险因素进行认真分析，有针对性地加强对劳动密集型企业的消防安全监管。同时，各级安全监管部门要进一步加强安全生产综合监管，在党委、政府的领导下，加强对下级地方人民政府和同级相关部门的监督检查、指导协调，切实调动和督促各方面共同做好安全生产工作。在全面加强安全监管和事故预防的基础上，要加强事故灾难的应对处置工作，建立统一领导、协调有序、运转高效的工作机制，督促指导相关部门和各类生产经营单位尤其是劳动密集型企业，制定切实有效的事故灾难应急预案，广泛开展不同层级、形式多样的应急演练，建立健全应急救援队伍体系，强化救援装备配备和物资储备。一旦发生事故，要有力组织指挥，科学安全应对，有序有力有效施救，并在救援过程中保护好现场。

（七）要切实强化对安全生产工作的领导。吉林省和长春市、德惠市各级人民政府要高度重视安全生产工作，切实加强组织领导，确保思想认识到位、领导工作到位、组织机构到位、工作措施到位、政策落实到位。要完善工作体系、构建有力格局，做到党政齐抓、各方共同负责；要定期听取有关方面的安全生产工作汇报，定期研究分析安全生产形势，及时发现和解决存在的问题；要坚持依法行政、依法治安，深入持久地组织开展“打非治违”工作，坚决打击企业的非法违法建设生产经营行为，坚决治理纠正地方特别是基层政府及其有关部门违法违规行政问题；要组织开展经常性的安全检查督查，尤其要组织好当前国务院部署开展的安全生产大检查，确保不走过场、取得实效；要切实把安全生产作为衡量地方经济发展、社会管理、文明建设成效的重要指标，在正确把握形势的基础上，注重把安全生产与科学发展、推进经济转型升级、落实为民务实的要求、提升治国理政的能力相结合，统筹兼顾、协调发展；要进一步加强安全法制建设、长效机制建设、责任体系建设、监管队伍建设和投入机制建设，不断提升企业安全生产和政府安全监管能力与水平；要坚持立足防范、标本兼治、重在治本、狠抓源头，强化落实、强化执行、强化基础、固本强基，从根本上改变安全生产状况。通过强有力的领导和扎实有效的工作，坚决遏制各类事故尤其是重特大生产安全事故的发生，促进安全生产与经济社会同步协调发展。

三、苏州燃气集团横山储罐场生活区办公楼“6·11”重大液化石油气爆炸事故

2013年6月11日7时26分，苏州燃气集团有限责任公司液化气经销分公司横山储罐场生活区综合办公楼发生液化石油气泄漏爆炸事故，造成11人死亡，9人受伤入院救治，其中1名伤员伤势严重，经抢救无效于6月20日死亡，直接经济损失1833万元。

事故发生后，国家安监总局与江苏省委、省政府高度重视。国家安监总局杨栋梁局长，局党组副书记、副局长王德学立即派员赴现场指导应急处置和调查处理，总局监管二司和应急救援中心多次对事故调查进行指导和督办。江苏省罗志军书记、李学勇省长批示要求全力以赴组织救援，千方百计救治受伤人员，做好遇难者的善后和家属安抚工作，并查明事故原因，采取有效措施，坚决防止重特大事故发生。李学勇省长、缪瑞林副省长率省公安、住建、安监等部门负责人迅速赶赴现场，指导应急救援、善后处理和事故调查工作。省委常委、苏州市委书记蒋宏坤，苏州市市长周乃翔也在第一时间调集指挥救援力量赶赴现场救援处置。

一、基本情况

（一）横山液化石油气储罐场（以下简称“储罐场”）

隶属于苏州燃气集团有限责任公司液化气经销分公司，位于苏州市虎丘区滨河

路苏福路交界处。

储罐场分为生产区和生活辅助区两个部分。生产区储罐现有 100 m^3 卧罐 10 只、400 m^3 球罐 2 只、10 m^3 液化石油气残液罐 1 只（已经停用），以及相应的生产工艺设施。储存规模为 1810 m^3，最大储存量为 760 吨，年灌装能力为 3 万吨。

生活辅助区主要由综合办公楼、配电间、空压机房、锅炉房、消防水池、液化石油气钢瓶检测站、汽车修理厂等建筑。

1. 横山储罐场生活区综合办公楼（以下简称“综合办公楼”）

1982 年与储罐场生产区同步建成投用，为 3 层砖混结构楼房，建筑面积 529 m^2，结构设计符合 74 年《砌体结构设计规范》要求，设计、施工和验收资料完整。

1996 年进行改扩建，在原有建筑的东北侧增加 2 间 3 层建筑，增加面积 109.4 m^2，结构设计符合 89 年《砌体结构设计规范》要求。

改扩建完成后，总建筑面积为 638.41 m^2 房屋结构与原设计图纸、施工和竣工资料一致。综合办公楼一楼设有职工餐厅、厨房、食堂储藏室和汽修厂员工更衣室，二楼是罐场、钢瓶检测站办公室、会议室，三楼为送气中心办公室、送气工更衣室、罐场职工更衣室，值班室（含夜间值班）及职工活动室。

经现场核查，综合办公楼与储罐最小间距为 69 m，符合现行规范不小于 50 m 的要求。

2. 厨房和储藏室

厨房和储藏室净高约 3.15 m，总面积为 34 m^2，其中厨房和储藏室各占约 17 m^2，厨房和储藏室北侧各有 2.4 m×1.8 m 窗。厨房有两扇门，一扇门通向东侧储藏室（据厨房工作人员反映，该门一般不关闭），另一扇门通向南侧打饭打菜间。

厨房内有双眼大锅灶和双眼家用燃气灶各一台，抽油烟机一台、日光灯两盏，储藏室内电器设备有电冰箱一台、日光灯两盏。

3. 锅炉房液化石油气管道

1982 年罐场建设时，锅炉房液化石油气引自储罐场 5 号储罐，管道自储罐区围墙至锅炉房以架空方式敷设，进入锅炉房管道有阀门控制，有竣工资料。

1987 年初，5 号罐开罐检验、停止运行，苏州市煤气公司将向锅炉房供气的储罐由 5 号罐改为 4 号和 6 号罐。5 号罐为残液罐，残液罐液相经加热气化后向锅炉房供气，5 号罐改为 4 号和 6 号罐后，供气状态未发生改变，不影响燃烧设备的使用。事故发生时 6 号罐已处于开罐检修状态，未投入使用，锅炉房液化石油气管道与 4 号罐连接。

4. 厨房液化气管道

综合办公楼自1982年建成后，厨房就开始使用管道液化石油气。1996年综合办公楼扩建，厨房向北移位，缩短了厨房内的液化石油气管道。

厨房液化气用DN25管道以架空方式接自锅炉房液化石油气管道在厨房西北角穿墙引入，管道进墙后连接角阀、调压器，调压后的低压液化石油气采用橡胶软管方式与灶具连接。

（二）苏州燃气集团有限责任公司

该公司是苏州市属大型国有独资企业，主要承担苏州市区液化石油气、人工煤气、管道天然气供应业务，以及燃气工程设计、管网建设等。该公司于1996年由原苏州市煤气公司、苏州液化气厂筹建处、苏州市二期煤气工程筹建处合并组建而成。液化气经销分公司是苏州燃气集团有限责任公司下属单位。

（三）苏州市城市建设投资发展有限公司

市属国有企业，主要承担苏州市城市基础设施建设及投融资管理，是苏州燃气集团有限责任公司的上级主管单位。

二、事故发生经过、应急救援及善后处理情况

（一）事故发生经过

2013年6月11日7时20分左右，罐场和送气中心部分参加节日（端午节小长假）加班的职工先后有19名职工到达综合办公楼，都在办公室或在更衣室更衣。7时24分45秒，包某青（系食堂管理员包某根之子）驾车停靠在综合办公楼东侧楼下，下车后向南走开，包某根下车后于7时25分02秒进入食堂储藏室和厨房间东侧门，1分钟后即7时26分02秒，在该小轿车停放位置西侧、综合办公楼东侧厨房位置突然发生爆炸，当场造成该综合办公楼整体坍塌，包括包某根在内的楼内20人被埋压。

（二）应急救援及现场处置情况

苏州市119指挥中心于6月11日7时29分53秒接到电话报警，按省、市领导指示，苏州市公安局、市消防支队等500多名消防官兵和公安干警等立即前往救援；7时35分左右，居住在罐场附近的该公司运行工吴某明得知爆炸后立即赶到公

司事故现场，发现从 4 号储罐通往食堂厨房管道燃气阀门处于打开状态，立即关闭阀门，此时储罐场附近的其他职工人员迅速参与现场抢救，并与公安消防人员一起救出部分被埋压人员，在 30 分钟内就成功救出 7 名被埋压人员。经过事故单位反复核对被埋压人员，最后确认共有 20 人被埋压；同时，公安消防和卫生等部门全力搜救，截至 6 月 11 日 17 时 45 分，被埋压的 20 名职工全部找到并先后送往医院救治。

（三）善后处理情况

当地党委政府认真做好事故伤亡人员家属接待及安抚、遇难者身份确认和赔偿等工作，共成立 12 个包保安抚工作组，对 12 名遇难者家属实行包保帮扶，12 名遇难者遗体已全部火化，遇难者理赔已全部完成，保持了社会稳定。

事故发生后共有 9 名受伤人员入院治疗，卫生部门成立了一对一的医疗救治小组。目前，除 1 名伤员因伤势严重，经抢救无效死亡外，已有 6 人出院，还有 2 名受伤人员无生命危险，正在医院接收康复治疗。

三、事故原因和性质

（一）直接原因

包某根进入可燃气体浓度达到爆炸极限范围的厨房后处置不当，触动电器开关产生引爆源引起爆炸。

事故的主要原因：包某根未遵守《职工食堂管理制度》有关安全用气的规定，致使大锅灶灶头意外熄火后长时间泄漏；值班运行工范某进违反《运行工岗位责任制》规定，6 月 10 日下班时，未按规定关闭通向生活辅助区锅炉房和厨房供气管道的阀门，导致厨房液化石油气连续泄漏。

造成重大人员伤亡的重要原因：事发时正处于职工集中上班时间，职工进入综合办公楼更衣和办公。而综合办公楼建筑形式为砖混结构，爆炸产生的冲击波破坏了房屋的承重结构，导致综合办公楼坍塌。

（二）间接原因

1. 燃气安全使用培训教育不到位

食堂负责人忽视燃气安全使用规定，疏忽大意，夜间长时间无人值守蒸煮食物。

2. 安全管理制度不落实

储罐场对食堂有值班巡查制度，但未得到认真落实。储罐场运行工违反操作规程，未按规定关闭管道阀门，无人及时监督检查和制止。

3. 储罐场安全管理存在盲区

储罐场负责人及安全管理人员未认真履行安全管理职责，忽视对食堂安全管理工作，未定期检查食堂安全管理工作情况，及时发现安全隐患和事故苗头。

4. 安全监管不到位

有关行政主管单位和燃气行业管理部门安全监管不到位。

（三）事故性质

经调查认定，苏州燃气集团有限责任公司液化气经销分公司横山储罐场生活区综合办公楼“6·11”重大液化石油气爆炸事故是一起安全生产责任事故。

四、事故防范措施

（一）切实加强企业安全生产主体责任的落实。燃气生产经营单位要从根本上强化安全意识，真正落实企业安全生产法定代表人责任制，坚持“安全第一、预防为主、综合治理”的方针，建立健全安全管理机构和安全责任体系，健全完善燃气生产经营单位安全管理制度和操作规程，并严格贯彻执行，严格监督检查。要加强设备养护维修，进一步落实燃气经营单位安全生产主体责任，坚决防止各类事故发生。

（二）切实加强生活辅助区隐患排查治理。在强化生产区安全管理的同时，要加大燃气行业生活辅助区隐患排查，要将事故隐患排查治理工作与建立长效管理机制相结合，进一步健全完善隐患排查治理工作机制。认真建立隐患排查台账，全面开展自查自纠活动。对一般事故隐患，要立即组织整改落实，对重大事故隐患，要及时主动上报。对危险性较大的工程项目，要加大隐患排查力度，全面排查治理各类生产安全隐患，做到早发现、早报告、早排除，全力维护安全稳定，确保燃气行业安全生产。同时，要进一步完善事故应急救援预案，加强应急演练，提高应对突发事故的能力。

（三）广泛开展宣教活动，提高全民安全意识。燃气安全使用常识的宣传是一项长期工作。许多用气单位、职工和广大人民群众对燃气的危险性认识不足，普及安全使用燃气常识十分重要。各级行业管理部门和燃气企业要充分利用广播、电视、报纸等新闻媒介，采取文艺宣传、课外辅导、科普教育、知识竞赛、发放安全手册等多种方式宣传燃气安全使用常识。推广使用燃气安全报警系统，提高燃气安全技防能力。加大燃气安全宣传和行业技能培训，通过典型案例分析，多渠道进行安全用气宣传，全面提高燃气经营者、管理者、监管人员、从业人员和广大人民群众的安全意识，提高燃气行业从业人员技能水平和广大人民群众安全用气能力。

（四）加大监管执法力度，严打违法违规行为。苏州市政府及住建部门、苏州城市建设投资发展有限公司和其他相关部门要切实落实燃气的安全监管职责，进一步健全并层层落实安全生产责任制。燃气行业管理部门要健全燃气安全管理体系，从基层基础抓起，培养企业安全观念和安全意识，树立良好的安全至上风气，督促企业把安全责任落实到每个岗位、每个员工，切实做好燃气行业的安全管理工作。要对全市燃气领域进行一次全面安全隐患排查整治，同时督促企业定期自查。对燃气企业操作不规范、制度不落实，消防设施不完善、设备设施维护不力等现场存在的安全隐患进行突击检查，要加大执法力度，严格处罚，及时消除安全隐患，杜绝同类事故的发生。

四、北京朝阳区小武基村临38号院火灾

2013年11月19日20时30分，北京市朝阳区十八里店乡小武基村第三管理站临38号院因电气原因引发火灾，造成12人死亡、4人受伤，过火面积约560 m^2，直接财产损失约200万元。

一、基本情况

起火场所位于北京市朝阳区十八里店乡小武基村第三管理站临38号院（以下简称“临38号院”），院内建有库房、平房和铁皮罩棚等建、构筑物。临38号院东西长33.5 m，南北宽21.7 m，面积约为727 m^2，分为东、西两部分，东部为仓储区，建有简易库房一栋，库房南北长21.7 m，东西宽14.5 m，西部为生活、办公区，南北长21.7 m，东西宽19 m，两部分相互毗连，由砖墙分割。东部简易库房为双层建筑，砖墙角铁屋架，铁皮坡顶，内存有汽车配件等物品。西部生活、办公区沿院墙建有平房，南排平房为砖墙彩钢屋顶，自西向东依次为宿舍两间、办公室一间、空房一间、衣物房一间；北侧平房为砖墙预制板屋顶，自西向东依次为厨房一间、宿舍五间；西房位于厨房南侧，砖墙预制板屋顶，食堂餐厅一间，锅炉房一间，厕所两间。西部自南向北搭建了铁皮罩棚，钢柱与地面座基铆接支架，角钢焊接框架，上覆油毡和单层铁皮作为罩棚。棚下建有两间东西向排列的木质纤维板和

瓦楞纸板作为墙体搭建的独立简易房。最先起火的为西数第一间简易房，距北侧平房 1.4 m，距西侧小厕所 2 m，用于住人。

二、事故发生经过及应急救援情况

（一）事故发生经过

11 月 19 日 20 时 20 分许，小武基村第三管理站工作人员发现其所在宿舍对面的房子冒烟，出门查看确定为铁皮罩棚下西数第一间简易房内起火，随即用院内的水管进行浇水灭火。之后同在院内的其他工作人员相继发现火情并使用灭火器进行扑救，但未能控制火势。居住在临 38 号院库房院外北侧出租房内的郭某某听到临 38 号院内人声嘈杂，发现临 38 号院起火，出来看到有人正用灭火器进行灭火，火势很大，其拨打“119”电话报火警。

（二）应急救援情况

北京市公安消防总队指挥中心接警后，先后调集 11 个消防中队的 52 辆消防车、300 余名官兵到场扑救，调集总队及朝阳区公安消防支队全勤指挥部到场指挥。经过参战官兵奋力扑救，22 时 15 分，火势得到有效控制。23 时 2 分，大火被彻底扑灭。火灾扑救中，消防官兵从火场共抢救出遇险人员 13 人。

三、火灾伤亡及损失情况

火灾共造成 12 人死亡，4 人受伤。死者中成年女性 3 名、儿童 9 名；伤者中成年男性 3 名、儿童 1 名。经朝阳区十八里店乡政府委托区价格认证中心对火灾财产价格进行认证，建筑物直接财产损失为 26.698 万元。

四、事故原因

火灾现场为搜救被困人员动用了大型机械作业，对现场进行了拆除、翻动和挪移，致使现场破坏严重，起火原因调查重点从几个方面入手。

（一）询问证人

综合调查询问，陈某甲、唐某、陈某乙、陈某丙、陈某丁和陈某戊等多人能够证实，最先起火房间为院内铁皮罩棚下西数第一间木质纤维板和瓦楞纸板简易房。

（二）监控录像

外部监控录像不能反映起火时院内情况，院内西部东南角、西南角发现过火的监控探头各一个，西部南侧办公室内发现类似监控录像机和硬盘一块，因过火严重数据无法读取。

（三）尸体检验

北京市公安司法鉴定中心对 12 名死者进行了法医学尸体检验鉴定，死者中绝大部分吸入了大量含有一氧化碳的烟气，造成人员出现激烈头痛、呼吸困难、昏睡、痉挛、假死或者死亡，丧失行为能力。

（四）现场勘验

1. 起火部位

根据燃烧程度变化，烧失、烧残和变形痕迹，综合判定起火部位为起火院内距西部北侧平房南墙 1.4 m、距西部小厕所东墙 2 m 的木质纤维板和瓦楞纸板简易房。

2. 起火点

对起火简易房进行勘验，根据低位燃烧痕迹，结构、物品的烧失、烧残痕迹，变形痕迹等，认定起火点位于简易房内门口处。

3. 物证提取与鉴定

在临 38 号院铁皮罩棚下西数第一间木质纤维板和瓦楞纸板简易房门口内侧，发现有粘连于地面的塑料盆残骸和“热得快”残骸，塑料盆残骸上茹有喷溅熔珠，房内还发现散落的电气线路，物证提取后送公安部天津火灾痕迹物证鉴定中心进行鉴定。现场提取的炭灰经检验未发现助燃剂成分，证实起火房间内没有助燃剂参与燃烧；电气线路中鉴定出一次短路痕迹，证实了起火前房间内电气线路处于通电状态或有电气设备使用的情况。

4. 现场模拟实验

现场针对起火点处发现的“热得快”和塑料盆残骸进行了模拟实验，结果表明，如果使用与现场提取的形状相似的“热得快”斜靠在盆边对塑料盆中的水进行加热时，能够形成与现场物证相似的痕迹。

5. 起火原因排除

经公安刑侦部门现场勘验和对有关人员排嫌，未发现人为放火因素。起火原因能够排除用火不慎、小孩玩火、吸烟和自燃引发火灾的可能。

综合以上情况认定，此起火灾系电气原因所致。

五、深圳市“12·11”重大火灾事故

2013年12月11日1时26分许，深圳市光明新区公明办事处根竹园社区，深圳市荣健农副产品贸易有限公司（以下简称荣健公司）下属的荣健农副产品批发市场（以下简称荣健市场）发生重大火灾事故，造成16人死亡、5人受伤，过火面积1290 m^2，直接经济损失1781.2万元。

事故发生后，省委、省政府高度重视，省政府成立了深圳市“12·11”重大火灾事故调查组，由省安全监管局牵头组织事故调查，省安全监管局局长黄晗任事故调查组组长，省监察厅、省公安厅、省安全监管局、省法制办、省总工会等部门和深圳市政府负责同志参加。事故调查组邀请了省人民检察院派员参加，并聘请专家组协助调查。

一、事故原因

（一）直接原因

经现场勘验、调查取证、检测鉴定和专家论证，认定事故直接原因是荣健市场B区A栋A56号商铺西南角上方的自制冷藏室空气冷却器电源线路短路引燃商铺内可燃物蔓延成灾。

（二）间接原因

1. 荣健公司安全生产主体责任不落实

（1）安全意识淡薄。荣健公司作为荣健市场建设、经营和管理单位，严重违反安全生产法律法规，为了自身经济利益而无视消防安全；法定代表人许某在事故发生后，未能组织员工进行有效疏散和初起火灾扑救，反而擅自驾车离开现场逃往外地。

（2）违法建设经营荣健市场。荣健公司在荣健市场建设过程中未办理国土规划相关用地审批、报建手续，未经公安消防部门设计审核和消防验收以及开业前安全检查；违规搭建大量铁皮棚房，顶棚彩钢板大量使用聚氨酯泡沫，内部没有承重墙体和防火分隔，整体互相连通，导致燃烧时释放出大量有毒浓烟并迅速扩散，造成

重大人员伤亡。

(3) 安全生产责任不落实。荣健公司安全管理部门及安全管理人员不明确；日常消防安全检查不彻底，未能及时消除违规住人、用电隐患及消防设施不完善等事故隐患。

(4) 用电安全管理混乱。荣健公司雇请不具备相应资质的人员违规布设电气线路，导致荣健市场存在室外路边低压电缆头制作不规范、敷设高度严重不足，且没有任何防护措施；整体配电干线、入户线敷设方式不符合规范要求；通讯电路与强电线路未分开敷设；电缆线任意接驳、浮拉、拖地、多线缠绕；电源线路绝缘破损、老化未及时进行更换；插座回路未独立安装剩余电流动作保护装置；保护接地线采用缠绕及钩挂方式等大量用电安全隐患。

(5) 管理人员安全培训和应急管理不到位。荣健公司从未组织荣健市场相关人员进行安全用电及消防方面的培训；未按规范要求建设市场消防设施，未安装火灾紧急报警装置，商铺未设置紧急疏散出口，造成人员未能及时逃生。尤其是违规将荣健市场内消防栓锁闭，消防水管网总阀未调至最大状态，导致火灾发生后无法及时扑救初期火灾。

2. A56号秦晋果业商铺经营户消防安全责任不落实

(1) 消防安全意识淡薄。A56号商户未履行租赁合同和防火责任书，擅自改变商铺结构，大量使用彩钢板、木材等材料违规搭建阁楼，大量使用聚氨酯泡沫板保温隔热。未对存在的消防隐患进行排查整改消除，尤其是在周边商铺经常性地存在电线开关“跳闸”的情况下，没有引起警醒，及时整改存在的消防安全隐患。

(2) 存在“三合一”问题。A56号商户无视消防法律法规要求，将经营、储存和居住场所合为一体，未采取有效防火分隔和消防安全技防措施。尤其是在相关监管部门开展消防安全大排查、大整治和违规住人专项整治后仍拒不拆除和迁出。

(3) 违规安装自制冷藏室和配电线路。A56号商户用电安全意识淡薄；聘请无相关资质资格的人员使用铁皮层、聚氨酯泡沫保温层、压缩机、冷凝剂等设备、材料违规自制冷藏室；配电线路使用不阻燃管穿管，线路乱拉乱接；在自制冷藏室及电源线附近堆放可燃物及杂物或可能导致电源线发生机械损伤的物品；未规范安装漏电保护。

3. 黄某违法组装销售自制冷藏室

黄某违法组装自制冷藏室卖给A56商铺使用，并负责电线连接工作。经查，该自制冷藏室是一个无生产日期、无质量合格证和无生产厂家的“三无”产品，是引发事故的主要因素。

4. 深圳市公明根竹园股份合作公司出租场所消防安全责任不落实

深圳市公明根竹园股份合作公司（以下简称根竹园公司）违法将未办理土地使用证、规划许可证、建设工程许可证等手续、没有消防许可手续的土地及上盖建筑物出租给荣健公司建设经营市场。同时，根竹园公司未按照《深圳经济特区消防条例》和《深圳市人大常委会关于加强房屋租赁安全责任的决定》相关规定，对荣健公司擅自建设铁皮棚房行为实施有效监督，也未督促承租方及时整改消防安全隐患和向有关部门报告，未履行出租场所消防安全责任。

5. 公安消防部门履行消防监督管理职责不力

（1）2011 年 1 月以前深圳市公安局消防支队原光明消防大队负责公明办事处的消防监督工作，该大队未认真履行职责，对辖区防火监督管理工作监管不力，在发现荣健市场未进行消防报建、验收便擅自经营的问题后，未按相关法律法规对该市场实施停产停业的行政处罚，未能有效消除荣健市场未经消防许可擅自经营的问题，工作严重失职。

（2）2011 年 1 月以后深圳市公安局光明分局公明派出所负责辖区（含荣健市场）消防监督检查工作，在发现荣健市场未取得消防许可而擅自营业的情况下，未按相关法律法规作出处理，未能有效制止该市场消防违法行为和消除该市场长期存在的消防安全隐患问题，工作严重失职。

（3）深圳市公安局光明分局消防监督管理大队负责辖区消防监督检查的业务指导，对公明派出所业务指导不力，未能督促其严格依法实施监管、消除辖区内的重大消防安全隐患。

（4）深圳市公安局光明分局负责辖区消防监督检查指导工作，对公明派出所消防监督管理工作疏于监管。

6. 土地监察及规划国土部门对违法建设和违法用地监管不力、指导督促不力

（1）公明街道办事处执法队对荣健市场内违法建设和违法用地行为制止不力、查处拆除不力，对荣健市场内违法建设和违法用地规模不断扩大问题失管失控，工作严重失职。

（2）光明新区规划土地监察大队未认真履行辖区内规划地违法行为的日常督查职责，对荣健市场内长期存在的违建问题失察；对查违中队及公明办事处执法队开展市场违法用地和违法建设巡查检查和查处整改工作指导、督促不力。

（3）深圳市规划和国土资源委员会光明管理局未能正确履行职责，违规为荣健市场违法占用位于基本生态控制线内的部分国有未出让土地补办了临时用地手续。

7. 环保部门对建设项目环保审批把关不严

光明新区城市建设局为荣健市场违法占用辖区基本生态控制线内的国有未出让土地违法建设补办建设项目环境影响审查批复，存在审核把关不严问题。

8. 深圳市市场监督管理局光明分局对荣健公司擅自变更登记事项监管不力

深圳市市场监督管理局光明分局对于荣健公司擅自在其登记注册的住所外违法建设大面积铁皮棚房用于经营行为监管不力，日常巡查流于形式。

9. 根竹园社区落实安全生产责任制不力

根竹园社区片面强调增加社区收入而忽视安全生产，安全生产责任制落实不到位；未能严格督促辖区内市场严格落实消防安全和安全生产责任；个别干部涉嫌严重违纪违法，收受荣健公司老板许某的巨额贿赂，为该公司违法建设等行为提供便利。

10. 公明办事处存在消防安全监管等方面履职不到位问题

（1）公明办事处对辖区消防安全工作组织领导不到位，对于辖区消防安全隐患排查整治不彻底，发现荣健市场存在消防安全隐患后没有跟踪整改；2012 年 3 月至 11 月公明办事处在开展火灾隐患重点地区整治和 2013 年 6 月至 9 月在开展安全生产大检查专项行动中，部署工作针对性不强，监督检查措施不力，未能及时消除荣健市场存在的重大消防安全隐患问题；违规为荣健市场出具相关用地证明材料，并为荣健市场办理有关证照和规避违法建设查处，致使该市场存在大量违法建设。

（2）公明办事处消防安全委员会办公室未能认真履行工作职责，没有认真督促成员单位贯彻落实办事处消安委的工作部署；对荣健市场长期存在严重消防安全隐患的问题，没有组织协调各职能部门对荣健市场彻底整治；协调推进公明办事处消防安全网格化工作不到位；在 2013 年 6 月至 9 月开展的消防安全隐患排查整治专项行动验收过程中流于形式、走过场，排查隐患不彻底、整改不全面、监督检查不力。

（3）公明办事处安全生产委员会办公室没有切实履行安全生产综合督促协调职责；2013 年 1 月接到光明新区安委办《关于加强光明新区荣健农副产品批发市场安全生产工作的通知》后，没有组织采取有效措施督促整治；在 2013 年 6 月至 9 月的安全生产大检查专项行动以及日常安全生产检查中，没有督促有关单位整治荣健市场长期存在的消防安全隐患。

11. 属地区政府安全生产监管职责落实不到位

光明新区管委会片面地强调对社区集体经济转型升级项目“主动支持服务”，

而忽视安全生产；贯彻执行安全生产法律法规和政策规定以及上级的安全生产工作部署要求不到位，督促有关部门落实安全生产责任制不力；对 2012 年 3 月至 11 月开展公明办事处火灾隐患重点地区整治和 2013 年 6 月至 9 月安全生产大检查专项行动专项整治工作部署不到位，未能有效消除荣健市场存在的重大安全隐患问题；违规要求相关部门为荣健市场违法占用位于基本生态控制线内的部分国有未出让土地补办临时用地手续。

12. 深圳市安全监管体系不够完善

深圳市 2009 年大部制改革后，原深圳市安全监管局机构和职能发生了重大调整，综合协调、安全监管、培训考核等职能分散在不同部门，并整建制撤销了原深圳市安全生产执法监察支队。深圳市级对下级安全生产监督和安全生产执法指导力度不足；基层安全监管基础薄弱，经济发展速度快、安全监管任务重的光明、坪山、龙华、大鹏 4 个新区长期未单独设立安全监管部门，安全生产重点工作落实不到位；消防安全监管职责不清，深圳市、区两级消防安全委员会办公室均设在公安机关，公明办事处等部分基层消安委办却设在街道办事处，并长期与安委办合署办公，导致安全生产行业直接监管、综合监管和属地监管职责混淆不清，消防安全工作绩效不高。

二、事故防范措施

（一）牢固树立安全发展理念，始终把人民群众生命安全放在首位。深圳市各级党委、政府及其有关部门以及各类生产经营单位要深刻吸取深圳市“12·11”重大火灾事故沉痛教训，举一反三，大力加强安全生产尤其是消防安全工作；要始终把人民生命安全放在首位，牢牢坚守“发展决不能以牺牲人的生命为代价”这条红线，坚决遏制各类事故尤其是重特大生产安全事故的发生，促进安全生产与经济社会同步协调发展，确保安全生产。

（二）健全完善安全生产监管体系，落实消防安全监管责任。深圳市各级党委、政府要加强安全生产工作的领导，进一步加强安全监管体制机制尤其是队伍建设，健全完善安全监管体系，加快推进市级和光明、坪山、大鹏、龙华 4 个新区的安全监管机构建设，夯实基层和末梢安全生产监管基础；要厘清并落实消防安全领域直接监管、综合监管和属地监管职责，提升消防安全工作绩效。

（三）加强消防安全工作，坚决拆除各类违法建筑。深圳市各级党委、政府及其有关部门和各类生产经营单位要组织开展消防安全整治，实施更加严格的消防安全准入和更加有力的消防安全监管。深圳市政府要尽快制定农村城市化历史遗留违法建筑处理的具体实施办法和配套措施，全面、彻底清理各类违法建筑，坚决拆除各类不符合临时使用条件的违法建筑。

（四）强化集贸市场的消防安全整治，落实企业安全生产主体责任。深圳市各级党委、政府及其有关部门要对集贸市场中的违规住人场所进行集中清理整治；要加大火患重点场所的用电安全专项整治，开展用电安全教育宣传，应用并推广电气火灾监控系统；要加强对集贸市场周边市政消火栓的检查、维护和管理，确保消防用水；要督促落实集贸市场管理单位消防安全主体责任，建立健全安全管理机构和安全责任体系、依法保证安全生产投入、加强安全教育培训、加强现场安全管理，持之以恒地排查和治理安全隐患。

（五）加大消防安全宣教培训力度，提高全民消防安全防范意识。深圳市各级党委、政府及其有关部门要强化企业和社会单位消防安全管理人和重点岗位人员的消防安全培训，提高单位检查消除火灾隐患的能力，提升公众特别是从业人员具备扑救初起火灾和组织疏散逃生的基本技能；要督促企业和单位自觉整改消防安全隐患，从根本上改善消防安全条件，提升安全保障能力，防范和遏制重特大火灾事故的发生。

六、迪庆州香格里拉县独克宗古城“1·11”重大火灾事故

2014年1月11日1时10分许，云南省迪庆州香格里拉县独克宗古城仓房社区池廊硕8号“如意客栈”经营者唐某，在卧室内使用五面卤素取暖器不当，引燃可燃物引发火灾，造成烧损、拆除房屋面积59980.66 m^2，烧损（含拆除）房屋直接损失8983.93万元（不含室内物品和装饰费用），无人员伤亡的重大火灾事故。

一、基本情况

（一）事故房屋基本情况

1. 事故房屋权属及结构情况

香格里拉县独克宗古城仓房社区池廊硕8号“如意客栈”所有人为周某萍，房屋为局部3层砖木结构，建筑面积441.04 m^2。

2. 事故房屋租赁情况

2008年12月24日，周某萍与澳门籍承租人高某签订房屋租赁合同，合同期自2009年1月1日至2018年12月31日。

3. 事故房屋办理经营证照情况

2009年2月24日，承租人高某向古城管委会提交《独克宗古城经营使用申请表》，古城管委会社会事业科同日签发“同意该户办理报建手续”。为改建承租房屋为经营场所，房屋所有人周某萍于2009年2月24日向古城管委会提交了《建房申请》，古城管委会同日批准，高某同时提交了《独克宗古城建设审批表》，经古城管委会审验后，于2009年12月21日批准同意办理相关经营手续，并以174号公文送香格里拉县消防大队。消防大队检查验收后，以公消安检许字（2009）第0062号《消防安全检查合格证》进行了备案。办理完以上手续后，承租人高某将“如意客栈”交由唐某经营，唐某于2009年2月24日与古城管委会签订了《防火目标管理责任书》（每年续签），2013年12月30日，唐某与古城管委会又签订了《元旦、春节期间消防安全承诺书》。

经调查，古城内有各类经营户共1600余户，从2010年始，香格里拉县工商行政管理部门着手规范市场经营行为，要求在城区内经营户进行工商登记，截至事发时，已登记有限公司或个体经营户60%（按工商部门管辖，应纳入登记的共600余家），“如意客栈”尚未申报工商登记。

4. 事故房屋（客栈）经营情况

唐某经营香格里拉县独克宗古城仓房社区池廊硕8号“如意客栈”。客栈经营种类为餐饮、住宿，共有接待用客房6间、9个床位，自用住房4间、5个床位，建筑面积共441.04 m^2。其中：一层为餐厅、厨房、配电室和杂物间，建筑面积194.6 m^2。二层为休息区和住房，自用住房4间、床位5个，客房2间、床位5个，建筑面积194.6 m^2。三层为客房4间，床位4个，建筑面积51.84 m^2。

客栈雇有2名员工，火灾当天只有1名员工住在客栈，另1名员工请假不在客栈。2014年1月10日晚，只有2名游客入住，均住在303房间。

（二）事故相关单位基本情况

1. 独克宗古城情况

独克宗古城保护计划始于2002年，由香格里拉县委批复成立“建塘镇独克宗古城保护开发管理委员会”，管委会设在建塘镇人民政府，负责实施古城保护与开发计划，并按照计划实施管理。2005年11月，根据迪庆州编委办《关于审定独克宗古城管理委员会内设机构、人员编制和领导职数的通知》和《香格里拉县人民政府机构改革实施意见》，香格里拉县人民政府办公室印发了《香格里拉县独克宗古城管理委员会职能配置、内设机构和人员编制规定的通知》（香政办发〔2005〕140

号文件)，设置独克宗古城管理委员会为县政府直属部门，管委会主任按照副处级设置。随着社会经济与古城商贸旅游的发展，香编办复〔2012〕8号文批复增设了古城消防安全科、古城综合执法科。2012年5月，云南省人民政府云政复〔2012〕31号文批复同意《香格里拉县城市总体规划（2010—2030)》，在总体规划中，确定了古城保护的中心主题为："保护独克宗古城的空间形态、山体水系、建筑群体环境、地方历史建筑和传统民居以及具有民族特色的人文景观和民族文化"。

古城以大龟山为中心，呈放射状扩展布局，面积36.9公顷。辖北门、仓房、金龙3个社区办事处，9个村民小组，主要交通道路4条，巷道23条，最宽处5.2 m，最窄处3.3 m。共有传统民居515幢，非传统民居105幢，新建民居83幢，民居1682户。常住人口8287人、流动人口4521人。

古城居民住房和经营商户用房均为个人财产，个人招租行为，古城管委会为财政拨款单位，不收取费用。

2. 独克宗古城消防管理工作情况

从2002年独克宗古城管委会成立起，指定了一名副主任分管消防工作、一名工作人员专门负责处理日常工作。2011年11月6日，古城原住藏族居民自发组建了一支12人的独克宗古城消防宣传队。2012年7月25日，成立了专职消防应急队，队员由古城内3个社区居委会的本地居民组成，共10人。2012年10月26日，成立了古城管委会消防科，但人员一直没有配备。

3. 独克宗古城专项消防工程建设情况

古城原建有市政消火栓21个（其中一个损坏后已填埋)，消火栓出口水压为0.1～0.25 Mpa，由于市政供水满足不了独克宗古城消防用水，州、县消防部门和独克宗古城管委会先后多次向州、县两级政府报告了这一情况，经县政府同意建设独立的消防系统并纳入独克宗古城市政基础设施建设项目。

独克宗古城管理委员会于2010年4月20日委托重庆市轻工业设计院编制了《香格里拉县独克宗古城市政基础设施建设项目》可行性研究报告（含专项消防工程)。

迪庆州发展和改革委员会以迪发改投资〔2010〕28号文批复了香格里拉县独克宗古城市政基础设施建设项目可行性研究报告（含专项消防工程)。2010年5月22日迪庆州住房和城乡建设局会同迪庆州发改委（迪建复〔2010〕59号）批复了独克宗古城市政基础设施项目初步设计（含专项消防工程)，在完成了项目用地、规划、环境评审、施工图审查、招投标、施工许可及质量监督等前期的相关手续后，建设单位香格里拉县独克宗古城管委会委托西南有色大理地基基础工程公司进行了勘查，并就“独克宗古城专项消防系统改造工程”专题委托昆明市五华区勘测设计院进行了设计，迪庆州建设工程施工图审查事务所下达了云南省建设工程施工图设计文件《审查合格书》（云施设审迪字（2011）133号）。按照国家基本建设项目程序，香格里拉县住房和城乡建设局于2011年6月对独克宗古城专项消防工程单独组织了工程施工招投标，迪庆鑫亚达工程安装有限责任公司中标，中标价7631879.81元，招标人和中标第一候选人经过合同谈判，达成协议后，2011年6月24日，香格里拉县独克宗古城管理委员会下达了中标通知书，甲乙双方签订了建设工程施工合同。并选择了昆明中厚建设监理有限公司为监理单位，签订了建设工程委托监理合同。古城管理委员会向香格里拉县住房和城乡建设局申请办理施工许可证，香格里拉县住房和城乡建设局经审核认为，该工程已严格按国家基本建设程序完成项目前期工作，具备开工建设条件，核发了《建筑工程施工许可证》（编号：2011055）。根据属地管理原则，香格里拉县住房和城乡建设局质量监督站于2011年6月20日受独克宗古城管委会委托，接受该项目的工程质量监督。

该工程项目于2011年6月30日开工，至2012年5月大部分完工，因附属工程（挡墙、植被恢复、东廊路建设）影响，该工程一直未完工，直到2013年7月东廊路消防管道铺设完毕，工程完工。由于结算、审计原因，未验收。建设过程中县质量监督站对独克宗古城消防改造工程进行了6次巡查监督，对存在的问题提出了检查意见，责令监理单位、施工单位整改完善。

该工程建成后，建设方发现有部分消火栓不能防冻，影响出水，便与香格里拉县消防大队联合上报县政府申请拨付专项经费解决消火栓防冻问题，经县政府批复同意并拨付30万元专项经费后，建设方自行采取支墩和保温材料进行防冻处理，但实际不仅未解决低温防冻问题，反而因支墩改造，堵住了消火栓泄水孔，致使消火栓腔体内积水不能排除，在低温下冻结，埋下新的隐患。事后经调查，68%的消火栓因支墩改造堵塞了泄水孔。消防人员在扑火时所开启的4个不出水消火栓因管段内静止存水在冻土层长期热交换作用下冻结，导致消火栓控制阀开启后无法出水。

二、事故发生经过、应急救援及善后处理情况

（一）事故发生经过

2014年1月10日迪庆州香格里拉县独克宗古城仓房社区池廊硕8号“如意客栈”经营者唐某，从吃晚饭开始，先后3次大量饮酒至23时20分左右，回到客栈

卧室躺下睡着。11日凌晨1时左右唐某醒后发现其房间里小客厅西北角电脑桌处着火，遂先后两次用水和灭火器灭火，但没有扑灭。于是唐某让小工和某报警并跑到一楼配电房拉下电闸，用手机再一次报警，并从餐厅跑出。

（二）应急救援情况

1月11日1时22分，迪庆州消防支队接到火灾报警后，迅速调集支队特勤中队奔赴火灾现场。1时37分，特勤中队首战力量到达古城火灾事故现场，1时41分，出水控火，经15分钟扑救后，火势被控制在起火建筑如意客栈范围。之后，参战部队连续开启附近4个室外消火栓（古城专用消防系统消火栓）进行补水，但均无水，便迅速调整车辆到距离现场1.5公里外的龙潭河进行远距离供水，同时，组织力量从市政消火栓运水供水。此时，火势开始蔓延。

香格里拉县公安局110指挥中心接到报警后，及时指令县消防大队和建塘派出所出警处置，1时40分将警情上报至州公安局指挥中心。与此同时，正在执行城区巡逻防控工作的西片区巡控组发现火情，立即用对讲机向城区巡控工作办公室通报，办公室紧急指令另6个巡控组火速赶赴现场开展救援。1时41分许，建塘派出所4名民警到达现场，1时43分许，巡控组共110名警力赶到火灾现场、特警大队城区主干道巡逻组14名警力赶到现场。

州公安局指挥中心接到警情报告后，副局长七卫东于2时10分抵达火灾现场，会同香格里拉县公安局现场指挥部共同指挥开展工作，州公安局机关民警100人、县公安局150名警力接到指令后陆续抵达火灾现场。从2时20分起至4时，公安民警、消防、武警及军分区官兵先后分5批到达现场。共计1600余人，全面投入到救援中。5时许，挖掘机等大型机械设备陆续到场。6时许州开发区中队、维西中队5车17人增援力量抵达现场。7时许，在全体救援力量的共同努力下，火势得到有效控制。7时50分，丽江、大理支队18车95人增援力量到场。9时45分，省消防总队灭火指挥部11人，昆明支队33人携相关设备到达现场。当日10时50分许，明火基本扑灭，对余火进行清理，防止死灰复燃。

（三）善后处理情况

火灾事故发生后，省委、省政府高度重视，省委书记秦光荣，省长李纪恒，常务副省长李江，副省长尹建业，秘书长卯稳国等领导立即作出批示，要求全力做好事故救援、善后处置和事故调查工作。省长李纪恒于事故当日率副省长尹建业、秘书长卯稳国及省级有关部门负责人亲赴事故现场指导应急处置工作。国家安全监管总局、公安部消防局也先后派员到现场指导督办。省委秦光荣书记专题召开会议听取事故善后和调查处理情况，并提出明确要求。

三、事故原因和性质

（一）直接原因

经现场勘验、现场实验、物证鉴定，结合对相关人员的询（讯）问笔录，排除雷击、自燃、吸烟、放火等引发火灾因素，认定火灾事故直接原因为：2014 年 1 月 11 日 1 时 10 分许，唐某在卧室内使用五面卤素取暖器不当，入睡前未关闭电源，五面卤素取暖器引燃可燃物引发火灾。

（二）间接原因

（1）消防专业队伍实施火灾扑救过程中，无法控制火势蔓延的主要原因是：独克宗古城 2012 年 6 月新建成的“独克宗古城消防系统改造工程”消防栓未正常出水，自备消防车用水不能满足救火需要，导致火势蔓延。

（2）“独克宗古城消防系统改造工程”设计方案中，未严格按国家工程建设消防技术标准设计消火栓具体防冻措施，留下消火栓不能保证高原地区低温冰冻先天缺陷。

（3）“独克宗古城消防系统改造工程”施工中，未严格按照设计要求埋深敷设管线，部分消火栓管顶覆土深度未达到要求，更加降低防冻标准，不能有效防止低温冰冻。

（4）“独克宗古城消防系统改造工程”在监理过程中，虽发现施工中存在未严格按照设计要求埋深敷设管线的问题，但仅向施工单位发出监理工程师通知单，未严格把关，进行跟踪督促整改。

（5）建设方为解决消火栓冰冻问题，自行采用支墩和保温材料进行了补充改造，但因直管穿越冻土层未进行保温处理，支敦改造中又堵塞了消火栓的泄水孔，不仅未起到防冻作用，反而埋下了消火栓低温冻结的隐患，在冬季低温冰冻气象条件作用下，导致不能正常供水（火灾当日最低气温－9℃）。

（6）相关部门对“独克宗古城消防系统改造工程”建设督促指导不到位。建设单位未依法向公安消防部门申请备案，州、县消防部门在知道这一建设工程的情况下，也未督促指导建设单位依法办理相关手续。工程建设过程中也未开展抽查、检查和督查。

（7）独克宗古城内通道狭小，纵深距离长，大型消防车辆无法进入或通行，古城内建筑物多为木质，耐火等级低，大量酒吧、客栈、餐厅使用柴油、液化气等易燃易爆物品。市政消防给水管网压力不足，且在扑救火灾时，未能及时联动，提供加压保障。

(三) 事故性质

经调查认定，这是一起因使用取暖器不当，引发的责任事故。

四、事故防范和整改措施建议

（一）明确职责，加强古城监督管理。州、县政府要按照“管行业必须管安全”的要求，明确古城管理委员会、消防、安全监管、住建、发展改革、旅游等部门在古城管理方面的职责任务，将古城消防安全纳入综合治理，形成齐抓共管的合力。同时明确单位（商户）主体责任，制定古城用火、用电、用油、用气管理措施，定期开展消防安全评估和自检自查，提高消防安全自我管理水平。

（二）强化消防基础设施建设，提升古城火灾防控能力。香格里拉县人民政府应将古城公共消防基础设施建设纳入城市消防规划内容一并规划、同步实施。同时，明确公共消防基础设施的建设、管理、维护和使用单位主体，落实监管责任，确保公共消防基础设施建设、维护、管理到位，对不符合规定要求的市政消火栓进行改造，确保完好。同时加强古城专兼职消防力量建设，在人员招聘、培训、应急处置、管理体制上进一步理顺，配备小型、轻便、高效、灵活机动的灭火救援装备和器材，提高巡查执法和及时处置火灾能力，并与香格里拉县消防专业队伍进行无缝对接，全面提升古城火灾防控综合能力。

（三）迪庆州、香格里拉县人民政府负责，由“独克宗古城消防系统改造工程”项目主管部门牵头组织、相关部门和单位参加，对该建设项目进行专题研究，针对该项目重大缺陷和其他存在问题研究解决办法，及时组织消除隐患，推进项目尽早按照标准规范补充完善，经合法验收后投入使用。并督促独克宗古城管委会立即采取其他有效措施，解决独克宗古城在低温冰冻条件下其他供水方式的有效措施，做好应急处置工作。

（四）强化火灾隐患整治力度。迪庆州和香格里拉县人民政府应加强火灾隐患排查整治工作的领导，针对本地区消防安全方面存在的薄弱环节和突出问题，按照隐患级别建档并加强督促整改，严格执行“五落实”隐患整改责任制度，落实各级挂牌督办制度，不断加强古城、寺庙、商城、市场、人员密集场所等消防专项治理工作，切实消除火灾隐患，维护本地区的火灾形势稳定，严防再次发生类似火灾。

（五）公安消防部门要指导、督促基层消防队伍（部门）建立健全内部管理制度，进一步规范建设工程消防设计备案工作。

（六）加强消防宣传教育培训，提高公众消防安全意识。要采取发布公益广告、张贴宣传画、发送警示短信、发放宣传资料等形式，广泛开展消防安全知识宣传教育，提高公众的消防安全知识，提升火灾防范意识。

七、台州大东鞋业有限公司“1·14”重大火灾事故

2014 年 1 月 14 日 14 时 40 分左右，位于台州温岭市城北街道杨家渭村的台州大东鞋业有限公司发生火灾，火灾过火面积约 1080 m^2，事故共造成 16 人死亡，5 人受伤。

事故发生后，国务院领导和省委、省政府主要领导高度关注，先后作出重要批示，要求全力做好伤员救治和死者家属抚慰工作，尽快查明事故原因，严肃追究相关人员的责任，全面排查安全隐患，坚决防范重特大事故的发生。台州市和温岭市接到事故报警后，迅速启动应急预案，调集人员和装备，全力开展抢险救援。副省长毛光烈连夜赶至现场指导救治善后及事故调查等工作，并赴医院看望慰问伤员。国家安全监管总局、公安部有关领导也先后抵浙对事故调查相关工作进行指导督办。1 月 15 日下午，李强省长和全省 11 个市的市长集中参加全国安全生产电视电话会议。会议结束后，李强省长专门对“1·14”事故伤员医治、善后处理、事故原因调查以及立即深入开展安全生产大排查大整治专项行动等工作提出了具体要求。

一、基本情况

（一）企业概况

台州大东鞋业有限公司（以下简称“大东鞋厂”）位于台州温岭市城北街道杨家渭村，系个体私营企业，法人代表林某锋，股东为林某锋和林某剑兄弟两人，各持股份 50%。大东鞋厂于 2003 年 6 月 10 日通过温岭市工商行政管理局登记注册，工商注册号：331081100158634，注册资本 108 万元，经营范围为鞋制造、销售，营业执照在有效期内。2013 年 6 月 14 日，通过温岭市工商行政管理局营业执照变更登记审核，核准通知文书号：（温工商）登记内变字［2013］第 2737 号。

大东鞋厂雇有员工 83 名（均未签订劳动合同），主要生产布鞋、休闲鞋和保暖鞋等，2013 年产值 499 万元。

(二) 厂房租赁情况

2003 年 7 月，大东鞋厂租用温岭市城北街道杨家渭村的老村部办公楼作为生产厂房，并经村委会同意使用村部办公楼周边用地 1.98 亩搭建铁棚（约 400 m^2）用于生产。

(三) 厂房建筑布局情况

厂房主体为砖混结构，坐东朝西，地上共有三层。其中，一层是成品鞋生产车间；二层为半成品加工车间和鞋料仓库。三层南半部为鞋帮加工车间，北半部为卫生间、厨房和休息室。主体厂房建筑中部设有一部连通各层的敞开式楼梯，主体建筑北侧外墙设有一部从二层通往一层的钢质疏散楼梯，二层通往该楼梯的疏散门为卷帘门。主厂房只在首层和二层室内楼梯处各设置 1 个室内消火栓，但室内消火栓未接入市政消防管网，也未设屋顶水箱，故消火栓处于无水状态。

租赁之初，大东鞋厂未经审批擅自在主体建筑东、南、北三面加建了由单层铁皮棚和砖墙围成的不规则形状违章建筑用作生产，并使用至今。铁皮棚高 2 m，建筑面积 400 余平方米。

(四) 企业安全监管情况

经查，温岭市城北街道于 2013 年 4 月与大东鞋厂签订了年度安全生产综合目标管理责任书。驻村干部每月对该企业的消防安全等情况进行检查。记录显示，最近一次检查是 2013 年 12 月 31 日，当时检查未发现大东鞋厂存在重大消防安全问题。据调查，大东鞋厂建立以来，当地消防、派出所、安监等相关职能部门均未对该企业进行过消防和安全生产检查，城市管理部门也未对其搭建的违章铁棚采取过任何处罚和责令拆除的措施。

二、事故发生经过

1 月 14 日，大东鞋厂正常生产。当日下午，在企业车间内上班的员工共有 75 人（其中，一楼 35 人、二楼 8 人、三楼 32 人），由于学校放假，有 6 名小孩被员工带至车间。其时厂房内总计有 81 人。事故发生前，员工王某文和吴某玉正在厂房一层东侧铁棚内进行包装作业，吴某玉负责打小包（即将成品鞋放入鞋盒），王某文负责打大包（即将鞋盒装入大箱）。当时，在铁棚东北角离空压机约 2 m 远处，共放有打包好的鞋子约 600 箱。在空压机南侧转角的平台处及废弃流水线西侧，共堆放有打包好待运至仓库的鞋箱300余箱，鞋箱堆高距铁棚顶约1 m。14时40分许，面对堆放鞋箱方向作业的吴某玉突然闻到一股焦味，随即发现靠近东北角流水线处堆放的一排鞋箱着火，便告知王某文，并随即呼喊附近员工拿灭火器进行灭火。发现火情后，一层成品车间管理负责人余某标闻讯立即拉下配电箱总电闸，正在一层办公室的业主林某剑听到有人喊起火后跑出办公室，随即指挥员工用灭火器进行扑救和抢搬物品。因当日东北风强劲，通过东面砖墙上排风机孔洞进入铁棚，风助火势，浓烟与火焰窜入一楼主厂房迅速蔓延。正在扑救的员工见火势无法控制，便相继逃离，并在厂房外呼喊楼上员工逃生。14时52分，逃离厂房的大东鞋厂员工陈某刚拨通119电话报警。随后，二层和三层部分员工通过二层外侧疏散楼梯或直接跳到一层铁棚顶进行逃生自救，也有部分员工躲在三层房间内等待救援，一些从三层逃至二层的员工因浓烟太大被困二楼不幸遇难。

三、事故原因和事故性质

（一）直接原因

位于鞋厂东侧钢棚北半间的电气线路故障，引燃周围鞋盒等可燃物引发火灾。

（二）间接原因

（1）大东鞋厂主体厂房未经消防审批，厂房内消火栓形同虚设，各层楼梯未经封闭，疏散楼梯门未采用平开门，存在严重消防安全隐患。厂房内电气线路及用电设备没有专业电工维修保养，线路陈旧、敷设不规范，部分线路未采取穿管等防火保护措施，直接经过存放大量纸箱、成品鞋及可燃杂物等可燃易燃物品的包装车间，导致电气线路起火后迅速蔓延。同时，违规擅自搭建的铁棚更增加了火灾负荷，影响了人员疏散和火灾扑救。

（2）大东鞋厂内部安全管理混乱，安全生产主体责任不落实，消防安全无人具体负责，并因计件工资及员工流动性大等原因，企业内部组织管理松散，安全生产责任制、安全生产规章制度均得不到有效执行和落实。

（3）温岭市城北街道杨家渭村委会以包代管、放纵违章，未尽安全管理基本职责。杨家渭村委会未履行房屋出租方安全生产管理职责和基层消防安全检查责任，放纵大东鞋厂违章搭建行为，对大东鞋厂长期存在的严重消防安全隐患没有及时劝阻并向上级政府和有关部门报告。

（4）温岭市城北街道以及辖区派出所消防安全“网格化”管理工作制度在实际

工作中没有很好落实，日常消防和安全生产监督检查不到位。大东鞋厂开办十年来街道有关部门和派出所没有对其进行安全专项检查，仅以驻村干部例行检查代替安全检查，基层政府和相关部门安全管理存在死角盲区，致使大东鞋厂严重消防安全隐患长期没有得到有效整治。

(5) 温岭市相关部门消防安全监管工作不落实、不到位。大东鞋厂违章搭建行为及企业内部严重消防安全隐患长期没有得到重视和整治，反映出当地消防安全大检查大排查没有真正做到“全覆盖、零容忍、严执法、重实效”，打非治违和隐患排查治理工作仍不彻底，消防、城管、安监等部门在执法、监管和指导城北街道工作上存在疏漏。

(6) 温岭市委、市政府对消防安全重视不够，履职不到位。在全省上下认真开展消防安全大排查大整治期间发生重大火灾事故，暴露出当地党委、政府对有关部门和基层街道政府开展消防安全打非治违和隐患排查治理工作督促、指导、检查力度不大、落实不够，基层安全监管仍浮在表面、存在漏洞，隐患排查整治仍不彻底。

(三) 事故性质

台州大东鞋业有限公司“1·14”重大火灾事故是一起重大责任事故。

四、事故整改措施:

(一) 搞好安全生产“大教育”，增强全社会防范事故意识。当地政府和相关部门要充分利用各类媒体大力开展全员、全方位、全过程的安全法规和知识的宣传，运用事故案例血的教训搞好安全警示教育，提高企业管理人员、生产人员以及社会民众的安全防范意识和避险能力，引导企业自觉加强安全管理，整改安全隐患，筑牢预防事故的思想防线。同时，要畅通群众对安全隐患、非法违法行为及事故的举报渠道，充分调动广大群众主动参与监督的积极性，将安全隐患和违法行为有效地置于全社会的监督之下。

(二) 开展安全隐患“大整治”，进一步改善安全生产环境。当地政府要结合当前正在进行的党的群众路线教育实践活动，按照“全覆盖、零容忍、严执法、重实效”的要求，持续深入地开展安全生产大排查大整治，严格整改标准，严肃整治责任，真正做到不打折扣、不走过场、不留死角，确保彻底排查整治到位。重点针对本地区小作坊、小企业、出租房、违章建筑等场所设备设施陈旧落后、火灾隐患多、违规违章现象严重等突出问题，借助当前正在开展的“三改一拆”(旧住宅区、旧厂区、城中村改造和拆除违法建筑)、“四边三化”(在公路边、铁路边、河边、山边等区域开展洁化、绿化、美化行动)等工作,搞好整治规划,建立安全隐患台账,重点治理企业违章违法搭建、安全生产责任制和规章制度不落实、火灾隐患严重、员工安全培训和逃生演练不落实、现场安全管理混乱等问题,坚决清除非法违规生产经营和滋生事故隐患的土壤。

(三)抓好安全责任“大落实”,确保安全监管措施到位。当地党委政府要正确处理好安全与发展的关系,坚守“发展决不能以牺牲人的生命为代价”这条不可逾越的红线,坚决不要带血的GDP。要按照习近平总书记关于安全生产工作的重要指示精神,进一步增强安全生产责任意识,抓好安全生产各项措施的落实。要建立健全“党政同责、一岗双责、齐抓共管”的安全生产责任体系,真正将安全生产责任逐级落实到政府、部门、镇街、村居、企业和房东,形成纵向到底、横向到边的安全责任网络,并通过将责任落实情况与诚信体系挂钩,加大企业违法成本等措施,督促辖区各类企业落实安全生产主体责任,保证安全投入到位、安全培训到位、基础管理到位、事故防范到位。要探索实施行政村安全生产两委负责制,建立出租房承租方安全监管和事故连带赔偿承诺制度。

(四)努力构筑安全“大监管”网络,实施安全隐患综合治理。当地消防、城管、工商、安监等部门要发挥好政府部门安全监管的主导作用,加强源头管控。凡不符合安全生产条件的不得核发相关证照;对于未经过审批擅自投入使用、营业的,一经查实,坚决予以关闭、查封。同时,要根据辖区内“低、小、散”企业量大面广的特点,进一步健全乡镇(街道)安全(消防)网格管理组织,明确职责任务,健全工作机制,通过发挥信息化平台作用,依靠基层网格管理力量搞好动态巡查,真正实现安全隐患和问题的早发现、早处置。

(五)落实安全事故“大防控”措施,建立安全管理长效机制。当地政府要认真分析当前安全生产形势,全面推进老旧住宅、老旧厂区和城中村安全生产综合整治,借助腾笼换鸟、机器换人等举措,加快淘汰危及安全生产的高风险产业、工艺和装备,倒逼落后产业转型升级。要综合运用法律、经济、行政等手段和教育、协商、调解等方法,在建设规划、证照核准、消防验收、供电安全、出租房和外来人口管理等方面积极探索常态化管理措施,建立各部门执法联动、管理联抓、问题联治、信息联通的安全生产联合执法机制,着力破解小企业、小单位、小作坊内部管理松散、非法违规现象普遍等安全生产难点问题,从源头上防控重特大生产安全事故发生。同时,当地安监部门要强化安全生产事故责任追究,对因安全生产工作责任不落实、事故防控措施不到位,发生人员伤亡火灾事故的,要按照“四不放过”的原则,从严追究单位负责人、责任人的法律责任。

八、潍坊市寿光市龙源食品有限公司“11.16”重大火灾事故

2014 年 11 月 16 日 18 时 36 分，位于潍坊市寿光市龙源镇的寿光市龙源食品有限公司（以下简称龙源公司）厂房发生重大火灾事故，共造成 18 人死亡，13 人受伤，4000 m^2 主厂房及主厂房内生产设备被损毁，直接经济损失 2666.2 万元。

事故发生后，党中央、国务院和省委、省政府高度重视，马凯副总理和杨晶、郭声琨、王勇国务委员批示要求，千方百计做好善后工作，救治伤员，安抚家属，安排好其他工人的生活，同时，举一反三，清理安全隐患。姜异康书记、郭树清省长分别作了重要批示，要求全力抢救伤员，妥善处理善后，尽快查清原因，分清责任，严肃问责，吸取教训，防范事故发生。郭树清省长等省领导和省公安、安监、卫生等部门连夜赶赴现场指导救援，并对做好事故抢险救治、舆论引导、事故调查等工作提出要求。公安部、国家安全监管总局也分别派员赶赴现场指导救援、督导事故调查、研究防范措施。

一、基本情况

（一）事故单位基本概况

龙源公司于 2003 年 6 月 11 日经寿光市工商局批准注册成立，位于寿光市化龙镇裴岭村，为 7 名自然人投资控股的民营企业，法定代表人裴某，注册资本 1060 万元。经营范围为蔬菜加工、储藏和进出口，主要从事胡萝卜的种植、清洗、包装和出口业务。企业现有固定员工 18 人，高峰期临时用工达 800 余人，固定资产 5000 余万元，年生产能力 5000 吨，2013 年实现销售收入 1 亿元。该企业于 2008 年 8 月 2 日取得寿光市卫生局核发的《食品卫生认可证》，2010 年 6 月 4 日取得潍坊市外贸局核发的《对外贸易经营者备案登记表》。

（二）北厂区建筑情况

1. 主厂区功能分区

该公司分南、北两个厂区。北厂区分为东、西两个院落，建于 2003 年。起火厂区为北厂区东院落。北厂区东院北侧自西向东为制冷机房、5 至 8 号恒温库、设备间和 11 号、12 号恒温库，南侧毗邻搭建一生产车间；院东侧自北向南为 13 号、14 号恒温库，14 号恒温库西侧自北向南为冰池和清洗车间，中间有隔扇，北侧与

生产车间相连；院西侧为15号恒温库，毗邻东侧为半敞开式的装柜车间，通过两个门洞与生产车间相连。北厂区西院北侧自西向东为1至4号恒温库，南侧毗邻搭建一生产车间，车间南侧有一冰池，车间东北角与东院生产车间相连；院东侧自北向南为9号、10号恒温库，东侧毗邻搭建一生产车间，与北生产车间相连；西侧为四层办公楼。

2. 北厂区厂房结构情况

恒温库为单层砖混结构，“人”字形屋顶。屋架为三角铁架梁，屋面为苇箴红瓦，屋顶下设内吊顶。吊顶和墙面均采用聚苯乙烯板内表面直接喷涂10 cm厚的聚氨酯泡沫，1.8 m以下的内墙面采用水泥抹灰。着火的8号恒温库面积为235 m^2。北厂区生产车间为单层钢屋架彩钢板搭建的简易车间，墙体是砖混结构，“人”字形屋顶，屋架为三角铁架梁，屋面为彩钢瓦（彩钢瓦中间材质为聚苯乙烯夹芯板，下表面贴铝箔纸），屋顶下设木龙骨和PVC内吊顶，总面积为4190 m^2。

3. 北厂区东院厂房安全出口及消防设施情况

东院厂房共有安全出口3个，分别是东院北生产车间南墙中部有一耳房，直接与车间相连，耳房南墙设置一个3 m宽安全出口直通室外，安全出口上方设置电动铝合金卷帘门；南部偏西位置有两个安全出口通过敞开式装柜车间直通室外。另外，东西两侧各设一个出口，东侧通往冰池，西侧通往西院的生产车间。北厂区（东院、西院）设有消防供水管网、消火栓和灭火器，北厂区共有室外消火栓4个，车间共有室内消火栓10个，消防泵1台，流量30 L/s，水池1个，储量约400 m^2。恒温库内设有应急照明灯，生产车间内无应急照明灯、疏散指示、安全出口指示标志。

4. 北厂区厂房配电情况

冷风机电源线路由东院西南角的主配电室引出，沿9号、10号恒温库东墙外侧上方由南向北明敷至东院西北角，接入东院西北角制冷机房内东墙配电柜，用三角铁支架支撑。照明线路、应急照明线路由东院西南角的主配电室引出，敷设走向、位置与冷风机电源线相同。8号恒温库冷风机电源线路由配电柜引出线路，共用一块电流表、一个断路器（德力西DZ47C63）、一个接触器（德力西CDC10—20）、一个热保护（电流调在22 A），用一根4 mm^2铜线引出，沿5至8号恒温库南墙外部上方自西向东明敷至8号恒温库门口西侧上方，套钢管穿墙引入室内，沿西墙保温层上方由南向北敷设至冷风机电动机处，电缆连接采用并联方式，依次连接四台轴流风机，每台轴流风机都留下3个接线头。该恒温库房电气线路安装敷设不符合《冷库设计规范》（GB 50072—2010），热保护设定超过标准值。恒温库存在未使用桥架、槽盒，线路老化等问题。

5. 生产工艺流程情况

该工艺流程主要有胡萝卜清洗、预冷（预冷池）、分级（加工车间）、包装（纸箱间）、入库储存（恒温库）。

（三）氨制冷系统情况

1. 制冷系统基本情况

事故企业使用氨制冷系统，系统主要包括：厂房东西两院中间制冷机房、8 号恒温库东侧制冷机房内制冷设备；15 个恒温库内冷风机；两组预冷池排管及供液管道和回汽管道。制冷设备包括：4 台活塞式制冷压缩机、2 台 2.25 m^3 的高压贮氨器、1 台蒸发式冷凝器、2 台立式冷凝器和 2 台 2.5 m^3、1 台 3.5 m^3 立式低压循环桶等。冷却设备包括：15 个恒温库的冷风机、两组预冷池的蒸发排管等。3 台立式低压循环桶通过氨泵和供液管道及回汽管道，分别向 15 个恒温库、两个预冷池供冷，形成相对独立的 2 个冷却系统。

2. 制冷系统在事故发生后的情况

2 个冷却系统中，15 个恒温库冷风机和供液、回气管道、两个预冷池排管及 4 根液氨管道无开放性破口，密封良好。事故发生后，共从氨制冷系统中导出液氨 5.26 吨。液氨储罐、制冷系统及库房在事故前未发生氨泄漏并参与燃烧和化学爆炸迹象。

（四）劳动用工情况

龙源公司缴纳社会养老保险的正式员工 18 人，其余工人均为散工，只在胡萝卜收获的季节上班，流动性较大，工资日结。

（五）特种设备管理及作业人员资质情况

龙源公司事故厂区共有压力容器（储氨器、立式冷凝器、氨油分离器、集油器、低压循环储液桶）10 台及压力管道，均未经正规设计、未经验收检验。公司特种作业人员有制冷工 3 名，其中 2 名有制冷作业操作证，1 名无制冷作业操作证；电工 2 名，其中 1 名有电工作业操作证，1 名无电工作业操作证。

（六）项目立项、建设及竣工验收等情况

经调查，该公司起火车间、恒温库建筑无审批手续。

二、事故发生经过、应急救援及善后处理情况

（一）事故发生经过

11 月 16 日 18 时 30 分左右，正值公司休息吃饭时间（企业夜班时间为 19 时），公司员工陆续进入北厂区工作，车间满员人数为 140 人，当日车间当班人数 129 人，流水线南北两侧各 60 余人，正在进行装箱作业，另有 1 名为不在本车间上班的本厂装卸工，事故发生时正在车间打开水。

11 月 16 日 18 时 36 分，龙源公司北厂区生产车间内流水生产线南侧装箱工姚某发现正对面的 8 号恒温库顶部起火，火势通过 8 号恒温库门迅速向车间蔓延，姚某立即向车间外跑并大声呼喊“着火了”。在车间内工作的员工迅速向东、西两侧逃生，随后火势蔓延至整个车间。逃出车间的员工迅速向企业负责人报告火情，企业组织员工利用厂区消火栓和灭火器进行灭火，并从冰池处营救员工，但火势未得到有效控制。

（二）应急救援及现场处置情况

18 时 41 分，寿光市公安消防大队接到报警后，第一时间调集力量赶赴现场处置。潍坊市、寿光市人民政府接到报告后，迅速启动应急预案，潍坊市、寿光市党政主要负责同志和其他负责同志立即赶赴现场，组织调动公安、消防、特警、卫生等有关部门和单位参加事故抢险救援和应急处置，先后调集消防官兵 160 余名、公安干警 150 余名、城管人员 100 名、化龙镇机关干部 50 名、企业专职消防员 20 名，出动消防车 27 辆、企业专职消防车 3 辆、医疗救护车 11 辆、工程车 11 辆，共同参与事故抢险救援和应急处置。在施救过程中，共组织开展了 21 次现场搜救，经排查确认事故发生时车间当班员工 129 人，99 人逃生，18 人死亡（1 名装卸工，事故时在车间打水），13 人受伤。火灾于当日 23 时 10 分被扑灭。

事故发生后，企业制冷工为防止制冷设备损坏、液氨泄漏，佩戴防毒面具进入制冷间，切断了制冷系统电源。事故现场灭火救援结束后，事故现场恒温库、冰池和氨管道仍存有液氨。由于部分管道过火后弯曲、塌落，火场高温使管道内液氨气化、压力升高（现场检测为 0.7 MPa，正常运行压力 0.2 MPa 以下）。调查组组织制冷专家和化工专家，制定了液氨回收处置方案，于 21 日 10 时开始回收处置制冷系统中的液氨，至 21 日 17 时 30 分，系统中液氨抽移完毕，共抽出液氨 5.26 吨，全部导出并运送至安全地点。22 日下午氨制冷系统中的氨气吸收完毕，并用水进行冲洗。

当地政府对残留现场的胡萝卜进行了无害化处理，并对事故现场反复消毒杀菌。

（三）善后处理情况

当地党委政府认真做好事故伤亡人员家属接待及安抚、遇难者身份确认和赔偿等工作，共成立18个包保安抚工作组，对18名遇难者家属实行包保帮扶，保持了社会稳定。截止12月29日，18名遇难者遗体已全部火化，遇难者家属全部离开寿光；13名伤者工伤补助全部发放到位，并全部康复出院。

三、事故原因和性质

（一）直接原因

龙源公司厂房非法建设，北厂区制冷系统供电线路敷设不规范、系统超负荷运转、线路老化，致使8号恒温库内，沿西墙敷设的冷风机供电线路接头处过热短路，引燃墙面聚氨酯泡沫保温材料。火焰烟雾从8号恒温库门蹿出后，引燃了库门上方的氨管道聚氨酯泡沫保温材料、加工车间吊顶及房顶彩钢板（中间填充物为聚苯乙烯夹芯板）和车间西侧的包装纸箱，火势迅速蔓延。

造成火势迅速蔓延的主要原因：一是恒温库和厂房大量使用聚氨酯泡沫保温材料和聚苯乙烯夹芯板（聚氨酯泡沫燃点低、燃烧速度极快，聚苯乙烯夹芯板燃烧的滴落物具有引燃性）。二是恒温库顶层为可燃物苇簾，车间吊顶采用可燃材料PVC。三是车间内有大量包装纸箱，可燃物较多。四是整个车间全部连通，火灾发生后，火势迅速蔓延至整个车间。

造成重大人员伤亡的主要原因：一是起火后，火势从起火部位迅速蔓延，聚氨酯泡沫塑料、聚苯乙烯泡沫塑料、PVC等材料大面积燃烧，产生高温有毒烟气。二是事故车间为非法建设，无土地、规划、建设等审批手续，厂房未经消防验收备案，车间内逃生通道不符合规定要求，火灾发生时人员无法及时逃生。三是龙源公司未对员工进行安全培训，未组织应急疏散演练，员工缺乏逃生自救互救知识和能力。

（二）间接原因

1. 龙源公司安全生产主体责任不落实

（1）着火厂房为非法建筑。该企业非法使用土地、非法建设厂房、未经消防验收擅自投入使用。

（2）存在严重消防安全隐患。着火厂房消防安全疏散通道不符合规定，缺少应急照明，厂房内电气线路老化、敷设不规范，钢结构车间未作防火处理，恒温库内大量使用非阻燃性聚氨酯泡沫和聚苯乙烯保温材料，顶层为可燃苇簾吊顶，车间内吊顶为可燃 PVC，车间内纸箱包装物等可燃物较多且占用疏散通道。

（3）安全管理混乱。企业消防安全制度和操作规程不健全，安全工作无专人负责，并因员工流动性大等原因，企业内部管理松散，安全生产和消防安全责任制未得到有效执行和落实。

（4）消防安全意识淡薄。未对员工进行消防安全培训，未组织开展疏散和逃生演练，员工缺乏消防安全知识和逃生自救能力。

2. 相关部门监督管理不力

（1）化龙镇派出所贯彻落实消防安全责任制不到位，未认真履行全镇消防安全监管工作的职责；把龙源公司作为“九小场所”进行管理，未将该企业作为劳动密集型农产品加工企业季节性大量临时用工的实际情况，及时上报寿光市消防大队予以重点监管；对龙源公司开展日常消防安全监督检查不到位，重处罚，轻整改，对检查发现的消防安全隐患督促整改不力；对劳动密集型企业组织开展消防演练、宣传教育不够。

（2）寿光市公安消防大队督促指导开展辖区内劳动密集型农产品加工企业火灾隐患排查治理工作不力，未督促龙源公司补办事故厂房相关消防法律手续并列为消防安全重点单位实施重点监管；未认真履行监管职责，对检查中发现龙源公司存在的安全隐患问题下达相关法律文书后，没有按规定予以复查落实，致使安全隐患没有进行整改消除；在指导化龙镇派出所开展日常消防监督检查工作方面不深入、不细致，双方沟通衔接不到位；未指导化龙镇派出所对龙源公司定期进行消防安全教育培训。

（3）寿光市农业局未认真履行农产品加工行业安全生产主管部门职责。未认真落实“管行业必须管安全”“管业务必须管安全”“管生产经营必须管安全”要求，对农业行业安全生产工作重视程度不够，未对龙源公司安全生产进行监督检查，安全生产教育督导不力、指导不到位。

（4）化龙镇安监所贯彻落实安全生产法律法规和上级部署要求不力，安全生产工作标准要求不高；日常监督检查不到位，安全生产隐患排查整治不细致，对检查中发现的龙源公司安全生产隐患跟踪督促整改、纠正制止不到位；对寿光市安监局 2013 年 8 月检查龙源公司时指出的安全隐患督促整改不力，未按要求上报整改情况。

(5) 寿光市安监局贯彻落实上级部署要求不到位，对2013年8月检查龙源公司时指出的安全隐患督促整改不力，综合协调农产品加工行业主管部门履行依法监管责任不力；督促指导化龙镇政府开展安全生产属地监管不到位。

(三) 事故性质

经调查认定，山东寿光市龙源食品有限公司“11·16”重大火灾事故是一起生产安全责任事故。

四、事故防范措施

(一) 牢固树立安全发展理念。潍坊市、寿光市要切实提高对安全生产极端重要性的认识，牢固树立安全发展理念，落实科学发展观、正确的政绩观，强化红线意识和底线思维，坚决防止和纠正一些地方、部门和单位重发展、轻安全的倾向。要坚持发展必须安全、不安全不发展，真正把安全生产纳入地区经济社会发展的总体布局中去谋划、去推进、去落实。潍坊市、寿光市各级各有关部门和各企业单位要深刻吸取事故沉痛教训，举一反三，下大力气加强安全生产尤其是消防安全工作。要严格落实“党政同责、一岗双责、齐抓共管”和“管行业必须管安全、管业务必须管安全、管生产经营必须管安全”的要求，加强各行业领域的安全监管，每个生产经营单位都必须明确一个监管部门，切实落实安全监管责任。各级党委、政府要定期研究分析安全生产形势，及时发现和解决存在的问题，坚决打击企业的非法违法建设生产经营行为，严防各类事故发生。

(二) 严格落实企业安全生产主体责任。各类生产经营单位，特别是中小企业、农产品加工企业、劳动密集企业，要学法、守法，坚决贯彻执行消防、国土、规划、建设和安全生产等方面的法律法规，依法依规组织生产经营建设活动。要真正落实企业安全生产法定代表人负责制和安全生产主体责任，建立完善安全管理体系，明确责任，完善各项规章制度，并落实到日常工作中。要坚决克服重效益、轻安全的思想，严格落实安全生产“三同时”制度，保证安全投入，加强安全教育培训和应急管理，加强应急预案编制和应急演练，提高员工应急逃生和应对处置事故灾难的能力。所有劳动密集型企业必须定期进行有针对性的应急逃生演练。

(三) 加强消防安全管理。潍坊市和寿光市人民政府及其有关部门要强化安全生产工作，切实做到安全设施“三同时”落实到位。要对本地区农产品加工企业、劳动密集型企业逐个进行排查，全部登记造册。对未经消防验收（备案）擅自投入生产的单位，一律依法从重处罚，一律依法强制整改。要落实基层的消防安全责任制，深入开展公众尤其是从业人员消防能力提升工作，加强人员密集场所的安全管理与监督，依法关闭取缔易引发火灾的“三合一”“多合一”厂点、作坊。强化消防安全日常管理，加大监督检查频次、力度，发现问题，采取断然措施，加以纠正，必要时可以依法采取停电等措施，强制违法单位停止违法行为。工商、食药、农业、商检等相关行政许可部门要加强与消防部门的沟通，在实施行政许可时，要对企业消防验收情况进行核实。

（四）强化工程项目建设的监管工作。潍坊市和寿光市政府及其有关部门，要监督所有建设工程的业主、设计单位、施工单位、监理单位严格遵守国家基本建设相关法律法规规定和程序，遵守建设管理流程，依法进行项目工程建设。工程建设领域相关监督管理部门要认真履行职责，依法依规行政，加强日常监管和行政执法，全面排查和解决工程建设领域的突出问题，严厉查处未批先建，无资质设计、施工、监理，以及非法转包分包、出借资质等违法违规行为。国土资源管理部门要严格土地执法监察工作，对非法违法用地实施“零容忍”，该强制执行的坚决强制执行，决不能“一罚了之”，确保整改措施落实到位。

（五）开展全省安全隐患大排查、大整治。集中时间，突出重点行业领域，开展全省安全隐患大排查、大整治工作。消防领域立即组织对火灾高危单位，进行一次消防安全大检查，大检查要突出农产品、食品、药品、鞋帽、纺织生产加工为主的劳动密集型企业、外来工集中企业、村办企业、民营企业和监管薄弱企业。对保温材料不符合防火要求、供电线路敷设不规范、安全出口设置不合理或堵塞、消防设施不符合要求的，一律责令停产整顿，并落实人员紧盯到底，杜绝“一查了之”，确保隐患整改到位，防止类似事故再次发生。

九、河南平顶山“5·25”特别重大火灾事故

2015 年 5 月 25 日 19 时 30 分许，河南省平顶山市鲁山县康乐园老年公寓发生特别重大火灾事故，造成 39 人死亡、6 人受伤，过火面积 745.8 m^2，直接经济损失 2064.5 万元。

事故发生后，党中央、国务院高度重视，习近平总书记、李克强总理立即作出重要指示批示，要求全力救治受伤人员，妥善做好遇难者善后和家属安抚工作，并查明事故原因，依法追究事故责任，全面排查各方面的安全隐患，坚决避免类似事故再次发生。张高丽、马凯副总理，杨晶、郭声琨、王勇国务委员也都作出重要批示。公安部、安全监管总局等立即派出工作组赶赴现场，传达贯彻落实党中央和国务院领导同志重要指示批示精神，指导地方做好事故救援和善后处理等工作。

一、基本情况

（一）事故单位情况

1. 单位概况

康乐园老年公寓位于河南省平顶山市鲁山县琴台街道办事处贾王庄村三里河转盘西南、紧邻南北向鲁平大道，法定代表人范某（鲁山县人，女，50 岁）。该老年公寓注册资金 50 万元，为民办养老机构。事故发生前有常住老人 130 人左右、工作人员 25 人（管理人员 7 人、护工 14 人、其他人员 4 人）。火灾发生时，不能自理区共住有 52 名老人、4 名护工。

2. 资质情况

康乐园老年公寓于 2010 年 12 月 14 日取得平顶山市民政局核发的《社会福利机构设置批准证书》，有效期限至 2013 年 12 月 14 日。业务范围主业为养老、托老，兼业为康复、医疗。

2012 年 11 月 20 日取得鲁山县民政局核发的《民办非企业单位登记证书》。

2014 年 1 月 1 日取得鲁山县民政局核发的《养老机构设立许可证》，有效期限至 2019 年 3 月 1 日。服务范围为老年人生活照料、康复护理、精神慰藉、文化娱乐等。

（二）主要建筑情况

1. 公寓整体布局

康乐园老年公寓占地面积 40 亩，建筑物总面积 2272 m^2，设有不能自理区 1 个（东西向单排建筑），半自理区 1 个、自理区 2 个（南北向建筑），另有办公室、厨房、餐厅等附属设施。不能自理区建筑为聚苯乙烯夹芯彩钢板房，其他区域建筑均为砖墙、夹芯彩钢板屋顶。所有建筑均为单层。

2. 起火建筑

起火建筑长 56.5 m、宽 13.2 m，建筑面积 745.8 m^2，2013 年 2 月建设，当年 7 月份安排不能自理老人入住。

（1）建筑内功能分区。建筑内设有 1.9 m 宽东西向走廊和 3.6 m 宽南北向走廊将建筑内部分为四个区域。共有 13 间各自相对隔离的房间，其中 8 间分女部（西侧 4 间）、男部（东侧 4 间），其余为 3 间库房、1 间监控室、1 间更衣间。

起火建筑设有 4 个安全出口，其中东西向走廊两端各设一个，南北向走廊两端各设一个，均可直通室外。

(2) 建筑结构。该建筑主体结构为钢架结构，柱为截面是 10.0 cm×10.0 cm 的空心方型钢；墙体为内外白镀锌板中间夹 7.0 cm 厚聚苯乙烯泡沫板，内、外镀锌板厚度均为 0.3 mm；人字形屋顶面板为外蓝内白镀锌板中间夹 7.5 cm 厚聚苯乙烯泡沫板，外镀锌板厚 0.4 mm，内镀锌板厚 0.3 mm；建筑内设有吊顶，吊顶棚面材质为白色塑料扣板，吊顶骨架为截面是 3.0 cm×3.0 cm 的木条。吊顶上方至屋顶空间整体贯通。

(3) 电路敷设。起火建筑内共设 4 个回路。主线由东至西沿东西向走廊的吊顶上方敷设，分南、北区各 2 个回路，分别供照明、插座、排气扇、冷暖风机和电视机插座。每个房间内均设有照明和电源插座。照明主线线径 6.0 mm^2，下灯线线径 4.0 mm^2，开关线线径 2.5 mm^2，均为铜芯线。

建筑南北外墙各敷设一条 4 股线径 10.0 mm^2 的铝芯电线用作空调专用线。

(4) 建设施工。起火建筑由鲁山县通达卷闸门彩钢瓦门店个体老板冯某承包施工，并提供夹芯彩钢板材料。经调查，冯某及鲁山县通达卷闸门彩钢瓦门店均未取得任何相关工程施工资质。

二、事故发生经过及应急救援情况

(一) 事故发生经过

5 月 25 日 19 时 30 分许，康乐园老年公寓不能自理区女护工赵某、龚某在起火建筑西门口外聊天，突然听到西北角屋内传出异常声响，两人迅速进屋，发现建筑内西墙处的立式空调以上墙面及顶棚区域已经着火燃烧。赵某立即大声呼喊救火并进入房间拉起西墙侧轮椅上的两位老人往室外跑，再次返回救人时，火势已大，自己被烧伤，龚某向外呼喊求助。由于大火燃烧迅猛，并产生大量有毒有害烟雾，老人不能自主行动，无法快速自救，导致重大人员伤亡、不能自理区全部烧毁。

不能自理区男护工石某、常某，马某，消防主管孔某和半自理区女护工石某某等听到呼喊求救后，先后到场施救，从起火建筑内救出 13 名老人，范某组织其他区域人员疏散。在此期间，范某、孔某发现起火后先后拨打 119 电话报警。

(二) 应急救援情况

19 时 34 分 04 秒，鲁山县消防大队接到报警后，迅速调集大队 5 辆消防车、20 名官兵赶赴现场，19 时 45 分消防车到达现场，起火建筑已处于猛烈燃烧状态，并发生部分坍塌。消防大队指挥员及时通知辖区两个企业专职消防队 2 辆水罐消防车、14 名队员到达火灾现场协助救援。现场成立 4 个灭火组压制火势、控制蔓延、掩护救人，2 个搜救组搜救被困人员。20 时 10 分现场火势得到控制，同时指挥员向平顶山市消防支队指挥中心报告火灾情况。20 时 20 分明火被扑灭。截至 5 月 26 日 6 时 10 分，指挥部先后组织 7 次对现场细致搜救，在确认搜救到人数与有关部门提供现场被困人数相吻合的情况下，结束现场救援。

（三）善后处理情况

火灾发生后，鲁山县委、县政府立即启动应急响应，组织公安、消防、民政、安全监管、医疗卫生等部门人员全力展开灭火、搜救、善后及维稳工作。医疗卫生部门共调派 27 辆救护车、14 个医疗单位，出动医务人员 81 人次。

地方党委、政府认真稳妥做好医疗救治、事故伤亡人员家属接待及安抚、遇难者身份确认和赔偿等工作。按照医疗救治、善后安抚两个“一对一”的要求，对遇难者家属、受伤人员及其家属分步骤进行心理疏导，全力开展善后工作，保持社会稳定。

三、事故原因和性质

（一）直接原因

老年公寓不能自理区西北角房间西墙及其对应吊顶内，给电视机供电的电器线路接触不良发热，高温引燃周围的电线绝缘层、聚苯乙烯泡沫、吊顶木龙骨等易燃可燃材料，造成火灾。

造成火势迅速蔓延和重大人员伤亡的主要原因是建筑物大量使用聚苯乙烯夹芯彩钢板（聚苯乙烯夹芯材料燃烧的滴落物具有引燃性），且吊顶空间整体贯通，加剧火势迅速蔓延并猛烈燃烧，导致整体建筑短时间内垮塌损毁，不能自理区老人无自主活动能力，无法及时自救造成重大人员伤亡。

（二）间接原因

1. 康乐园老年公寓违规建设运营，管理不规范，安全隐患长期存在

（1）违法违规建设、运营。康乐园老年公寓发生火灾建筑没有经过规划、立项、设计、审批、验收，使用无资质施工队；违规使用聚苯乙烯夹芯彩钢板、不合格电器电线；未按照国家强制性行业标准《老年人建筑设计规范》（JGJ 122—99）

要求在床头设置呼叫对讲系统，不能自理区配置护工不足。

(2) 日常管理不规范，消防安全防范意识淡薄。康乐园老年公寓日常管理不规范，没有建立相应的消防安全组织和消防制度，没有制定消防应急预案，没有组织员工进行应急演练和消防安全培训教育；员工对消防法律法规不熟悉、不掌握，消防安全知识匮乏。

2. 相关部门监督管理不力

(1) 鲁山县民政局日常监管不到位，违规审批许可。一是日常安全监管不到位。鲁山县民政局每半年对康乐园老年公寓检查一次，从未发现其使用违规彩钢板扩建经营、安全组织管理缺失等问题。二是违规审批许可。2010 年 11 月，鲁山县民政局在康乐园老年公寓未提供建设、消防、卫生防疫等部门的验收报告和审查意见书原件的情况下，不严格履行审批程序，违规通过了康乐园老年公寓审查，并将该审查材料报送平顶山市民政局。2013 年 12 月，鲁山县民政局未按照相关审批程序和安全排查规定，违规给康乐园老年公寓换发了许可证。

(2) 平顶山市民政局违规批准康乐园老年公寓设置，贯彻落实法规政策不到位。一是违规批准康乐园老年公寓设置。2010 年 12 月，未按照审批程序审查康乐园老年公寓证照原件，违规向其颁发批准证书。二是安全监管工作指导督促不到位。2013 年以来组织开展的多次社会福利机构及养老机构安全检查中，重部署通知，轻检查落实，指导督促不到位，没有发现康乐园老年公寓存在的安全隐患并督促其整改。

(3) 鲁山县公安局董周派出所落实消防法规政策不到位，消防日常监管不力。没有认真贯彻执行消防安全重点单位界定标准要求，未准确上报康乐园老年公寓相关信息，导致鲁山县公安消防大队将应定为二级消防安全重点单位管理的康乐园老年公寓错定为三级管理。没有认真履行消防日常监管职责，没有扎实开展针对养老院的消防安全专项整治活动，未能及时发现和纠正康乐园老年公寓违规彩钢板建筑物的消防安全隐患。

(4) 鲁山县公安消防大队执行消防法规政策不严格，日常监管有漏洞。一是未严格执行《平顶山市消防安全重点单位界定标准》，错将二级消防安全重点管理单位康乐园老年公寓列为三级管理；对鲁山县公安局董周派出所日常消防监督检查、培训指导不到位。二是对康乐园老年公寓消防监督检查缺失。自康乐园老年公寓注册以来，鲁山县公安消防大队从未对其进行过检查，对康乐园老年公寓的有关信息掌握不准，底数不清。三是消防安全专项治理行动不扎实，没有及时排查出康乐园老年公寓存在的重大消防安全隐患。

（三）事故性质

经调查认定，河南平顶山“5·25”特别重大火灾事故是一起生产安全责任事故。

四、防范措施

（一）落实企业主体责任和政府部门安全监管责任。河南省和平顶山市要深刻吸取事故教训，牢固树立安全发展理念，始终坚守“发展决不能以牺牲人的生命为代价”这条红线，建立健全“党政同责、一岗双责、齐抓共管”的安全生产责任体系，落实属地监管，实现责任体系“五级五覆盖”。

要规范行业管理部门的安全监管职责，特别是涉及多个部门监管的行业领域，按照“管行业必须管安全”的要求，明确、细化安全监管职责分工，消除责任死角和盲区。

要督促企业落实安全生产主体责任，做到安全责任到位、安全投入到位、安全培训到位、安全管理到位、应急救援到位。

（二）加强养老机构安全管理。河南省各级民政部门要落实《老年人权益保障法》等法律法规要求，指导养老机构建立健全安全、消防等规章制度，做好老年人安全保障工作。要按照实施许可权限，建立养老机构评估制度，加强对养老机构的监督检查，及时纠正养老机构管理中的违法违规行为。民政部门支配的福彩公益金补助民政服务机构建设项目，要优先支持安全设施建设。养老机构因变更或终止等原因暂停、终止服务的，民政部门应当督促养老机构制定实施老年人安置方案，并及时为其妥善安置老年人提供帮助。

（三）加大对民办养老机构的政策扶持。河南省要针对社会养老需求及现状，加强对民办养老服务业发展状况的调查研究，完善养老机构管理法规，保障养老机构健康发展、安全发展。针对制约民办养老机构发展的用地难、融资难、税费减免难、用工难、医养结合难及安全管理薄弱等突出问题，要认真研究，制定切实可行的政策制度，规范民办养老机构安全管理标准化建设、提升安全管理水平。加强养老机构设立许可办法和管理办法等法规的宣传培训，督促指导民办等各类养老机构依法依规建设、管理。

（四）加强消防安全日常监督检查。河南省各级公安消防部门要依法履行对消防重点单位日常监督检查职责，切实加强日常监督检查工作，尤其对幼儿园、学校、养老院等人员密集场所的消防安全隐患排查，要严格做到全覆盖、零容忍。严肃查处消防设计审核、消防验收和消防安全检查不合格的单位，提请政府坚决拆除违规易燃建筑，推动消防安全主体责任严格落实。

县级公安机关要加强对消防大队和公安派出所的组织领导和统筹协调，确保消防安全工作无缝衔接。加强对派出所等一线民警消防法规和业务知识的培训，切实提高发现隐患、消除隐患的能力和水平。

（五）严格养老机构等人员密集场所的消防安全整治。河南省各地区要定期组织开展对养老机构等人员密集场所的安全隐患排查，对违规使用聚苯乙烯、聚氨酯等保温隔热材料、建筑达不到耐火等级要求的，要严格按照《建筑设计防火规范》（GB 50016—2014）、《养老设施建筑设计规范》（GB 50867—2013）等国家标准，限期整改，确保建筑符合防火安全规定；对防火、用电等管理制度不健全、不符合规范的，无应急预案、应急演练不落实的，许可审批手续不全的，要坚决予以整改。各类养老机构等人员密集场所要强化法律意识，制定突发事件应急预案，切实落实安全管理主体责任。

（六）进一步加大对违法违规经营和失职渎职行为的查处力度。各地区要认真贯彻落实《国务院办公厅关于加强安全生产监管执法的通知》（国办发〔2015〕20号）的相关要求，建立安全生产监管执法机构与公安机关和检察机关安全生产案情通报机制，建立事故整改措施落实情况评估制度，认真组织评估工作，依法从严查处违法违规经营和失职渎职行为，落实“事故原因未查清不放过，事故责任人未受到处理不放过，事故责任人和相关人员没有受到教育不放过，未采取防范措施不放过”，切实吸取事故教训，筑牢安全防线。

十、郑州市金水区西关虎屯新区“6·25”重大火灾事故

2015年6月25日2时45分许，郑州市金水区西关虎屯新区4号楼2单元1层楼梯间发生火灾，造成15人死亡、2人受伤，过火面积4 m²，直接经济损失996.8万元。

事故发生后，省长谢伏瞻、副省长李亚、张维宁等分别做出重要批示，要求全力抢救受伤人员，妥善处理善后事宜，查清事故原因，严肃追究相关责任人员的责任。

一、基本情况

（一）西关虎屯新区情况

1. 新区概况

西关虎屯新区位于郑州市金水区经三路以西、东风路以南，东邻金成国际广

场，西邻河畔人家小区。小区共有楼房5栋，砖混结构，总建筑面积38000 m^2，由北向南依次为1至5号楼，均为7层单元式住宅。每栋建筑均含4个单元，由东向西依次为1至4单元。小区设南、北2个出入口，北侧出入口为人员和车辆出入主通道。小区内设有室外消火栓2个。起火建筑为4号楼。

2. 建设工程行政许可办理情况

1996年8月，金水区关虎屯村委会获得郑州市城市规划管理局颁发的《建设用地规划许可证》。1997年6月，金水区关虎屯第三村民组获得金水区城建环保局颁发的《建设工程规划许可证》，郑州金成房地产有限公司获得金水区城建环保局颁发的《建设工程规划许可证》。1998年5月，郑州市人民政府作出《关于郑州金成房地产有限公司申请办理土地使用权出让的批复》，同意办理该公司使用原金水区关虎屯第三村民组国有土地（建设用地）24953.2 m^2（37.43亩）的出让用地手续。1998年6月，金水区关虎屯第三村民组获得郑州市土地管理局颁发的《国有土地使用证》。

3. 楼院管理情况

西关虎屯新区为关虎屯村第三村民组自用村民住宅小区，隶属关虎屯村委会，公共秩序维护由村委会治安巡逻员负责，清扫保洁由村民组聘请人员负责。第三村民组属村民自治组织，实行自我服务、自我管理，财务独立核算。村民组副组长实行聘用制，张某负责维护用户水电工作，楚某宝负责安全生产、消防、卫生、民事调解工作。小区电费由村民自行缴纳，保洁、垃圾清运、公共用水用电及村民用水等，从集体收入中支付。

4. 消防安全管理情况

西关虎屯新区日常消防安全工作由关虎屯村村民委员会第三村民组具体实施。村民组为每户村民配发两具4 kg干粉灭火器，并发放消防安全宣传资料，每年对灭火器进行一次维护保养。小区住宅楼道内乱存乱放杂物、电动自行车充电等现象比较普遍，车辆随意在道路停放，长期占用消防通道。

5. 供电及用电情况

(1) 供电情况。该小区由国网郑州供电公司110千伏农科变电站10千伏出线“科11板”供电，对该小区居民供电的10 kV变压器共有2台，1号楼、2号楼、3号楼使用“金城公司1#”变压器供电，4号楼、5号楼使用“金城房地产宿7#”变压器供电。其中“金城房地产宿7#”变压器型号为S9—315 kVA，出2条集束导线分别向4号楼、5号楼供电，集束导线型号为JKLYJ—1—4×70。4号楼2单元接户线为单回路四根 BV—25 导线，由 1 至 2 层转角平台外墙通过针刺线夹“T 接”进入楼内，分 14 个回路通过瓷插式熔断器接入电表（型号 DDZY188—Z），电表出线端接有 DZ47—60 空气开关（另有 2 户分别为 DZ47—63、DZ47—100），空气开关出线汇集后经套管穿过楼板孔洞进入 1 层，在 1 层用户接线箱内与每户原有线路接通。小区楼梯间照明、路灯照明、网通基站等统一由现用电户名为“郑州市金水区柳林镇关虎屯村第三村民组”的三相动力表供电，此电表安装在 5 号楼西墙表箱内。楼梯间照明供电线路沿墙架空敷设，在 4 号楼 2 单元门洞东侧穿墙，穿管沿内墙接入 1 层用户接线箱内。接线箱内相线采取绞接，中性线 8 路通过接线端子排连接，7 路绞接，接地线通过接线端子排连接。

(2) 居民照明用电建设单位及建设情况。河南建筑工程公司七分公司，负责人吴某明，注册登记日期 1999 年 3 月，经营范围水电房屋维修、建筑材料、机械设备租赁。2011 年 7 月该公司注销。

郑州东城建筑工程配套有限公司，原名郑州市城乡建筑配套公司，2001 年 12 月更名，公司法人徐某辰，经营范围房屋建筑工程施工总承包壹级。邢某为该公司项目经理。

该小区新建时实行总表供电，4 号楼用户电表集中装设在楼梯间 1 层入口处，表箱嵌入 1 层入口东侧墙上。2000 年 12 月，邢某以河南建筑工程公司七分公司第五项目部的名义与西关虎屯第三村民组签订了一户一表改造合同，自 2001 年 2 月至 2002 年 8 月，分 4 次以郑州市城乡建筑配套公司的名义收到一户一表工程款 685800 元。2002 年 6 月 20 日原郑州市电业局东区分局受理了西关虎屯新区 280 户居民的一户一表照明用电申请，7 月 6 日检验合格，10 月 10 日装表送电。新装设的表箱位于楼梯间 1 至 2 层转角平台墙上，原电表箱废弃空置，原电表箱下部用户接线箱仍在使用，原电表箱与用户接线箱之间隔板内侧留有宽 7 cm 的间隙。原有的每幢住宅楼总电源进线空气开关废弃。

(3) 电工管理情况。该小区日常用电管理由村民组聘用的电工负责。楚某伟 1993 年至 2003 年初任第三村民组电工，2003 年至今徐某峰任西关虎屯新区电工。1999 年，薛某旺（2013 年 12 月 26 日取得特种行业操作证，作业类别为低压电工作业，有效期至 2019 年 12 月 26 日）以郑州中牟官渡电气化工程有限公司名义与第三村民组组长燕某东签订日常维修合同，负责西关虎屯新区用电维修，小区电气方面出现问题，由小区电工联系其到场维修。

该小区配电线路未装设短路保护和过负荷保护，违反了《低压配电设计规范》（GB 50054—95）和《低压配电设计规范》（GB 50054—2011）相关规定；每幢住宅的总电源进线未设剩余电流动作保护或剩余电流动作报警，每套住宅进户线截面均为 4 mm² 铜质导线，违反了《住宅设计规范》（GB 50096—1999）和《住宅设计规范》（GB 50096—2011）相关规定；该小区用户接线箱内布线混乱，导线绞接现象普遍，部分接线端子采用热熔塑料制品，部分导线连接未采用端子排或汇流排，违反了《建筑电气工程施工质量验收规范》（GB 50303—2002）有关规定。

（二）房屋租赁及住宿情况

火灾遇难及受伤人员为郑州大浪淘沙时尚酒店有限公司员工，租住房屋为 4 号楼 2 单元 7 层西户，房主张某枝。2013 年 11 月 4 日，张某枝与郑州大浪淘沙时尚酒店有限公司签订《房屋租赁合同》，2015 年 3 月 1 日续租一年。该户建筑面积约 120 m²，户型为 3 室 2 厅 1 厨 1 卫。现该房屋除卫生间外，其余房间用作集体宿舍，常住人员 19 名。火灾发生时，共有 17 人居住。

（三）大浪淘沙时尚酒店相关情况

大浪淘沙时尚酒店位于郑州市农科路与政七街交叉口，法定代表人郭某良，现已撤资，实际控制人为郑某杰。酒店总经理刘某负责日常管理，下设保安部、质检部、人力资源部等。人员招聘和培训由人力资源部负责，消防培训和演习由保安部负责，员工宿舍安全、消防、卫生等检查由质检部负责。酒店制定有消防安全教育培训、疏散演练等制度。分别于 2014 年 5 月 12 日、9 月 21 日、11 月 17 日和 2015 年 1 月 12 日、3 月 16 日对员工进行了灭火救火、疏散逃生演练和消防安全培训，2015 年 3 月郑州市消防支队在大浪淘沙时尚酒店组织一次消防知识培训。2014 年至今，16 名伤亡人员中 11 人参加了培训。酒店对新上岗员工采取发放消防知识手册、部门培训方式进行消防培训。

二、事故发生经过、应急救援及善后处理情况

（一）事故发生经过

2015 年 6 月 25 日 2 时 47 分许，金水区西关虎新区 4 号楼 2 单元一层楼梯间用户接线箱内起火冒烟，2 时 48 分接线箱内出现火苗并报警，火苗引燃箱内存放的纸张，火势通过接线箱上方间隙，燃着了原电表箱内存放的可燃物，烟气、火势从箱体缝隙和孔洞突破，向上作用于 1 至 2 层转角平台孔洞处导线束，引燃烧毁绝缘皮，导致线路短路、熔断；向外作用于箱下方可燃物。同时，导线束短路喷溅的熔珠和燃烧掉落的绝缘层引燃下方可燃物，楼梯间内放置的电动自行车、自行车、座

椅等被引燃后产生大量高温有毒烟气，沿楼梯间向上蔓延。7层西户集体宿舍居住人员获知火情后，在着火过程中相继逃出房间，1人烧伤后逃出楼栋，16人未能逃离起火建筑。事故造成15人死亡，2人受伤。

（二）应急救援情况

6月25日2时50分12秒，郑州市119指挥中心接到报警后，先后调集特勤二中队、经五路中队共8辆消防车40名官兵到场处置。3时8分，特勤二中队到达现场，发现4号楼2单元1层楼梯间用户接线箱、电动自行车及其他物品等正在燃烧。由于消防通道被占用，消防车无法进入小区，救援人员铺设140 m水带灭火时，发现用户接线箱线路带电伴有打火现象，随即改用点射扑救，并组织现场警戒保护。3时18分，明火被扑灭，搜救组逐层搜救被困人员。郑州消防支队全勤指挥部到达现场后，将官兵编为7个搜救组，先后在楼梯间1层搜救出1人，在1层至2层楼梯转角平台处搜救出7人，在2层至3层楼梯转角平台处搜救出4人，在4层至5层楼梯转角平台处搜救出2人，在6层至7层楼梯处搜救出1人，在7层屋面平台搜救出1人，共搜救出16名被困人员，由120急救车送往医院救治。

（二）善后处理情况

火灾发生后，金水区区委、区政府和郑州市委、市政府迅速启动应急预案，组织开展救治处置工作。省政府副省长李亚、公安部消防局、省安全监管局、省消防总队有关负责同志先后赶赴现场指导火灾扑救和善后处理。

三、事故原因分析和性质认定

（一）直接原因

4号楼2单元1层楼梯间用户接线箱内电气线路单相接地短路，引燃箱内存放的纸张等可燃物，是事故发生的直接原因。

（二）间接原因

1. 用电安全管理混乱

郑州东城建筑工程配套有限公司项目经理邢某在居民照明用电工程改造中，对原有的每幢住宅楼总电源进线空气开关废弃不用，新改造工程没有按规定装设短路保护和过负荷保护，电气线路发生单相接地短路时不能有效切断电源；用户接线箱内布线混乱，导线绞接现象普遍，部分接线端子采用热熔塑料制品。

2. 楼道内存放大量可燃物品

居民照明用电工程改造后，原电表箱未拆除，且与用户接线箱均未加锁具保护，用户接线箱与原电表箱内存放纸张、电动自行车充电器、雨伞、鱼篓、渔具袋、马扎等可燃物；楼梯间一层放有自行车、电动自行车、转椅、金属椅、折叠椅、马扎等物品，起火后释放大量高温有毒烟气，烟气沿楼梯间迅速蔓延，形成“烟囱效应”，人员无法安全逃生。

3. 逃生自救措施不当

大浪淘沙时尚酒店租住在起火单元 7 层西户的员工获知火情后，在不明火情情况下盲目逃生，强行穿越充满高温有毒烟气的楼梯间，15 人死伤于建筑楼梯间内。

4. 西关虎屯村开展防火检查巡查工作不力

西关虎屯村民委员会未按规定组织制定村民防火公约，组织开展防火检查巡查工作不力，检查中未能及时排查清理楼道内杂物和长期占用消防通道等安全隐患。

5. 电力部门用电安全管理不到位

原郑州市电业局东区分局农电管理所在受理西关虎屯新区客户用电申请后，未经分局主管领导审批就完成装表业务办理。东区分局对其下属的农电所违规批准和办理关虎屯三组申请装表业务监督管理不力。

原郑州市电业局配电工程处履行工作职责不到位，在关虎屯三组一户一表改造工程中，没有按照一户一表工程管理规范进行接火送电管理和验收。

原郑州市电业局用电处作为配电工程处和东区分局的业务领导部门，对配电工程处和东区分局工作督导不到位。

原郑州市电业局城网建设改造工程领导小组办公室贯彻落实国家、省、市电力部门一户一表改造工程有关规定不严格，对所属部门工作督导不到位。

6. 公安、消防部门履行消防安全监管职责不到位

郑州市公安局文化路分局贯彻落实公安部《消防监督检查规定》、《河南省消防条例》、河南省公安派出所《消防监督工作规定》不到位，督促和指导村（居）民委员会落实消防安全措施、开展日常消防监督检查不力。

金水区消防大队贯彻落实《河南省消防条例》不到位，对消防法律、法规执行情况监督检查不力，落实保消、巡消工作和督促火灾隐患整改不到位；组织民警进行消防监督业务培训不到位；对文化路公安分局开展日常消防监督检查工作不到位问题失察。

7. 金水区文化路街道办事处履行消防安全职责不到位

文化路街道办事处督促指导西关虎屯社区按规定组织制定村民防火公约、开展防火检查巡查工作不力，未能发现并督促西关虎屯村民委员会排查清理楼道内杂物和长期占用消防通道等消防安全隐患。

（三）事故性质

经调查认定，郑州市金水区西关虎屯新区“6·25”重大火灾事故是一起责任事故。

四、事故防范措施

（一）认真落实政府部门消防安全责任。郑州市和金水区要深刻吸取事故教训，切实落实“政府统一领导、部门依法监管、单位全面负责、群众积极参与”的消防工作机制，加强属地监管，建立健全政府牵头、部门参与的消防联席会议制度，组织消防专项治理。要明确安全用电政府行业主管部门，督促落实行业监管职责，严格实行消防安全“一岗双责”，按照“谁主管、谁负责”的原则，督促各部门在各自职责范围内依法做好消防工作。要组织开展检查，督促各类企业、居民小区落实主体责任，做到措施到位、责任到位、宣传到位、管理到位、应急演练到位。

（二）加强对消防安全工作的监督和指导。郑州市各级公安消防部门要依法履行消防安全监督检查职责，加强对公安派出所和乡镇（街道办事处）消防监督检查工作的指导，加强对民警和乡镇消防安全人员消防业务知识培训和指导，积极推进基层消防监督执法工作。派出所要加强对村（居）委员会、物业公司落实消防安全措施、开展日常消防监督检查工作的监督和指导，及时发现、及时消除消防安全隐患。要组织指导乡村两级，深入城乡社区、街道、企事业单位、人员密集场所开展消防知识宣传，加大社会面消防宣传培训力度，增强消防宣传实效。

（三）发挥网格管理优势，加强日常监督检查。要把网格化消防工作纳入社会管理长效机制和社会治安综合治理，健全网格化管理组织，对消防网格化管理工作实行目标管理、督导考核、落实奖惩。要组织城中村、居民楼院消防安全检查活动，对城中村违规留宿人员、乱用火源电源、堵塞安全出口，以及在出租屋门厅、楼梯间存放电动车充电、堆放可燃物等突出问题进行严格治理。同时，加大对社区、城中村、回迁小区、安置房消防安全工作的人力、财力、物力投入，加大消防队伍建设、基础设施建设和常用器材配备力度。

（四）加强住宅楼电气设施建设、维护和管理。住宅楼电气设施产权所有者以及设计、施工、监理、验收等单位，要严格按照《住宅设计规范》、《建筑电气工程施工质量验收规范》和《民用建筑电气设计规范》，落实“在每幢住宅的总电源进线端设置剩余电流动作保护或剩余电流动作报警装置”的要求。郑州市电力公司要组织有关人员，指导各用电单位对现有居民住宅楼，特别是老旧住宅楼的电气设施进行检查维护，及时发现并消除隐患；要对一户一表等改造工程中废弃、半废弃或局部转为其他功能的配电箱、计量箱、接线箱等电气设施，进行拆除、封堵或锁闭，防止违规占用；要按照国家规范加强对新建住宅楼一户一表工程电气设施设计审核和施工、安装的验收。

（五）开展居民住宅安全用电专题调研。针对当前居民住宅电气设施维护和管理缺失的现状，建议省政府组织相关部门对居民住宅供电、用电情况进行专题调研，明确用电安全监督管理主体，研究解决影响城乡居民用电安全的突出问题。

十一、威县中华大街临街门市“6·22”火灾事故

2016年6月22日16时11分许，位于威县中华大街临街门市石家庄和记永和餐饮管理有限公司威县分公司和威县翟威快餐店连接处的西侧外墙上和记永和豆浆的电表箱处突然发生电气打火，引发火灾。该起火灾造成石家庄和记永和餐饮管理有限公司威县分公司、威县翟威快餐店、优谷稻快餐店三家门市不同程度过火烧损，过火建筑面积1319平方米，烧毁餐具、家具、食材、电器、装修等物品，造成4人死亡，直接经济损失709087元。

一、基本情况

（一）事故责任单位概况

1. 石家庄和记永和餐饮管理有限公司威县分公司（以下称和记永和豆浆）

该店为股份制经营，庞某军占80%股份、路某保占10%、刘某强占10%（技术股）。负责人庞某军，店长路某保。经营场所为租赁房屋。该房屋始建于2006年，2012年建成地上二层砖混结构，建筑面积622.64平方米，房主为戚某君。2012年庞某军租赁该房屋从事餐饮经营。办理了工商营业执照、食品经营许可证。

（二）事故过火单位概况

1. 威县翟威快餐店（以下称新合家欢）

该餐饮店是邢台新合家欢粥屋的加盟店。2015年1月，申某、翟某夫妇赁房屋

经营，办理了工商、税务、餐饮许可证。所租房屋系张某庆所有，该房屋建于1997年，地上三层砖混结构，其中三层房屋带有晒台建筑面积427.76平方米。

2. 优谷稻快餐店（以下称优谷稻）

该店由孙某波、杜某涛和刘某共同投资，孙某波负责经营。2016年4月20日，孙某波办理了工商、税务、食品安全证，开始租赁房屋经营。优谷稻所租房屋系朱某申的有，该房屋建于2006年，地上二层砖混结构，建筑面积801.52平方米。

二、事故发生经过和应急救援情况

（一）事故发生经过

2016年6月22日16时11分许，威县中华大街和记永和豆浆与新合家欢粥屋连接处的西侧外墙上和记永和豆浆的电表箱处突然发生电气打火，迸溅出大量电火花并伴有黑烟，被扑灭后又发生多次打火，随后，电表箱处起火燃烧，引燃紧靠悬挂在一楼和二楼之间的门头牌匾，火势迅速向南北两侧蔓延至新合家欢和优谷稻。

当时和记永和豆浆店长路某保和股东刘某强等人正在二楼宿舍休息，路某保接到一楼收银员关于西侧外墙电气打火通知之后，刘某强看到屋内灯泡一闪一闪的，两人先后下楼。16时17分31秒，和记永和豆浆负责人路某保从正门走出，看到电表起火后立即进入店内拿灭火器进行灭火，将火势基本扑灭；16时18分30秒，电表处再次打火，周围群众用灭火器进行扑救，在扑救期间，可见电表箱处仍在继续打火；16时21分12秒，电表处仍在继续打火，电表上部门头广告处有着火物掉落于空调外机上部，并逐步引燃了周围可燃物，火势蔓延；16时22分23秒，电表上方连接电线烧断，负荷端掉落至地面；16时29分48秒，监控摄像头失去画面。路某保看火已无法扑灭，服务员告知他二楼还有人未出来后，他打电话给二楼被困厨师张某帅让其想办法赶紧跑出来，但火势已经很大了。期间刘某强报了火警。

（二）应急救援情况

6月22日16时18分54秒，威县公安消防中队接到群众报警，称位于威县中华大街和记和记永和豆浆门市发生火灾，中队立即出动两部水罐消防车、一部泡沫水罐消防车、一部抢险救援车，22名官兵赶赴现场。出警途中联系支队指挥中心请求增援，支队指挥中心迅速调派广宗、平乡、临西、清河4个中队赶赴现场增援。

16时29分，威县中队到达现场立即开展侦查，经询问知情人得知有人员被困，随后迅速搜救被困人员并展开灭火战斗。支队全勤指挥部到达现场后，组织各参战中队继续搜救和灭火工作，搜救人员在和记永和豆浆二层北排最东侧雅间内陆续救出4名被困人员。4名被困人员被紧急送往威县人民医院进行抢救，经抢救无效死亡。20时40分，火势被彻底扑灭。

三、事故原因和性质

（一）直接原因

和记永和豆浆计费的电能表接线端子处电气故障引发火灾是起火原因；火灾发生后，引燃了紧临电线表箱及悬挂在一楼和二楼之间的门头牌匾，火势迅速向南北两侧蔓延是造成火势迅速蔓延的主要原因；火灾发生后，和记永和豆浆未及时组织人员疏散逃生是造成人员死亡的主要原因。

（二）间接原因

1. 和记永和豆浆消防安全设施不达标

二层的四个雅间改建为员工宿舍，住宿部分与非住宿部分未进行防火分隔、住宿部分未设置独立疏散设施，不符合《住宿与生产储存经营合用场所消防安全技术要求》（GA703—2007）的第4.3条："除4.2以外的其他合用场所，当执行4.2规定有困难时，应符合下列规定：

（1）住宿与非住宿部分应设置火灾自动报警系统或独立式感烟火灾探测报警器。

（2）住宿与非住宿部分之间应进行防火分隔；当无法分隔时，合用场所应设置自动喷水灭火系统或自动喷水局部应用系统。

（3）住宿与非住宿部分应设置独立的疏散设施；当确有困难时，应设置独立的辅助疏散设施"之规定。

2. 和记永和豆浆消防主体责任落实不到位

未严格落实河北省消防安全"四个能力"建设标准，未按照《中华人民共和国消防法》履行消防安全职责，未建立消防安全责任制，未对员工进行消防安全培训，未制定灭火和应急疏散预案并进行有针对性的消防演练。

3. 威县供电分公司管理不到位

在2016年3月份实施智能表更换项目中，未严格落实《国网河北省电力公司智能表推广应用及配套项目管理实施细则（试行）》要求，更换智能表后未做到逐块自检。

4. 威县洺州镇政府监管管理责任落实不到位

根据公安部《关于街道乡镇推行消防安全网格化管理的指导意见》（〔2012〕28号），该镇推行了消防网格化三级管理，但存在消防网格化管理和消防隐患排查工作不到位，排查及隐患整改未能实现全覆盖，排查工作流于形式，不深入的问题

5. 相关监管部门衔接不够

县公安部门依据《消防法》制定了《关于明确消防监督管辖范围的通知》。派出所在落实《河北省公安派出所消防监督管理规定》的规定职责中提出了一些意见和要求，但存在企业落实不及时的问题。

威县城市管理和执法局存有督促安全隐患整改不到位的问题。城管大队中华大街中队在对辖区内户外广告牌的设置情况检查时，发现供电公司更换的电表与广告牌的设置距离高度不够问题后，未向商户下达整改建议。县城管大队发现该问题后向供电公司下达通知，但没有答复。各部门衔接不够，导致在监督过程中，生产经营单位擅自违规经营。

（三）事故性质

该事故是一起因企业主体责任落实不到位引发的较大生产经营性火灾责任事故。

四、事故防范措施建议

（一）要进一步加强对消防工作的领导，明确监管职责。威县政府按照《中华人民共和国消防法》等法律法规要求，加强对消防工作的领导，要切实落实消防工作责任制，督促各相关部门落实消防监管职责，将消防安全网格化管理工作落到实处。

（二）要进一步加强对消防安全的监管，履行部门职责。公安、消防等部门要切实履行消防安全监管职责，加强协调沟通，形成执法合力，督促辖区内各类生产经营单位落实消防安全主体责任，全面排查小餐饮、小商店等“九小”场所消防安全隐患，及时整改到位。

（三）要切实落实“属地管理”消防监管责任。乡镇、街道和村（社区）等单位要严格落实市、县政府有关消防安全生产工作部署，深刻吸取“6.22”事故教

训，对辖区内小饭店、小商店等公众聚集场所开展常态化消防安全隐患排查治理，严格落实消防安全网格化管理工作要求，切实落实消防安全“属地管理”监管责任。

（四）要切实落实企业消防安全主体责任。生产经营单位要强化安全意识，落实企业消防安全主体责任，建立健全以消防安全责任制为核心的各项安全规章制度，全面细致排查各类隐患，并及时消除隐患。加强对职工消防安全知识教育培训，增强职工的消防安全意识，制定应急预案，加强应急演练，提高员工的应急疏散逃生能力。

（五）供电企业严格安全主体责任。供电企业要严格落实《消防法》、《电力法》、《安全生产法》等法律法规，严格执行公司各项安全规章制度，履行企业安全主体责任，加强对本单位电力施工项目和供电设施及线路的安全管理，排查隐患，及时整改，确保安全。

十二、东莞市大朗镇“8·14”较大火灾事故

2016年8月14日4时51分许，东莞市大朗镇巷头社区富康北路4巷15号一出租屋（局部工商登记为东莞大朗宏贸针织时装厂）发生一起较大火灾事故，过火面积约150平方米，火灾烧损部分建筑结构、生产设备、半成品、成品及物品一批，造成9人死亡、2人重伤，直接经济损失8650090.27元（直接财产损失982560元，善后费用7667530.27元）。

事故发生后，省委常委、常务副省长徐少华，副省长李春生、袁宝成作出专门批示。省公安厅党委副书记、常务副厅长李庆雄，省消防总队政委陈国祥，省安监局副局长周永庆，市委书记吕业升，市委副书记、市长梁维东等省市领导亲临现场指导。市人民政府迅速召开现场会，成立六个工作小组，全力做好事故处置工作。

一、基本情况

（一）起火建筑基本情况

起火建筑位于东莞市大朗镇巷头社区富康北路4巷15号一出租屋（备案号：HB04110300742），由陈某伦于2001年12月向大朗镇政府申办报建手续并经同意后建设（报建编号为C200108169），符合当地土地利用总体规划，地类为村庄建设用地，未办理用地手续。2010年2月，陈某叨从陈某伦手中购买该出租屋（已在巷头社区备案），并继续租给李某国（台湾籍）经营东莞市大朗宏贸针织时装厂（企

业注册号：441900603358168，法定代表人：李某琴）。该出租屋1至5楼为钢筋混凝土结构，6楼（天面层）为搭建铁皮房，占地面积150平方米，建筑面积750平方米。1、3、4楼为车间（其中3、4楼为24小时生产的车间），2、5和6楼（天面层）为宿舍，其中2楼为经营者一家居住和办公使用，5楼对外出租给他人居住，6楼（天面层）供员工居住使用。

（二）事故伤亡情况及直接经济损失

该起火灾事故过火面积约150平方米，火灾烧损部分建筑结构、生产设备、半成品、成品及物品一批，造成9人死亡、2人重伤，直接经济损失8650090.27元，属较大火灾事故。

二、事故发生经过和救援情况

（一）事故发生经过

2016年8月14日凌晨，张某祯在富康北5巷14号富利达服饰厂一楼进行打包出货，4时50分许，张某祯突然看到斜对面富康北4巷15号（即起火建筑）一楼后面排风口冒浓烟，并且发出“吱吱吱”的声音，当时张某祯立即用手机拨打119报火警，接着拨打110报警。在报警的同时，听到该楼房二楼有人叫“救命”。此时周边的群众也发现起火，都积极报警和参与救人，但由于火势和浓烟过大，无法扑灭大火。

（二）应急救援情况

8月14日4时51分许，东莞市公安消防局指挥中心接到报警称大朗镇巷头社区富康北路4巷一出租屋发生火灾，先后调派大朗中队、特勤一中队、寮步中队、寮步专职队、松山湖中队、大岭山中队、常平中队、黄江专职队等共18辆消防车、90名指战员到场处置，市公安消防局局长苏炜龙、政委李凌率全勤指挥部遂行出动。4时56分，大朗中队6台消防车（3台泡沫水罐车、1台抢险救援车、1台多功能主战车、1台云梯车）、25名指战员到达现场。据周边群众反映，1名被困人员通过2楼北面逃生窗自行跳楼逃生，1名被困人员通过3楼出货窗口跳楼逃生。消防官兵侦察发现着火建筑内存放大量毛织物品，火势已处于猛烈燃烧状态并伴有声响，其中1楼已完全被大火笼罩，南面楼梯口不断有浓烟及火苗冒出。消防官兵坚持“救人第一”的指导思想和第一时间控制灾情发展的救援原则，现场分为灭火组和搜救组。灭火组出水枪对一楼进行灭火，对着火建筑进行冷却，防止火势向周边蔓延，5 时 25 分，明火被扑灭，但现场燃烧后的毛织物品产生大量的浓烟，现场温度高达约 100℃。搜救组同时对着火建筑一楼的卷帘门和楼梯通道进行破拆，第一时间打开救援通道，同时利用拉梯和云梯车对楼上被困人员开展救援，通过破拆防盗网和房间门等方式，先后从楼上抢救出 12 名被困人员，并立即送往医院进行救治。14 名被困人员（含跳楼逃生）中，9 人因伤情过重经全力抢救无效后死亡，2 人重伤在监护治疗，3 人经检查未受伤。

三、事故原因及性质

（一）直接原因

1. 排除纵火引起火灾的可能性

根据东莞市公安局和东莞市公安局大朗分局调查走访情况、视频监控和现场勘验情况，排除纵火刑事犯罪的嫌疑。

2. 排除自燃、遗留火种引起火灾的可能性

经调查起火部位处没有点蚊香或存放自燃类物品；火灾现场无阴燃起火痕迹特征，排除自燃、吸烟和遗留火种引起火灾因素。

3. 排除雷击引起火灾的可能性

发生火灾时，东莞市大朗巷头区域无雷电现象发生。

4. 认定为电线短路引起火灾

经现场勘验、调查询问、物证鉴定，认定起火原因为东莞大朗宏贸针织时装厂一楼夹层东北角处电线短路引燃周围可燃物所致，依据如下：

（1）经现场勘验，起火点处有电线经过，电线上发现有熔痕，提取该熔痕经广东震华痕迹司法鉴定所鉴定（粤震司法鉴定所〔2016〕痕鉴定第 157 号），电线熔痕（2 号检材）为一次短路形成电熔痕，具备引起火灾的条件。

（2）起火点处有大量可燃物，具备电线短路引发火灾的条件。

（3）现场勘查发现：东莞大朗宏贸针织时装厂生产区域中部烧损最重，并形成以此为中心向四周递减的烧损痕迹。

综上所述，根据现场勘验痕迹、证人证言、司法鉴定结论等证据，认定该起火灾起火原因是：东莞大朗宏贸针织时装厂一楼夹层东北角处电线短路引燃周围可燃物所致。

（二）间接原因

1. 起火建筑存在较大消防安全隐患

从起火建筑使用情况来看，属于出租、生产、储存、居住为一体的多种用途建筑；东莞大朗宏贸针织时装厂生产经营区域与楼梯未按规定进行防火、防烟分隔；生产区域与楼梯间相连处的门使用普通门，不符合有关规定；窗户上均设置了防盗网，部分窗户未开设逃生窗；6 楼（天面层）搭建了铁皮房，改变了建筑格局。火灾发生后，大量有毒烟气迅速扩散到楼梯、楼上房间及天面，导致人员吸入有毒烟气，造成逃生自救困难。

2. 工厂经营者消防意识淡薄，消防管理混乱

建筑内电气线路乱接乱拉，部分线路老化；简易喷淋、灭火器等消防设施配备严重不足，且简易喷淋管道内没有水。火灾发生时，简易喷淋没有发挥作用，造成火灾蔓延迅速。生产区域、住宿区域、疏散楼梯堆放大量毛织品等杂物，既增加了火灾荷载，又影响了人员疏散。火灾发生后，产生大量高温有毒烟气，导致人员吸入有毒烟气死亡。

3. 属地职能部门消防安全责任制落实不到位

经营者擅自更改建筑使用性质，未按要求配齐建筑消防设施且维护保养不到位，三楼以上未配逃生软梯而致人跳楼受伤，简易喷淋因高位水箱水量不足无法有效控制火势，硬隔离防火门因天热未关闭造成毒烟蔓延，楼顶加盖违章简易房造成逃生障碍。巷头社区消防巡查服务队曾于 2007 年、2009 年、2013 年对事故所在出租屋进行巡查，并发现消防隐患，但没有责令该出租屋经营者、房东彻底整改，工作台账混乱，事后也没有及时复查，复查工作不到位。巷头社区消防巡查服务队作为巷头社区“三小”场所、出租屋消防安全管理的属地职能部门，消防安全监管工作的主体责任落实不到位，存在属地监管失察的问题。

4. 大朗镇火灾隐患整治办对“三小”场所、出租屋消防隐患排查和整治工作不到位

按照相关文件规定，大朗镇火灾隐患整治办主要负责辖区“三小”场所和出租屋消防隐患排查和整治，履行对“三小”场所、出租屋消防安全审查、监督、宣传的职责，主要工作任务为：一是每月必须对责任片区的村（社区）消防巡查服务队开展消防隐患排查工作进行检查、业务培训和技术指导。二是必须对责任片区的“三小”场所、出租屋进行巡查，每人每年不少于 600 家（次）。经查，大朗镇火灾

隐患整治办作为镇一级负责“三小”场所、出租屋消防安全隐患整治和日常监督工作的职能部门，针对大朗镇火灾隐患重点地区巷头社区的隐患整治工作，存在分工不明、责任不清的情况，没有及时督促巷头社区消防巡查服务队对辖区内“三小”场所、出租屋的消防隐患进行巡查和整改，事故场所虽被纳入当地消防安全网格化监管，但没有按照规定对其进行网格化检查，以致经营业主私自更改建筑使用性质而未被发现。对辖区内从业人员的培训不到位，以致逃生不及时、不正确，造成较大人员伤亡。

5. 大朗派出所巷头警务区消防安全检查工作落实力度不足

根据相关规定，大朗派出所负责对辖区单位消防安全进行日常监督检查，从2010年开始，大朗派出所每年制定《大朗派出所消防三定实施方案》、《消防工作方案》，明确“三小”场所、出租屋为派出所消防监督检查的对象，由各警务区按照20%的比例对“三小”场所、出租屋进行消防抽查。经调查，巷头警务区警长曾于2014年12月份，2015年9月、12月安排人员检查过该栋出租屋，了解到该出租屋还用作加工毛衣的作坊，但在随后多次组织的抽查行动中一直没有对该栋出租屋进行消防监督的抽查，对该出租屋存在生产、储存、居住为一体的问题，没有及时落实消防监管措施。

6. 大朗镇新莞人服务管理中心对出租屋的消防巡查监管工作不到位

起火场所被长期用于毛纺加工经营，但大朗新莞人服务管理中心直到2016年仍将其登记为出租屋，并发放了出租屋许可证。经查，大朗镇新莞人服务管理中心巡查人员曾于2015年4月21日，2016年3月1日对东莞大朗宏贸针织时装厂进行了检查，两次检查中均发现该厂存在消防隐患，但都只是口头要求经营者整改，没有跟踪整改情况，没有将掌握的消防隐患信息反馈给有关职能部门，更加没有落实“对未设置消防设施或存在严重消防安全隐患的出租屋应督促其整改、补办消防手续或责令停租，并协调有关部门依法处理”的职责，存在工作失职的情况。

7. 大朗镇城管分局对违章搭建物的巡查监管力度不够

经事故调查组认定：“6楼（天面层）搭建了铁皮房，改变了建筑格局。火灾发生后，大量有毒烟气迅速扩散到楼梯、楼上房间及天面，导致人员吸入有毒烟气，造成逃生自救困难”。根据三定工作方案，大朗城管分局的主要职责是：行使城乡规划管理方面法律、法规、规章规定的对各类违法建设行为的监督检查、行政处罚、行政强制职能。经调查，东莞大朗宏贸针织时装厂为位于大朗镇巷头社区富康北路4巷15号的一出租屋，该出租屋顶层铁棚没有办理过任何报建手续，属于违章建筑，并且铁棚高约2至3米，覆盖了整个顶楼，隔开用作宿舍的两边均用铁皮包裹，特征明显。事故发生前，大朗城管分局执法人员在日常巡查中没有发现该出租屋顶层的违章建筑，存在工作失职的情况。

8. 大朗镇安监分局安全生产综合监管不到位

根据文件要求，大朗安监分局负责对不具备安全生产条件的“三小”场所依法进行查处，发现问题要及时给予纠正。经调查，大朗安监分局对安全生产综合监管认识不足，未按规定组织对辖区内“三小”场所开展监督检查工作，对《大朗镇“三小”场所、出租屋消防安全监管长效机制工作方案》落实不到位，分片负责、联系巷头社区工作股室及人员未按要求组织对辖区内不具备安全生产条件的“三小”场所依法进行巡查，也未督促巷头社区安全办工作人员及时发现存在的安全生产隐患并向有关部门反映。

（三）事故性质

事故调查组经调查认定：东莞市大朗镇“8·14”较大火灾事故是一起由于消防安全责任制不落实，事故责任主体消防安全管理混乱、消防安全意识淡薄而引发的较大火灾责任事故。

四、整改措施及建议

（一）进一步落实消防安全工作责任制。大朗镇“8.14”火灾事故造成了9死2伤的严重后果，事故的发生暴露了当地政府和有关政府部门消防安全责任制落实不够到位，事故单位消防安全意识淡薄，消防安全检查不到位等问题。大朗镇委镇政府要提高对消防安全工作重要性和紧迫性认识，正确处理发展经济与安全生产的关系，坚持预防为主、防消结合的方针，全面实行消防安全责任制，建立、健全消防安全监管长效机制，明确各消防安全职能单位工作责任，进一步落实消防安全工作责任，有效履行消防监管职责，形成齐抓共管的局面。公安消防部门、公安派出所、镇消防隐患整治办等职能部门要进一步理顺工作关系，加强协作配合，充分发挥部门优势，形成工作合力。镇安监部门、城管部门、住建部门、供电公司等职能部门要认真落实市有关“三小”场所、出租屋消防安全监管长效机制的文件精神，主动履职，加强综合监管；各社区要落实属地管理责任，主要负责人要带头落实，两委干部要积极部署；各生产经营单位要落实消防安全主体责任，规范和加强自身的消防安全管理。

（二）进一步加强落实消防安全“网格化”管理。当地政府要在前期制定的各项网格化管理标准和制度的基础上，落实网格责任，提高工作执行力，确保责任清晰、运行高效、管控到位，特别是要把隐藏在居民楼院内，住宅改成经营性的场所纳入网格排查和管理。公安消防部门、各村（社区）要加强基层巡查服务队员的培训、管理和考核力度，进一步明确落实末端网格消防安全管理员职责，有条件的镇街或村（社区），要探索建立消防巡查服务队绩效奖惩制度，奖优罚劣。

（三）进一步加强消防隐患排查整治力度。大朗镇巷头社区作为中国毛织第一村，以出租屋为场所生产、储存、经营毛织制品具有一定的普遍性，大朗“8.14”较大火灾事故的发生，暴露了政府及相关部门对新形势下出租屋场所从事毛织生产活动监管方面的漏洞。大朗镇政府要认真吸取教训，严格按照省消安委《关于印发〈广东省“三小”场所、出租屋和电动自行车消防安全专项治理行动方案〉的通知》（粤消安办〔2016〕36号）要求，健全机构和人员配备，建立火灾隐患排查整治的长效机制。公安消防部门、公安派出所、镇安监部门、镇消防隐患整治办、镇新莞人服务管理中心对发现的火灾隐患及消防违法行为，要及时督促整改，杜绝带险生产、经营和住人，切实做到根治违规顽疾，消除安全隐患。此外，由于我市经济起步较早，大量民居建筑使用年限已久，普遍存在电气线路老化现象，火灾危险性极大，此次火灾也是由电线短路所引发。各镇街供电部门要加强对此类建筑的用电安全管理，对电气线路老化存在安全隐患的，要督促相关单位或个人维护更新，及时消除隐患。

（四）进一步加强消防安全宣传教育。一要在电视、报刊、墙报、网络等新闻媒体上对火灾事故进行报导，深入剖析事故原因及其中的教训，教育广大群众提高消防安全意识，牢固树立消防安全观念。二要大力开展消防安全培训，公安消防部门、各社区要结合消防宣传“五进”活动，认真组织群众了解消防安全知识，普及防火灭火常识以及逃生自救知识。三要加大相关负有消防巡查责任的人员的业务培训，提高发现消防安全隐患问题的能力，加大对存在消防安全隐患的整治力度。四要进一步督促各生产经营单位落实消防安全培训工作，使从业人员熟悉本单位、本岗位的火灾危险性及防火措施，掌握扑救初起火灾的基本技能，学会报火警、辨别疏散路线和安全出口，掌握自救逃生的基本技巧，确实提高扑救初起火灾及自救逃生的本领。

十三、辉南县聚德康安老院“1·04”较大火灾事故

2017年1月4日4时许，吉林省通化市辉南县聚德康安老院发生较大火灾事故。

国务委员王勇，国家安监总局党组书记、局长杨焕宁，省委书记巴音朝鲁、代省长刘国中、副省长隋忠诚、副省长胡家福等领导高度重视，分别作出重要批示，

要求做好事故处置、善后处理等工作，查明火灾原因、严肃追究责任，进一步加强养老服务机构安全工作。省公安、安监、民政等部门陆续派出工作组赶赴辉南，指导相关工作。市委书记金育辉、代市长刘化文、副市长田锡军、副市长孙景龙等领导第一时间赶赴现场，指导应急救援和善后处置工作。通化市公安、安监、民政、消防等部门第一时间成立工作组赶赴现场，迅速贯彻落实国家、省、市各级领导重要批示精神和有关工作要求，指导、协助辉南县政府做好事故救援和善后处理等工作。

一、基本情况

(一) 事故单位情况

1. 单位概况

聚德康安老院位于辉南县朝阳镇富强街五委二组西前进街与电信胡同交汇东行100米处，负责人为邢春玲、刘翠霞，系二人共同出资成立的民办养老机构，自2013年3月1日开始经营。事故发生时，该养老院居住39名老人（一层7人、二层17人、三层15人），全部是行动不便或者失去自理能力的人员。

2. 资质情况

聚德康安老院除卫生和食品手续外，未取得《养老机构设立许可证》等相关证照。

3. 建筑情况

聚德康安老院建筑结构为砖混，共三层，建筑高度9米，耐火等级为二级，建筑面积480平方米，设有室内楼梯一部、室外楼梯一部。共有房间12间，每层4间，发生火灾事故的房间为二楼东侧第一个房间，室内用石膏板和木质骨架做隔断，房门为木门，外楼梯与楼连接部设有防火门。该养老院设有烟雾报警器，每个房间均设有烟雾传感器和1个消防水桶（40到50斤水），楼道口设有应急灯和安全指示牌（2015年7月安装）。每个楼层配备两个8公斤ABC干粉灭火器。

二、事故发生经过、应急救援及善后处理情况

(一) 事故发生经过

2017年1月4日凌晨3时55分，该养老院值班负责人邢春玲、护工王嫚听到

火灾自动报警控制器报警后，便起床一同从一楼开始寻找火源，二人赶到二楼后，发现东侧第一个房间内西北角床下着火，邢春玲将该床上老人于英奎抱到西南角的床边地上后，到一楼将总电源关闭，此时王嫚与随后赶到的护工纪俊兰、叶丛义、翟春凤一起参与救火。邢春玲返回火灾现场途中，拿起一、二楼中间的两个灭火器参与灭火，并让王嫚和纪俊兰把养老院的其他 4 个灭火器都拿来灭火，6 个灭火器用完后火势仍未得到有效控制，在此期间，邢春玲让王嫚拨打电话报警。4 时 15 分，辉南县消防大队赶到事故现场。

发生火灾事故的房间内共有 7 名老人，每张床下都有尿不湿、尿垫等可燃物，其中 6 张床上有充气气垫，24 小时通电，十分钟自动充气一次，电取自墙上的电源插座。当晚有 1 名负责人和 4 名护工值班。

（二）应急救援及现场处置情况

1. 事故信息接报及响应情况

1 月 4 日 4 时 10 分，辉南县消防大队接到报警后，立即派出 4 辆水罐消防车、1 辆抢险救援车、18 名指战员赶赴现场，同时报告县公安局指挥中心，县公安局指挥中心立即指挥辖区派出所和巡、特警大队出动警力赶往现场进行处置。

事故发生后，辉南县委书记张继顺、县长李长永、副县长车明辉等县领导第一时间赶赴现场，立即启动应急响应，组织民政、公安、消防、卫生、安监等部门开展灭火救援工作，并及时向上级党委、政府和有关部门报告事故情况。

2. 事故现场应急处置情况

4 时 15 分，县消防大队赶到现场，立即对现场火情进行侦查，发现起火点位于二楼东侧第一个房间，火势正处于猛烈燃烧阶段，39 名老人全部被困于各楼层房间内。指挥部立即成立 3 个搜救组，2 个灭火组同时展开搜救、灭火工作。4 时 27 分，明火被扑灭，经现场搜救确认，起火房间内 7 名老人不幸遇难，其余房间 32 名老人成功获救。县卫计委紧急调配 12 辆救护车、31 名医护人员，将营救出的 32 名老人全部转移至县医院。

（三）善后处理情况

按照国家和省、市有关领导同志的批示精神和工作要求，辉南县委、县政府全力做好善后处理工作。

对于获救的 32 名老人，县委、县政府将其转移到县医院后，分别安排到 5 个诊疗区。经全面检查，32 名老人身体状况平稳、情绪稳定，无人因火灾受伤或营救造成二次伤害。至 1 月 10 日，32 名获救老人已全部由家属接回自主安置。

对于 7 名遇难老人，县委、县政府立即成立了事故应急处理工作组，由专人全力做好家属情绪抚慰、善后处置沟通协调等工作。1 月 8 日，7 名遇难者遗体全部火化，善后处理工作结束。

三、事故原因

（一）直接原因

起火原因系聚德康安老院 2 层东侧第一个房间西北角床铺下方（由南向北数第二张床铺）墙壁电源插座与充气气垫插头接触故障引燃周围可燃物。

（二）间接原因

1. 事故单位存在的主要问题

（1）非法经营。该养老院自 2013 年 3 月 1 日开始经营，一直未取得《养老机构设立许可证》等相关证照。

（2）安全管理混乱。该养老院多数床位下方，堆放尿不湿、纸尿裤等可燃物，存在大量安全隐患。

（3）安全培训不到位。该养老院工作人员不能熟练操作使用火灾报警控制器，听到火灾报警控制器报警后，无法根据显示的“点位”准确判断出起火房间，值班负责人和工作人员逐个楼层、逐个房间寻找起火部位，耽误了疏散救人和扑救火灾的最佳时机。

（4）未按规定制定应急预案并组织演练。该养老院消防安全制度不健全，消防安全教育只停留在口头上，没有制定应急预案，未开展过应急演练。发现起火房间后，未在第一时间正确救援、组织疏散。

（5）护理人员严重不足。该养老院居住的 39 名老人，全部行动不便或不能自理，但该养老院实有工作人员 7 名（含 2 名负责人），与规定不符。养老院当晚值班人员 5 人（4 女 1 男），火灾发生后，组织疏散救人能力不强。

（6）房间内居住老人过多。该养老院起火房间面积约为 28 平方米，摆放 8 张床位，居住 7 名失能老人，人员密度严重超出规定。

2. 辉南县政府及有关部门存在的主要问题

（1）辉南县民政局未正确履行部门监管职责。辉南县民政局未按照规定及时采取有效措施，对非法经营的民办养老机构予以整改、取缔。在多次到聚德康安老院进行检查过程中，没有采取有效措施督促该养老院及时整改隐患。

（2）辉南县社区管理服务中心未正确履行属地监管职责。辉南县社区管理服务中心在本单位受朝阳镇政府委托对城区经营性单位实施安全生产监督检查、日常监管工作中，贯彻落实国家有关法规政策不力，对聚德康安老院的属地监管职责推诿扯皮、失控漏管。

（3）辉南县朝阳镇政府未正确履行属地监管职责。朝阳镇政府对社区管理服务中心受委托行使安全生产监管职责工作监督管理不力，没有及时发现和纠正社区管理服务中心存在的失控漏管问题。

（4）辉南县公安局富兴派出所未正确履行专业监管职责。富兴派出所在发现聚德康安老院存在消防安全隐患问题后，未督促该养老院进行有效整改，未按规定对该养老院进行处罚。

（5）辉南县消防大队未正确履行督促指导职责。县消防大队对富兴派出所履行培训指导职责后，未进一步指导、督促落实。

（6）辉南县安全生产监督管理局未正确履行综合监管职责。对本级政府有关部门和下级政府未严格落实安全监管职责的问题没有及时督促、纠正，未正确履行指导协调、监督检查、巡查考核等综合监管职责。

（7）辉南县委、县政府对有关单位未正确履行职责的问题失察。未及时研究、有效解决辖区内养老机构非法经营的突出问题，未有效督促各有关单位严格落实安全责任、履行安全生产监督管理职责。

3. 通化市有关部门存在的主要问题

（1）通化市消防支队未正确履行监督指导职责。对辉南县消防大队指导不力，对其未进一步督促派出所落实安全监管工作的问题失察。

（2）通化市公安局未正确履行监督指导职责。对辉南县公安局承担的消防安全工作指导检查、督促整改不力。

（三）事故性质

调查认定，辉南县聚德康安老院“1·04”火灾事故是一起较大生产安全责任事故。

四、事故主要教训与防范措施

(一) 主要教训

1. 涉事养老机构未严格执行有关法律法规

聚德康安老院非法经营，不落实主体责任，无视安全风险、房间内存放大量可燃物，未按规定开展安全教育培训、隐患排查治理、应急预案编制及演练等工作。

2. 有关部门依法行政意识不强、执法不严

对于长期非法经营的聚德康安老院没有依法采取整改、取缔措施，对于检查中发现的问题没有依法处罚。

3. 属地监管职责未有效落实

安全发展理念不牢固，安全生产工作不细致，对聚德康安老院属地监管职责推诿扯皮，对存在大量安全隐患的问题督促整改不力。

(二) 事故防范措施和建议

1. 严格落实安全责任

辉南县委、县政府要严格按照“党政同责、一岗双责、齐抓共管、失职追责”要求，扎实开展“安全生产责任深化年”活动，及时研究解决安全生产突出问题，全面落实党委政府领导责任、有关部门监管责任，督促生产经营单位落实好主体责任。

2. 深入开展打非治违行动

辉南县委、县政府要组织力量对辖区内养老机构进行全面排查，对于发现的非法违法行为，要采取果断措施、依法严厉打击。要认真制定打非治违长效机制，明确各有关部门的职责和工作程序，始终保持打非治违的高压态势。

3. 深刻吸取事故教训

市公安、消防、民政等部门要举一反三、组织开展有针对性的警示教育活动。要科学制定工作方案、在全市范围内开展安全生产大检查，全力确保消防领域安全生产形势稳定。

4. 广泛开展安全生产宣传教育

各地、各有关部门要扎实开展“安全生产月”等宣传教育活动，不断提升社会

各界的安全意识和防范能力。各行业主管部门要督促生产经营单位科学制定应急预案并组织演练，不断提升负责人、管理人员和从业人员的安全生产能力。

十四、台州天台足馨堂足浴中心“2·5”重大火灾事故

2017年2月5日17时20分许，台州市天台县赤城街道春晓路60号春晓花园5幢5—1号天台县足馨堂足浴中心（以下简称足馨堂）发生火灾，事故共造成18人死亡，18人受伤。

事故发生后，中央书记处书记、国务委员杨晶，国务委员、公安部部长郭声琨，国务委员王勇，时任省委书记夏宝龙，省长车俊，省委副书记袁家军等领导先后作出重要批示，要求全力做好人员搜救、伤员救治以及家属安抚善后等工作，尽快查明事故原因，严肃追究责任，彻查安全隐患，杜绝此类事故发生。台州市和天台县接到报警后，迅速启动应急响应预案，市委、市政府领导第一时间赶到现场并调集人员和装备，全力组织力量开展抢险救援、伤员救治和善后等工作。省委常委、公安厅长徐加爱，副省长冯飞等省领导连夜赶赴现场指导救援处置工作。国家安全监管总局、公安部消防局有关领导也到现场对事故救援和调查等工作进行指导督办。

一、基本情况

（一）事故单位概况

足馨堂系个体工商户，其经营场所为租赁的一至二层商铺，营业面积约980平方米，房屋所有权人为叶某等8人。2007年，厉某参股经营足馨堂（法定代表人邢某），2010年厉某买下邢某名下股份成为法定代表人，店名变更登记为天台县足譽堂足浴中心，但仍一直沿用“足馨堂”的牌子招揽生意和办理相关证照。2014年，足馨堂成为北京“韩蒸天下”品牌加盟店，经重新装修后投入营业，足馨堂有股东4人（徐某股份45%，厉某股份40%，熊某股份10%，许某股份5%），其中，厉某具体负责对外联络办证，熊某具体负责店内日常管理，徐某和许某只参与分红。店内有员工34人，分工为领班、技师、保洁工、厨师、收银和前台招待。

经查，足馨堂经2014年装修后投入营业以来，没有建立专门的消防安全规章制度，也未对员工进行必要消防安全知识技能培训和疏散逃生应急演练。

(二)相关证照及审批情况

1. 工商行政许可办理情况

2010 年 9 月 1 日，天台县工商行政管理局为足馨堂依法核发个体工商户营业执照，名称：天台县足馨堂足浴中心，注册号：331023620036759，经营范围：足浴服务。2016 年 11 月 14 日，天台县工商行政管理局核准足馨堂变更经营范围为：足浴服务，非医疗性健康咨询服务（准予变更登记通知书文号 3310233062522762）。营业执照长期有效。

2. 卫生行政许可办理情况

2015 年 6 月 23 日，天台县卫生局为足馨堂依法核发卫生许可证（浙卫公证字［2015］第 331023000008 号），许可范围：足浴，有效期限：2015 年 6 月 23 日至 2019 年 6 月 22 日。

3. 消防行政许可办理情况

2015 年 11 月 30 日，天台县公安消防大队受理了足馨堂消防设计备案申请，依法核发建设工程消防设计备案凭证（天公消设备字〔2015〕第 0056 号）。

2016 年 1 月 13 日，天台县公安消防大队受理了足馨堂竣工验收消防备案申请（天公消竣备字［2016］第 0004 号），并抽中该备案项目为检查对象。经现场验收，执法人员发现有三间汗蒸房与设计图纸不一致等问题。1 月 31 日，天台县公安消防大队出具建设工程竣工验收消防备案检查不合格通知书（天公消竣查字［2016］第 0002 号），要求立即停止使用，未经复查合格不得投入使用。

2016 年 3 月，中介人朱某主动联系厉某为其办理消防审批手续，并口头约定办理费用 19 万元用于安装有关消防设施、问题整改、开业前相关工作以及支付相应报酬等。在验收复查前，经与厉某商量，朱某叫来电工拔除了汗蒸房配电箱接线，厉某在汗蒸房内布置躺椅等足浴设施，并拿掉有汗蒸名称的牌子，表面上布置成足浴包厢，实际上并未拆除汗蒸设备。

2016 年 4 月 22 日，天台县公安消防大队再次受理足馨堂竣工验收消防备案申请（天公消竣备字［2016］第 0025 号）。经现场验收和拍照，认定第一次验收检查时发现的问题已经整改到位：三间汗蒸房已改为足浴包厢，配电箱相应电线已拆除，并由业主承诺不再启用；二层厨房增设防火门；在二楼内走道设置一个自然排烟口；按要求设置封闭楼梯间；对一层进大门右侧开设房间进行封堵。5 月 9 日，天台县公安消防大队出具建设工程竣工验收消防备案复查意见书（天公消竣复字［2016］第 0004 号），评定消防验收合格。

验收复查合格后，朱某帮足馨堂制作了消防安全制度牌、灭火和应急疏散预案、员工消防演练照片等台账资料，用于办理开业前消防安全检查手续。2016年5月31日，天台县公安消防大队受理了足馨堂投入使用、营业前消防安全检查申请（天公消安凭字〔2016〕第0014号）。经现场检查合格，于6月6日核发公众聚集场所投入使用营业前消防安全检查合格证（天公消安检字〔2016〕第0015号）。之后，厉某陆续支付给朱某共18万元报酬及消费卡。

（三）建筑结构和使用布局

1. 起火建筑结构。起火建筑为六层砖混结构商住楼，坐东朝西，东面为小区空地，南面紧挨其他商铺，西面为春晓路，北面为赤城西苑巷。该建筑高度为18.85米，二级耐火等级，占地面积546平方米，总建筑面积约2500平方米。其中，一至二层为足馨堂经营场所，面积约1000平方米；三至六层为住宅，面积约1500平方米。建筑的商铺、住宅分别设有独立的疏散楼梯。

2. 起火场所功能布局。足馨堂一层设有3间汗蒸房、2间淋浴房、2间SPA房、2间足浴房、2间棋牌房等；二层设有20间足浴房、1间员工休息室、1间厨房等。该场所设有灭火器、应急照明和疏散指示标识等，内部有3部楼梯，其中1部在场所中部，南北两侧尽头各有1部。

3. 起火汗蒸房内部结构。起火汗蒸房为足馨堂一层2号（从北侧数第二间）汗蒸房，南北宽3.8米，东西进深2.56米，门位于西侧墙，朝外开启。汗蒸房内部吊顶呈"人"字结构，墙面下部距地面66cm高度范围内为木条排列成的墙裙（靠背），地面全部铺设粒状盐矿石。顶棚顶部及地面四周布有灯带，顶棚共分布7个筒灯。墙面及墙裙部位敷设有电热膜，从外往内敷设顺序依次是：竹帘（墙裙部位最外层为竖向木片）、木龙骨、电热膜、反射膜、石膏板、防潮膜、保温层（挤塑板）、木龙骨、基础墙体。地面从下到上依次铺塑料膜、保温层（挤塑板）、水泥板、反射膜、钢丝网、加热电缆、功能砖。

（四）装潢设计、施工和维修情况

1. 装修设计和施工单位基本情况。北京一夫尚唐科技有限公司（以下简称一夫尚唐）为与足馨堂签订"韩蒸天下"加盟合同及装修工程施工合同单位，成立于2010年7月26日，系有限责任公司（自然人独资），公司法定代表人：王某，注册号：110104013075373，登记机关：北京市工商行政管理局丰台分局，营业期限至：2030年7月25日。经营范围：技术开发、技术转让、技术服务、技术推广、技术咨询；经济贸易咨询；设计、制作、代理、发布广告；图文设计制作、电脑动画设计；销售电子产品、工艺品、建筑材料、五金交电、机械设备；计算机系统服务；组织文化艺术交流、承办展览展示活动。

“韩蒸天下”是一夫尚唐名下品牌，主要负责为汗蒸洗浴场所、美容院等开展设计装修工作。为便于开展装修设计、施工等业务，该公司负责人王某于2012年7月10日在北京市工商行政管理局丰台分局登记注册了东方尚雅（北京）装饰装修设计有限公司（以下简称东方尚雅），注册号：110105015065313，营业期限至2032年7月9日。许可经营项目：工程勘察设计；专业承包。一般经营项目：家居装饰；销售建筑材料、五金交电、化工产品（不含危险化学品）、机械设备、电子产品、仪器仪表。东方尚雅并未取得建筑装修装饰工程专业承包资质，公司由王某任董事长（具体负责业务承接、工程施工安排），倪某任总经理（具体负责联系装修材料发货、电热膜安装技术指导）。

2. 电热膜供应商基本情况。北京浩成尔科贸有限公司（以下简称浩成尔公司）系足馨堂汗蒸房装修采用电热膜供应商，法定代表人郑某。该公司成立于2009年2月20日，统一社会信用代码：91110105685788303K，登记机关：北京市工商行政管理局朝阳分局，营业期限至：2029年2月19日。经营范围：技术推广服务；维修制冷空调设备；销售日用品、纺织品、建材、五金交电、电子产品、文具用品。

2009年初至2015年中旬期间，浩成尔公司与韩国电热膜生产厂家签订代理协议，先后通过北京、青岛、天津、辽宁等地外贸公司进口品牌为HOT—FILM的电热膜，或委托国内厂家生产电热膜并冒用HOT—FILM品牌，主要销售给“韩蒸天下”、“汗蒸王朝”等公司。其中，韩蒸天下占其销售量的30%—40%。2016年以来，因电热膜销售市场不景气等原因，浩成尔公司一直处于歇业状态。据调查，浩成尔公司销售的大部分电热膜，均未委托有关质量检验机构进行检验取得产品质量检验合格证明，而是通过伪造检验报告，并擅自将韩文安装施工流程说明书、用户使用注意事项等翻译成中文提供给客户。2015年前，东方尚雅施工所用的电热膜均从浩成尔公司进货，总共700多卷、价值150万元（销售记录已被销毁），其中，2014年购买的这批电热膜存在严重质量问题，2015至2016年期间，在全国范围内使用该批电热膜的多家门店汗蒸房出现起火现象，与足馨堂使用的为同一批电热膜。

3. 装修设计、施工情况。2014年8月26日，王某以一夫尚唐的名义与厉某在天台签订足馨堂装修施工合同，合同约定一至二层整体装修工程由东方尚雅承包，施工范围主要包括汗蒸房及室内装潢等项目，工程总造价1863160元。装修工程从2014年8月20日左右动工，于当年11月13日完成。其中，一层装修图纸由东方尚雅提供，二层无装修图纸。经调查，施工过程中，东方尚雅负责施工图纸设计、装修材料采购、施工人员工资支付等，并委派工程部工长关某作为项目负责人，由其自行组织既无电工证等资质证书，也未经相关技术培训的劳务人员违规施工。该工程中汗蒸房装修采用的电热膜未经有关产品质量检验机构检验合格且存在严重质量缺陷，工程竣工后也未按《低温辐射电热膜供暖系统应用技术规程》（JGJ319—2013）等有关规定对施工质量验收合格。

经查，由于东方尚雅没有取得消防审批许可必需的建筑装修和消防工程等资质证书，2015 年 10 月，厉某通过支付报酬，委托海南泓景建筑设计有限公司｛系有限责任公司（自然人投资或控股），统一社会信用代码：914600007358446263，具有工程设计建筑行业（建筑工程）甲级等资质，资质证书号：A146000981，有效期至 2020 年 4 月 16 日，发证机关为住房和城乡建设部，以下简称海南泓景｝、上海石化消防工程有限公司｛系有限责任公司（自然人投资或控股），统一社会信用代码：91310230134233897D，具有消防设施工程专业承包一级、建筑装修装饰工程专业承包二级等资质，资质证书号：D231513279，有效期至 2021 年 3 月 6 日，发证机关为上海市住房和城乡建设管理委员会｝到足馨堂实地测量和补制图纸（现场汗蒸房在设计和竣工图纸中均画为足浴房），并为足馨堂申报消防审批手续提供资质证书复印件、印章、图签、设计图纸和说明书等，实际上 2 家单位并未参与足馨堂装修设计与施工。

4. 售后维护情况。足馨堂在装修投用后相关设备曾多次发生故障。其中，汗蒸房在 2015 至 2016 年分别出现过三次故障，主要是温度控制装置故障、线路中断温度无法上升等问题，均由关某负责修复；2016 年 10 月，一楼休闲区地暖故障，无法正常加热，地暖的温度控制装置也出现故障，因维修工程量较大，且临近冬季顾客消费高峰，该故障未修复。

二、事故发生经过、应急救援及善后处理情况

（一）事故发生经过

2017 年 2 月 5 日下午，足馨堂正常营业中，场所内共有 78 人，其中，工作人员 30 人、顾客 48 人。17 时 24 分许，在一层休闲大厅休息的一位顾客发现汗蒸房部位冒烟起火，便立即呼喊救火。在吧台工作的经理熊某听到呼救后，使用灭火器进行扑救，见火势无法控制，便逃至店外呼喊二层人员逃生。17 时 26 分，逃离店外的顾客许式国（第一报警人）拨通电话报警。随后，店内顾客与员工分别从一层正门、西侧、北侧出口，以及从二层厨房和员工休息室窗口跳楼逃生自救。其中，

18 人（足馨堂员工 2 人、顾客 16 人）因逃生不及时不幸遇难，18 人（足馨堂员工 13 人、顾客 5 人）逃生时受伤。

（二）应急救援情况

17 时 26 分，天台县公安局 110 指挥中心接到火灾报警电话，天台县公安消防大队于 17 时 27 分接到 110 指挥中心出动指令，立即调派天台、平桥公安消防中队 8 车 35 名官兵及白鹤、坦头专职队 2 车 10 名消防员共计 10 车 45 人赶赴现场救援。当地政府立即启动应急处置预案，天台县人民医院、县中医院全体医护人员到岗，共出动救护车 20 车次。17 时 36 分台州消防支队全勤指挥部立即遂行出动。17 时 33 分，天台中队首先到达现场开展火灾扑救、人员搜救以及 3 层以上住户疏散等工作。平桥中队、坦头专职队、白鹤专职队陆续赶到参与救援。经消防官兵奋战扑救，17 时 46 分，火势得到控制。19 时 05 分，火势基本扑灭。20 时 45 分，火灾现场清理完毕，过火面积约 500 平方米，共发现遇难者遗体 8 具，现场搜救出 10 人送医院救治无效死亡。

接报后，省市卫生部门组织省人民医院、浙医二院、温州医科大学附属第一医院、台州医院等 15 名医疗专家陆续赶到天台参与救治伤员。

（三）善后处理情况

现场救援工作结束后，天台县委、县政府迅速组织开展善后工作，组建 18 个工作组，全力做好遇难者身份确认、遇难者家属安抚疏导以及伤者救治等工作。2 月 6 日晚，18 名遇难者身份全部确认；2 月 8 日下午，18 名遇难者家属全部签订了调解协议；2 月 19 日，18 名遇难者遗体全部火化。转至浙医二院的重度烧伤者生命体征有所好转，其余 17 名受伤人员均得到妥善医治且伤情稳定。

三、事故原因和性质

（一）直接原因

足馨堂 2 号汗蒸房西北角墙面的电热膜导电部分出现故障，产生局部过热，电热膜被聚苯乙烯保温层、铝箔反射膜及木质装修材料包敷，导致散热不良，热量积聚，温度持续升高，引燃周围可燃物蔓延成灾。

造成火势迅速蔓延和重大人员伤亡的主要原因是：汗蒸房密封良好，热量极易积聚；2 号汗蒸房无人使用，起火后未被及时发现，当火势冲破房门后便形成猛烈燃烧；汗蒸房内壁敷设竹帘、木龙骨等可燃材料，经长期烘烤的各构件材料十分干燥，燃烧迅速，短时间形成轰燃。同时，汗蒸房内的电热膜和保温材料聚苯乙烯泡沫塑料（XPS）为高分子材料，燃烧时产生高温有毒烟气，加之现场人员普遍缺乏逃生自救知识和技能，选择逃生路线、方法不当，造成大量人员无法及时逃生。

（二）间接原因

（1）足馨堂安全生产主体责任不落实

以弄虚作假方式通过消防审批许可；无视消防法律法规规定和竣工验收备案抽查整改要求，擅自将汗蒸房恢复功能投入使用，导致经营场所存在重大火灾隐患；内部管理混乱，消防安全责任和规章制度不落实，未明确消防安全管理人员，未按规定开展日常检查、事故隐患排查，也未对员工进行消防安全知识培训和应急疏散演练。

2. 东方尚雅安全生产主体责任不落实

未取得建筑装修装饰工程专业承包资质，违法承揽足馨堂装修工程；违规组织无相应资质证书的劳务人员进行施工，并使用未经有关产品质量检验机构检验合格、存在严重质量缺陷的电热膜，导致汗蒸房存在重大火灾隐患。

3. 浩成尔公司安全生产主体责任不落实

伪造检验报告，委托国内厂家生产电热膜并冒用 HOT—FILM 品牌，将存在严重质量缺陷的电热膜销售给客户用于装修施工，导致汗蒸房存在重大火灾隐患。

4. 海南泓景违规出借资质证书复印件、印章、图签

海南泓景违反《建设工程勘察设计资质管理规定》，通过出借资质证书复印件、印章、图签等方式，为存在消防安全隐患的足馨堂通过消防审批许可提供了便利。

5. 上海石化消防工程有限公司等单位违法出借资质证书复印件、印章、图签

上海石化消防工程有限公司等单位违反《中华人民共和国建筑法》，通过出借资质证书复印件、印章、图签等方式，为存在消防安全隐患的足馨堂通过消防竣工验收备案提供了便利。

6. 天台县公安消防大队对足馨堂消防安全监管不到位

竣工验收消防备案环节中，在足馨堂未拆除汗蒸关键设备、火灾隐患未彻底整改情况下，作出复查验收合格的决定。在日常监管执法中，未按照有关规定对场所的使用情况是否与消防竣工验收备案时确定的使用性质相符等重要内容进行检查，未制止和查处足馨堂擅自启用汗蒸房对外经营的违法行为。

（三）事故性质

经调查组认定，台州天台足馨堂足浴中心“2・5”火灾是一起重大生产安全责任事故。

四、事故主要教训及防范措施

（一）主要教训

该起事故造成了重大人员伤亡和财产损失，社会负面影响严重，教训十分深刻。事故暴露出相关经营主体法制观念淡薄，受经济利益驱动而对安全生产心存侥幸，相关监管部门责任心不强、把关不严，没有把安全发展放到与经济发展同等重要的位置，对相关行业安全风险认识不足、缺乏有效规范的长效管理机制等。主要教训有：

（1）经营主体无视相关法律法规。足馨堂经营者安全意识极其淡薄，明知设置汗蒸房不符合消防审批许可有关要求，一味追究利益，无视安全风险，违背先前承诺重新启用汗蒸房对外经营；内部安全管理混乱，安全生产“无人管”、“不会管”问题突出，没有明确消防安全管理人，也没有针对新进员工多、流动性大、安全知识和技能缺乏的实际，组织开展必要的消防安全培训和应急逃生疏散演练。事发当日，现场管理人员发现火情后，未及时报警并组织疏散。

（2）汗蒸领域管理缺少标准规范。近年来随着足浴保健服务业迅速发展，汗蒸在当地洗浴美容场所大量兴起。但由于当前在汗蒸房施工资质，用料材质、铺设工艺以及审查审批要求等方面，还缺乏相应标准规定，一些商家为了追求利润，不惜铤而走险，使用劣质材料、偷工减料、设计不到位等现象比比皆是，安全隐患层出不穷。如东方尚雅明知施工人员不具备相应资质，仍交由后者进行汗蒸房施工，并在装修过程中使用浩成尔公司提供的没有产品质量保障的电热膜，这些都从源头环节造成了重大质量缺陷和安全隐患，最终酿成事故。

（3）政府相关部门监管存在漏洞。当地消防部门没有严把安全准入门槛，对审批中存在的问题督促整改不彻底；日常监管不到位，与街道及有关部门沟通协调不足，致使隐患未能及时消除而演变成事故。当地政府及相关部门对汗蒸行业安全风险认识不足，对足馨堂经营行为、经营场所租赁管理等工作监管存在疏忽。政府部门监管环节工作的不到位成为足馨堂违法行为未能制止和查处，事故风险难以控制的重要因素。

(4) 顾客和员工消防安全意识不强。火灾发生时，顾客大多处于休闲放松状态，反应迟缓，且各汗蒸房、足浴间都关门或放下门帘，顾客和员工未在第一时间得到报警信息逃生。同时，由于部分人员逃生意识不强（部分逃生人员存在重返现场寻找物品现象，更衣室内有 3 人死亡，存在贪恋财物贻误逃生的可能）来不及逃生，还有部分人员因缺乏基本的逃生自救常识，选择逃生路线、方法不当而遇难。

（二）整改措施

为深刻吸取事故教训，建议全省各地、各部门迅速采取以下措施，坚决消除安全隐患，防范类似事故发生，确保经济与社会健康、安全发展。

(1) 严格落实企业安全生产主体责任。设有汗蒸项目的桑拿洗浴、足浴健身等人员密集场所和消防重点单位，要严格遵守《安全生产法》、《消防法》等国家法律法规以及《浙江省汗蒸房消防安全整治要求》等标准规定，建立健全消防安全管理制度，明确消防安全责任人和相关管理人员职责；严格执行建筑物室内装修设计、竣工验收、备案和开业前消防安全检查要求；使用产品质量合格的电加热设施；保持消防设施完好有效，保持消防通道和安全出口畅通；编制、完善灭火和应急疏散预案并加强演练；建立汗蒸房安全操作规程，加强使用过程管控，定期进行检查、维护，及时排查和治理火灾隐患；加强消防安全培训教育，提高员工引导人员疏散的能力。

(2) 严格履行政府部门监管职责。全省各级政府和相关职能部门要按照“管行业必须管安全”的要求，认真履行职责，坚决把好审核监督关，依法严肃查处每一起违法违规行为，提高企业违法成本，增强执法效果。消防部门要严格安全准入门槛，认真落实消防设计审核、消防验收或备案抽查制度，加强对重点单位的日常消防监督检查，对企业装修施工使用的一些新材料、新工艺，不符合消防安全要求的，坚决不准投入使用。商务、质监、建设等部门要结合各自职责规定和有关文件要求，加强源头管控，严格汗蒸房施工资质门槛和汗蒸设备产品质量监督把关，加强行业规划管理、标准制定以及商品房屋租赁管理等工作。各级政府及公安部门要加强对消防大队与基层派出所的组织领导和统筹协调，确保消防安全工作无缝衔接。

(3) 高度重视新业态的安全风险分析辨识。当前，台州市痛定思痛，正举全市之力全面推进针对洗浴、足浴、健身、桑拿等涉及汗蒸项目人员密集场所的“查危除患”大行动，以铁的标准、铁的手腕、铁的面孔强势排查风险、整治隐患，以严惩措施倒逼工作落实。各地、各部门也要引以为戒、举一反三，特别要高度关注汗蒸、民宿、快递物流等新业态快速发展过程中暴露出的风险问题，坚持关口前移，及时辨识预判相关领域安全风险，科学评定风险等级。同时，要加强对各类新工艺、新材料、新设备对事故作用影响的研究和论证，严格按照“全覆盖、零容忍、严执法、重实效”和“四个一律”要求，有效应对处置各类新风险、新情况、新问题，坚决彻底治理各类隐患，确保安全始终处于稳定受控状态。

（4）建立完善安全风险管控长效机制。全省各地要结合安全生产领域改革创新、构建安全风险分级管控和隐患排查治理双重预防机制等工作，通过实施制度、技术、工程、管理等措施，有效防控各类安全风险。针对汗蒸房等各类新业态经营准入条件、场所租赁、安全技术、隐患治理、人员培训等方面存在的突出问题和薄弱环节，加快启动相关法规标准规范的制定修订工作。建立公安消防、工商、商务、建设、安监等部门信息互通机制，进一步完善基层安全生产网格化管理，落实房东、经营业主等相关责任人员的管理责任。在人员密集场所应用并推广“智慧用电”等事故防控先进适用技术，加强远程监测预警，将电气火灾等风险控制在隐患形成之前、把隐患消灭在事故前面。

（5）加强消防安全宣传教育，提高安全防范能力。全省各级党委、政府要充分发挥传统媒体和各类新媒体作用，有针对性地开展消防安全知识宣传普及和火灾事故典型案例警示教育，普及火灾报警、初期火灾扑救和火场自救逃生知识，提高社会公众消防安全意识和逃生自救能力。要督促人员密集场所生产经营单位加强全员特别是新员工的消防安全培训和岗位应急技能培训，定期组织开展逃生疏散演练，使员工熟知火灾风险、熟悉逃生路线，掌握必要的电气设备工作原理和操作规程，提升员工检查消除火灾隐患和第一时间先期处置火灾险情的应急能力。要加大舆论宣传和监督力度，发动群众群防群治，及时举报和曝光重大隐患，督促企业切实履行社会责任和落实安全生产主体责任。

十五、南昌市“2·25”重大火灾事故

2017年2月25日，南昌市红谷滩新区唱天下量贩式休闲会所（以下简称“唱天下会所”）发生一起重大火灾事故，造成10人死亡、13人受伤。

一、基本情况

（一）起火建筑情况

起火建筑位于南昌市红谷滩新区红谷中大道348号，建筑名称为：海航白金花园5号楼，系“海航白金花园”小区建筑之一。

海航白金花园5号楼占地2887平方米，于2006年5月开工建设，2008年8月整体竣工验收备案。该建筑为框剪结构，总建筑面积44770.53平方米。地下1层，地上裙楼4层，有A、B两座塔楼，A塔楼为24层、B塔楼为16层，房屋用途性质为综合楼。

大楼安装有消防给水管路、机械排烟系统及消防应急照明、疏散指示标志、灭火器等消防设施。大楼消防控制室设在地下一层，消防维保单位为南昌文英消防安装工程有限公司。火灾发生前，大楼消防控制主机机械排烟系统处于“自动禁止”状态，机械排烟系统手动操作盘设置在“手动禁止”状态。

（二）事故相关单位情况

1. 唱天下会所（起火单位）

该会所系个体工商户，为丁某辉等十余名自然人共同出资创办经营，其经营场所为租赁的1、2层商铺，营业面积约3635平方米，房屋所有权人为江西省金兰德投资有限公司。

唱天下会所设有独立的火灾自动报警系统、机械排烟系统，消防应急照明、疏散指示标志、灭火器等消防设施，其自动喷水灭火系统、室内消火栓系统接入大楼共用的消防给水管路。2014年11月，唱天下会所与江西三星气龙消防安全有限公司签订了为期三年的消防设施维护保养合同，维护保养内容为唱天下会所火灾自动报警系统、自动喷淋灭火系统、室内消防栓系统和防排烟系统。

经查，唱天下会所于2010年8月开始首次装修施工，同年12月装修完毕，首次装修施工未申办施工许可证。事故发生时，该会所处于停业拆除原有装修状态。

相关证照办理情况：

(1) 工商营业执照。2011年1月5日，南昌市红谷滩新区工商行政管理局核发工商营业执照（注册号：360125600039988）。经营者为丁某辉，经营范围为音乐厅服务，卡拉OK，百货零售。

(2) 消防检查合格证。唱天下会所于2010年9月通过消防设计审核，于2010年11月29日向南昌市消防支队申请竣工验收。经现场检查，南昌市公安消防支队于2010年12月22日，核发公众聚集场所投入使用、营业前消防安全检查合格证（公消安检许字［2010］第37号）。

(3) 娱乐经营许可证。2011年4月22日，南昌市文化新闻出版局核发娱乐经营许可证（洪红文娱002），类型为：歌舞娱乐场所，经营范围：卡拉OK。2016年9月30日，南昌市红谷滩新区文化产业发展局换发娱乐经营许可证

(360196160007)，类别为：内资歌舞娱乐场所，经营范围：歌舞娱乐场所。

(4) 卫生许可证。2011 年 3 月 3 日，南昌市卫生局核发卫生许可证（洪卫公许字［2011］第 3282 号），有效期至 2013 年 3 月 2 日。2013 年 3 月 15 日，南昌市卫生和计划生育委员会核发卫生许可证（洪卫公许字［2013］第 3028），有效期至 2017 年 3 月 14 日。

(5) 污染排放许可证。2016 年 2 月 15 日，南昌市红谷滩新区城市管理与环境保护局核发南昌市污染物排放许可证（洪污排 2016 第 01 号），有效期至 2019 年 2 月 14 日。

(6) 娱乐场所备案登记。唱天下会所分别于 2011 年 8 月、2016 年 12 月递交相关资料，在南昌市公安局红谷滩分局备案。

2. 南昌白金汇海航酒店有限公司

成立于 2007 年 7 月，统一社会信用代码为 913601006647670608，法人代表为朱某。经营范围为公共场所（宾馆、理发店、就餐场所经营）、中型餐馆、停车服务等。具体负责酒店经营范围内区域、停车场及大楼消防控制室的管理，负责海航白金花园 5 号楼二次供水、供电、消防、通风等公共设施巡查。

3. 江西省金兰德投资有限公司

成立于 2007 年 12 月，统一社会信用代码为 91360100669764109W，法人代表为戴某辉。经营范围为实业投资、土地开发、整理、复垦、旅游项目开发等。该公司在海航白金花园 5 号楼 1、2、3 层均购有房产，其中 1、2 层房产租赁给唱天下会所作为经营场所，3 层房产作为公司自用办公室。

4. 江西三星气龙消防安全有限公司

成立于 1992 年 4 月，统一社会信用代码为 91360100158267282W，法人代表为张某。2015 年 1 月取得“中华人民共和国消防技术服务机构资质证书”（赣公消技字〔2015〕016 号），资质等级为临时一级，服务范围为各类建筑的建筑消防设施检测、维修、保养等，有效期至 2017 年 6 月 30 日。该公司为唱天下会所提供消防维保服务。

5. 南昌文英消防安装工程有限公司

成立于 2014 年 1 月，统一社会信用代码为 913601220910605772，法人代表为熊某友。2016 年 10 月与南昌白金汇海航酒店有限公司签订了为期 1 年的建筑消防设施维修保养合同。经查，该公司未取得“中华人民共和国消防技术服务机构资质证书”。

（三）唱天下会所改建装修工程情况

1. 改建装修工程承包情况

2016 年 12 月，唱天下会所决定加盟使用“唯尚（V－SONG）”品牌并进行改建装修。2017 年 1 月 5 日，唱天下会所股东丁某芝与江西聚合文化发展有限公司股东杜某分别签订“品牌许可使用合同书”、“KTV 前期筹划合同书”、“KTV 项目委托管理合同书”及“装修设计合同”，约定唱天下会所必须按“唯尚（V－SONG）”品牌的装修风格进行标准化装修，装修设计费用 30 万元（唱天下会所已预付 10 万元）。同年 2 月 15 日，唱天下会所会议确定由股东丁某芝负责财务及改建装修工程相关协调事项，股东丁某辉、田某欢、涂某亮负责改建装修工程行政审批相关事项。同时在丁某荣的极力推荐和劝说下，唱天下会所确定将改建装修工程中的拆除工程由刘某毛、廖某荣以 15 万元价格承包，并签订“KTV 拆除协议”，约定将唱天下会所拆除至原始框架结构。

刘某毛、廖某荣在承接拆除工程后，将墙体、天花板拆除及垃圾清运工程以 12.7 万元的价格分包给万某国，另将唱天下会所内电线、金属装饰件等废品以 2.2 万元的价格出售给李某中。之后，万某国又将墙体、天花板拆除工程以 8.7 万元的价格分包给张某生。

2. 拆除工程施工情况

2017 年 2 月 17 日，唱天下会所自行停业，开始拆除音响、灯光、点歌系统等专用设备，并安排工作人员将会所内食杂超市使用的冰箱、冰柜、货架、置物篮等物品堆放至 2 层北侧两个楼梯间前室内。2 月 19 日，会所内音响等专用设备拆除完毕。

2 月 20 日，拆除工程施工人员正式进场施工，张某生负责召集民工将唱天下会所的墙体、吊顶拆除，施工过程中，施工人员将拆除的墙体砌块散乱地堆放在包厢和走道地面，并将包厢内搬出的沙发以及拆除的废料直接从 2 层平台抛堆至 1 层大堂；李某中与 4 名平日一起收购废品的人员负责拆卸和回收金属装饰物、电线等废品。

3. 拆除工程施工期间消防设施情况

应施工方要求，唱天下会所在停业后，将生活用水、用电及消防喷淋水阀、火灾自动报警系统控制器、灭火器分别关闭、拆除和移除。

2 月 18 日，江西三星气龙消防安全有限公司在唱天下会所要求下，指派韩某平前往唱天下会所，关闭了 2 处（1 层、2 层南部）消防喷淋系统阀门，同时拆除了火灾自动报警系统控制器；19 日，唱天下会所杂工缪某金按照丁某芝要求关闭了会所内生活用水、用电，同时将会所内所有灭火器收至室外移动板房内；24 日，2 层北部包厢内消防喷淋头被施工人员不慎破坏并喷水，施工人员遂将控制 2 层北部消防喷淋系统的阀门关闭。

二、事故发生经过、应急救援及善后处理情况

（一）事故发生经过

2 月 25 日 7 时 12 分起，张某生与其组织的 19 名施工人员及 2 名由李某中叫来的废品收购人员陆续进入唱天下会所 2 层开始施工。

7 时 47 分许，李某中驾驶面包车（高某、彭某兵同车）携带 3 个氧气瓶、1 个液化石油气罐、1 把气割枪和 1 只手持式电动切割机到达唱天下会所。李某中等 3 人在附近吃过早饭后，于 8 时许进入唱天下会所，其中李某中安装好氧焊切割设备及手持式电动切割机，开始切割和拆卸会所大堂北部弧形楼梯两侧的金属扶手。至 8 时 18 分许，当李某中在会所大堂北部弧形楼梯中部切割南侧金属扶手时，其助手高某发现位于切割点正下方堆积的废弃沙发着火。

发现火情后，高某大声呼救并将着火点周围的沙发移开；李某中立即停止切割，四处寻找灭火器材；正在弧形楼梯上准备去 2 层查看施工进度的万某国听到叫喊，立即返回 1 层，与高某一起搬移沙发，大约移开四五张沙发后，发现火势变大，万某国便离开火场；高某在试图寻找消火栓未果后，与李某中一同将气割工具搬出火场，丢弃在唱天下会所大门外侧地面，并将带来的氧气瓶、液化石油气罐、手持式电动切割机搬运至李某中开来的面包车内。

8 时 21 分许，南昌白金汇海航酒店保安部经理发现火情，立即叫酒店保安取来 2 只灭火器进行灭火，高某随后也从酒店取来 1 只灭火器进行灭火；李某中与酒店保安一起从 A 座公寓大堂内的消火栓及消防卷盘接出水管拉至唱天下会所进行灭火，但火势已控制不住，均放弃扑救。8 时 22 分许，路过的群众发现火情后立即拨打 119 报警。

（二）应急救援情况

8 时 22 分，南昌市公安消防支队指挥中心接到报警后，迅速调派 8 个中队、20 辆消防车、160 余名消防官兵赶赴现场，省消防总队、南昌市公安消防支队全勤指挥部遂行出动。

8 时 28 分，丽景路中队到达现场。此时唱天下会所内火势呈猛烈燃烧阶段，裙楼屋面上有人员呼救。中队立即派出 2 个攻坚组营救裙楼屋面被困人员，主战消防车 2 支水枪从正面控火；随后到达的特勤一中队又派出 2 个攻坚组对 A、B 塔楼人员进行疏散，并在 1 层正面增设一支水枪灭火。

9 时 07 分，消防增援力量和设备陆续到场，排烟车开始对火场内进行负压抽风排烟。同时组建 10 个搜救组，疏散楼内人员并对裙楼各楼层进行搜救。由于火场 1、2 层中心部位烟雾极大、能见度极低、温度极高，且通道被大量建筑垃圾阻挡，搜救人员无法进行深入搜救。

10 时，4 层 8 名被困人员被救出并送往医院抢救（其中 3 人抢救无效死亡）。

11 时 30 分，现场火势基本控制。消防官兵共从 A、B 塔楼疏散 260 余人。

12 时 08 分，明火基本扑灭。搜救人员在 2 层北侧通道尽头搜寻到 7 名遇难者遗体。15 时许，搜救工作结束。

（三）善后处理情况

南昌市急救中心 120 急救调度指挥中心接到急救报警后，立即派出 8 辆急救车赴事故现场参与救援。遇险人员被救出后，分别转运至 4 家医院。救援过程共派出救援车辆 26 辆（次），转运 23 名遇险人员。

南昌市委、市政府及红谷滩新区管委会认真稳妥做好医疗救治、事故伤亡人员家属接待及安抚、遇难者身份确认和赔偿等工作。择取医疗救治、善后安抚“一对一”的方式，对遇难者家属、伤者分步骤进行心理疏导，全力开展善后工作，至 3 月 1 日，善后工作全部完毕。

三、事故原因和性质

（一）直接原因

经现场勘验取证、证人指证、调查询问及公安机关、相关司法鉴定机构出具的鉴定、调查报告等，排除了放火、电气、吸烟、周边环境等因素引起火灾的可能。

认定此次火灾事故的直接原因为：唱天下会所改建装修施工人员使用气割枪在施工现场违法进行金属切割作业，切割产生的高温金属熔渣溅落在工作平台下方，引燃废弃沙发造成火灾。

造成火势迅速蔓延和重大人员伤亡的主要原因是：施工现场堆放有大量废弃沙发且动火切割作业未采取任何消防安全措施，火势迅速蔓延并产生大量高热有毒有害烟气，在消防设施被停用、疏散通道被堵塞、消防设施管理维护不善等多种不利因素下，造成了重大人员伤亡。

（二）间接原因

1. 事故相关单位

（1）唱天下量贩式休闲会所。是事故主体责任单位，安全生产主体责任不落实。

① 改建装修工程未进行消防设计并报公安机关消防机构审核，未制定安全施工措施并报建设主管部门核发建设工程施工许可，擅自组织改建装修施工。

② 将改建装修工程中的拆除工程肢解并发包给不具任何质资的个人，规避监管。

③ 在实施改建装修工程前，擅自拆除火灾自动报警系统控制器，关闭自动喷水灭火系统阀门，撤走场所内灭火器。同时将大量杂物堆放在2层5号、6号疏散通道楼梯间前室内，堵塞了疏散通道。

④ 工程发包给个人后，未明确双方对施工现场的消防安全责任，未安排人员对施工组织、施工现场进行安全管理和监督。

（2）工程施工承包方。是事故主要责任方，工程施工安全管理责任不落实。

① 工程承包人刘某毛、廖某荣未取得任何建设工程承包资质，违规承揽工程，并将工程层层转包、分包给同样不具备任何资质的个人。

② 施工人员在不具备特种作业资质的情况下擅自动火作业；施工现场动火作业未履行审批手续，未清理动火区域可燃物，未配备相应的灭火器材，未落实安全监护措施。

③ 施工现场组织无序、野蛮作业，在施工现场大量堆积拆除垃圾、沙发等，影响过道通行；安全责任不落实、安全管理极其混乱、安全措施严重缺位。

（3）南昌白金汇海航酒店有限公司。是起火建筑公共消防设施管理责任单位，作为消防安全重点单位，未依法依规实施严格的消防安全管理。

① 未与施工单位共同采取措施，保证使用范围的消防安全；每日防火检查不认真、不细致，未在火灾发生前发现4层1号疏散通道楼梯间防火门上方固定亮子窗的防火玻璃缺失及4号疏散通道楼梯间北侧防火门未关闭的问题。

② 未执行《建筑消防设施的维护管理》（GB 25201－2010）7.1强制要求，每月组织对消防设施进行测试检查，未能确保防排烟系统在火灾发生时有效启动。

③ 未执行《消防控制室通用技术要求》（GB 25506－2010）4.2.1强制要求，

消防控制室操作人员仅有1人取得消防控制室操作职业资格证书，其他值班和操作人员均未持证上岗，未能掌握保证防排烟系统在火灾发生时有效启动的操作技能。

④ 聘请不具备资质的南昌文英消防安装工程有限公司对酒店消防设施进行维修保养。

(4) 江西三星气龙消防安全有限公司。未依法依规正确履行消防技术服务机构职责。

① 指派无消防职业资格人员为唱天下会所提供消防技术服务。

② 在明知行为违法、后果严重的前提下，对唱天下会所要求拆除、停用消防设施的要求未予拒绝和制止；与唱天下会所签订无效的“免责说明”并帮助其拆除了火灾自动报警系统主机，关闭了消防喷淋水阀。

(5) 南昌文英消防安装工程公司。未取得相应资质，擅自从事消防技术服务活动，为南昌白金汇海航酒店有限公司提供消防技术服务并获利，且在开展消防技术服务中，未能发现并提出防排烟系统在火灾发生时不能有效启动的问题。

(6) 江西省金兰德投资有限公司。未与唱天下会所签订安全生产管理协议，未明确消防安全责任，未明确消防设施管理责任。公司在得知并发现唱天下会所在进行改建装修施工的情况下，未督促、提醒其依法办理施工报批手续，也未报请有关部门进行查处。

2. 政府及有关部门

(1) 文化部门。按照职责分工，文化部门对娱乐文化场所消防安全负有行业管理职责。

① 南昌市文化广电新闻出版局。对娱乐场所设立审批把关不严，违规批准唱天下会所设立申请，对海航白金花园5号楼原规划的公寓房实际已变为居民住宅的情况掌握不透；在组织听证过程中，未严格按程序通知相关利害关系人参加听证会，未认真核查听证参加听证会的利害关系人真实身份，任由唱天下会所组织人员冒充利害关系人参加听证会，听证会组织程序不合法、不合规。

② 红谷滩新区文化事业发展局。落实行业安全监管责任不到位，没有认真贯彻落实“管行业必须管安全、管业务必须管安全、管生产经营必须管安全”的要求，在全省全面开展安全生产大排查、大整治期间，对红谷滩新区娱乐场所排查整治不彻底，未及时发现唱天下会所违法违规改建装修的行为。

(2) 公安机关消防机构。按照职责分工，公安机关消防机构对娱乐场所消防安全负有监督管理职责。

① 南昌市红谷滩新区公安消防大队。对辖区内消防安全重点单位遵守消防法

律、法规情况监督检查不力，对南昌市白金汇海航酒店有限公司2015年10月以来委托无资质消防技术服务机构实施消防设施维保、消防控制室2015年1月以来未按规定安排2名以上持证值班人员上岗、2013年以来未按规定进行建筑消防设施年度检测并报公安机关消防机构备案等违法行为未依法进行查处，对南昌市白金汇海航酒店事发时消防排烟风机未能有效启动造成事故扩大负有重要监管责任。对唱天下会所停业组织施工、违法拆除并关闭消防设施的行为失察；在全省全面开展安全生产大排查、大整治期间，未严格按照南昌市红谷滩新区《关于开展安全生产大检查、大整治的紧急通知》（洪新安字〔2016〕2号）要求，牵头组织开展重点行业领域消防安全整治不细致、不彻底；对辖区内重大火灾事故防范不力。

② 南昌市公安消防支队。对红谷滩新区公安消防大队指导监督不力，对该大队实施对辖区内消防安全重点单位日常监督检查不到位、消防安全整治不彻底的情况失察。

（3）南昌市城乡建设委员会。按照职责分工，对建设工程安全负有监督管理职责。未正确履行职责，未认真组织本部门、本系统开展有针对性的执法监督检查。未及时发现唱天下会所未取得施工许可擅自组织改建装修施工的违法违规建设行为，未及时发现刘毛毛等人无资质擅自承揽工程的违法行为；在全省全面开展安全生产大排查、大整治期间，对建筑施工领域安全整治不彻底。

（4）红谷滩新区沙井街道办事处。按照职责分工，对辖区内消防安全和建设工程安全负有属地管理职责。落实安全生产及消防安全属地管理职责不到位，在全省全面开展安全生产大排查、大整治期间，组织开展辖区内安全整治不彻底；对所属沙井城管中队督促不力，对唱天下会所违法违规组织改建装修施工行为失察。

沙井城管中队落实监管责任不到位，在检查中发现了唱天下会所改建装修施工违法处置建筑垃圾的线索，但未予以认真查处和跟进监督。

（5）红谷滩新区管委会。按照职责分工，辖区内消防安全和建设工程安全工作负有领导职责。对辖区内打非治违工作组织不力，在全省全面开展安全生产大排查、大整治期间，组织开展安全整治不彻底，基层网络化安全管理存在漏洞，未及时发现和查处唱天下会所违法违规改建装修的行为。

（三）事故性质

经调查认定，南昌市“2·25”重大火灾事故是一起生产安全责任事故。

四、事故整改防范措施

（一）坚守安全红线，全面加强安全生产责任体系建设。全省各级党委政府要牢固树立科学发展、安全发展理念，坚决守住安全红线，把安全生产工作摆在更加突出的位置，进一步加强领导、落实责任、明确要求，要健全并落实“党政同责、一岗双责、齐抓共管、失职追责”安全生产责任制，坚持“管行业必须管安全、管业务必须管安全、管生产经营必须管安全”的工作要求，建立健全与全省经济发展相适应的安全生产责任体系。积极推动安全生产的文化、法治、制度、机制等方面建设，切实加强城市运行安全风险防范，切实加强源头治理，把好规划、建设、运营等关口，从源头上杜绝和防范安全风险，大力解决制约安全发展的突出问题，努力提高全省安全生产工作的整体水平，切实维护人民群众生命财产安全。

（二）完善监管机制，全面围堵安全生产非法违法行为。南昌市人民政府及其有关部门要深刻吸取事故教训，针对事故暴露出室内拆除工程监管责任不明确等突出问题，举一反三，结合实际，认真梳理建设工程领域各部位、各环节安全监管存在的盲点和漏洞，进一步厘清建设管理、城市管理、公安机关消防机构等相关职能部门职责，进一步完善部门间协同执法制度，建立职责清晰、权责对等、协同有力的监管执法机制，坚决杜绝监管盲区和死角；要进一步加大对非法违法生产经营建设行为尤其是隐蔽性工程施工项目的打击力度，建立打非治违督办制度，对发现的非法违法行为，加强跟踪督办；要落实基层政府和相关部门尤其是乡（镇、街道）、村（居）委会一级打非治违工作责任，对打非治违责任不落实、工作不力的，依法依规严肃追究责任。

（三）深入排查整治，全面落实特殊作业安全监控措施。南昌市人民政府及其有关部门要深入分析本地区、本行业、本单位动火等特殊作业安全管理存在的问题和薄弱环节，全面深入开展以落实《安全生产法》、《消防法》、《建设工程安全生产管理条例》和《化学品生产单位特殊作业安全规范》等相关法规制度为主要内容的专项检查和专项治理。检查和治理对象不仅限于企业，还应包括各类机关、团体和事业单位及各类建设工程和城市运行管理的各个环节，切实做到“全覆盖”。督促各类从事动火等特种作业人员依法取得相应从业资格持证上岗，督促各单位、各团体、各企业进一步提高对动火等特殊作业过程风险的认识，完善和落实动火等特殊作业管理制度，严格作业程序确认和许可审批，加强作业现场监管，坚决杜绝因特殊作业管理缺失引发的事故。

（四）严格监督管理，全面落实单位消防安全主体责任。全省各级人民政府应当按照属地管理的原则，结合本地经济社会发展实际，加强对消防安全管理工作的组织领导；各机关、团体、企业、事业等单位要加强本单位消防安全管理，依法落实消防安全主体责任；各行业主管部门和公安机关消防机构要强化底线意识、责任意识、阵地意识，在各自职责范围内依法严格履行消防安全重点单位的行业准入、消防条件审查等职责，加强对消防重点单位经营活动和消防设施管理的日常监督检查，严厉打击和查处未批先建、边审边建、无证经营等违法违规行为；文化部门要强化对娱乐场所的设立审查，依法严格履行审批程序，坚决杜绝人情审批、随意审批和擅自放宽审批条件的行为，切实对审批结果负责；公安机关消防机构和派出所要结合辖区实际，加强对社会单位尤其是消防重点单位的消防安全监督检查，并根据单位消防安全情况确定检查频次，要及时掌握辖区内社会单位消防安全管理及生产经营活动动态，对具有倾向性苗头的单位实施重点监管，全方位督促社会单位依法落实消防安全主体责任。同时，公安机关消防机构要加强对社会消防技术服务机构的监管，督促其遵循客观独立、合法公正、诚实信用的原则，依法诚信经营，切实保证消防技术服务质量。

（五）强化消防宣传，全面提升社会公众防范自救能力。全省各级人民政府、各有关部门要深刻汲事故教训，进一步加强消防安全宣传教育力度。充分利用广播电视、互联网、新闻媒体等舆论工具加大消防宣传力度，提高全民消防意识和事故防范应对能力。要有针对性地对外来务工人员加强宣传培训，提高其消防安全意识和扑救初期火灾、逃生自救能力。要督促社会单位建立健全消防宣传培训制度，健全管理机构，明确消防安全责任，定期开展消防安全宣传和技能培训，对新入职人员全面深入开展岗前消防安全教育，强化对单位消防管理人员和操作人员的技能培训，使之在关键时刻切实发挥专业技术作用。要畅通群众举报投诉渠道，广泛发动群众举报火灾隐患，形成全面清剿火患的良好氛围。

十六、杭州市西湖区桐庐野鱼馆“7·21”燃气爆燃事故

2017 年 7 月 21 日上午 8 时 32 分，位于杭州市西湖区古墩路与灯彩街交界路口南侧的桐庐野鱼馆因液化石油气泄漏发生爆燃事故，共造成 3 人死亡、44 人受伤，直接经济损失 700 余万元。

事故发生后，国务院和省委、省政府高度重视，中央书记处书记、国务委员杨晶，国务委员王勇，省委书记车俊，省长袁家军等领导先后作出重要批示，要求全力救治伤员，查清事故原因，抓紧排查城市公共安全隐患，严防类似事故再次发生。省市区各级政府部门在接到事故报告后迅速启动应急响应预案，第一时间调集专业力量开展抢险救援、伤员救治和善后等工作。国家安监总局派出由监管二司、应急救援指挥中心以及中国城市燃气协会专家组成的工作组到现场对事故救援和调查工作进行指导。

一、基本情况

(一) 事故发生单位概况

1. 相关证照办理情况

桐庐野鱼馆系店面招牌名，工商注册名为杭州市西湖区由头粉面饭店，类型为个人经营，注册经营者：陈某萍，实际经营者：盛某俊，经营场所：杭州市西湖区三墩镇新世纪花苑C幢5号（古墩路1177号），注册号：330106600266556，经营范围：中式餐制售（不含凉菜、裱花蛋糕、生食海产品，在有效期内方可经营），营业期限：2010年7月28日至长期。2012年3月，桐庐野鱼馆店主盛某俊为扩大经营规模，通过转让方式获得杭州市西湖区由头粉面饭店的店面，并一直使用该店面的工商营业执照和餐饮服务许可证从事经营活动，直至事故发生前该餐馆未办理工商变更登记，故店面悬挂的桐庐野鱼馆招牌名称与工商登记注册名称不符。

该店餐饮服务许可证（浙餐证字号：2010330106000998）有效期至2016年7月1日。根据《杭州市大气污染防治规定》有关条文要求，杭州市市场监督管理局于2016年9月21日下发了《关于明确环保审批不再作为工商登记前置审批事项等有关问题的通知》（杭市管〔2016〕219号），当地工商行政管理部门依据该通知要求，暂停核发该店食品经营许可证，待杭州市人大法工委明确后进一步规范实施。

依据相关消防法律法规规定，桐庐野鱼馆经营场所投入使用前需通过消防合法合规审查和安全检查。经查，该店于2012年扩大店面后（餐馆建筑面积达到350平方米），并未依法主动报请消防验收备案等手续，也未主动向当地消防部门申请投入使用、营业前消防安全检查。

2. 营业场所结构布局情况

桐庐野鱼馆所在建筑系二层砖混结构的沿街商铺，西面为新世纪花苑小区内院，东面大门正对沿街道路，南北两侧与其他沿街商铺相连。餐馆营业场所由租赁的5间店铺组成，分上下两层，建筑面积350平方米。其中，一层主要为点菜区、卡座、厨房、储物间等，二层为包厢。该餐馆利用一至二层楼梯下的空间专门隔出一小间，用于存放液化石油气钢瓶和醇基液体燃料储罐，储存间内的液化石油气钢瓶通过输气管连接气化器，再从气化器连接至灶台。储存间内未设置可燃气体浓度报警装置。

3. 餐馆燃料供应及使用工艺

结合现场勘查和相关人员笔录情况，该餐馆使用的燃料主要有液化石油气和醇基液体两种，液化石油气主要用于炖鱼汤和菜品的加热、保温，醇基燃料主要用于大火炒菜。

该餐馆使用的液化石油气钢瓶有 YSP118—Ⅱ（以下简称 50 kg 钢瓶）和 YSP35.5（以下简称 15 kg 钢瓶）两种型号，公称容积分别为 118 L 和 35.5 L。其中，50 kg 钢瓶使用时，放出的液体经高压橡胶软管与集气管连接后进入气化器气化，气化后的石油气经一次减压后通过供气主管送至厨房，并经二次减压后通过橡胶软管送至液化石油气灶具使用；15 kg 钢瓶使用时，安装在角阀上的减压阀将压力减压至 2.8 kpa 左右，通过橡胶软管连接液化石油气灶具使用。经查，事发前餐馆内液化石油气总储量 180 kg 左右。

餐馆内醇基液体燃料采用 900 L 容量的容器储存，使用时通过即管及阀门输送至专用醇基燃料灶，灶具的燃烧原理：燃料先从管路进入到油嘴中进行加热，当温度达到 65℃左右，液体燃料逐渐转化成气体，再回流到燃烧室内被燃烧的火焰点燃，灶具底部通过风机不断的向燃烧室内进行吹风，加大燃烧力度。经查，事发前餐馆存有醇基燃料约 400—450 kg。

4. 营业场所人员留宿情况

通过向事故餐馆员工及周边店铺人员询问了解，该餐馆共有 17 名员工（含店主），或自己租住房屋，或由店主盛某俊提供租住场所，店内无员工住宿的情况。

5. 政府部门监管情况

经查，该餐馆属三墩镇兰里社区所管辖区，双方于 2017 年 2 月 15 日订了安全生产（消防安全）责任书。自 2017 年初至事故发生前，三墩镇政府、辖区派出所、兰里社区对桐庐野鱼馆进行过多次消防安全宣传和监督检查，三墩派出所先后对其电动车违规充电、消防器材挪用等消防违法行为进行了处罚。

（二）事故涉及相关单位概况

1. 非法液化气经营户

（1）陈某海，无工商营业执照，未经燃气经营行业入职培训，不具备液化石油气经营资质和危险品运输资质。经查，陈某海自 2017 年 6 月开始违法从事液化石油气经营贩卖、运输行为，桐庐野鱼馆所使用的 50kg 液化石油气钢瓶由其从临安大平液化气有限公司充装后提供。

（2）杨某选，无工商营业执照，未经燃气经营行业入职培训，不具备液化石油气经营资质和危险品运输资质。经查，杨某选自 2016 年 6 月一直违法从事液化石油气经营、运输行为，伙同陈某海违法使用厢式货车（杨某选所有）采购运送液化石油气。

2. 液化气充装单位

临安大平液化气有限公司（以下简称临安大平），统一社会信用代码：91330185691730554H（营业执照有效期至2019年7月28日），燃气经营许可证编号：浙201601040002P（有效期至2020年5月29日），气瓶充装许可证编号：TS4233703—2017（有效期至2017年12月13日）。经查，杨某选、陈某海从事液化石油气非法经营生意后，一直将临安大平作为气瓶灌装点，该公司在为2人充装液化气时，未进行充装信息登记，并故意关闭监控。

3. 醇基液体燃料供销单位

（1）杭州硕信能源科技有限公司（以下简称杭州硕信能源）系桐庐野鱼馆所使用醇基液体燃料供应商。危险化学品经营许可证登记编号：浙杭（西）安经（2016）03000097号（有效期至2019年1月29日），许可范围：不带储存经营，其他危险化学品：丙酮、甲醇、乙醇［无水］、过氧化氢溶液［27.5%＞含量＞8%］、含易燃溶剂的合成树脂、油漆、辅助材料、涂料等制品［闭杯闪点≤60℃］。经查，2017年4月以来，该公司为桐庐野鱼馆安装醇基液体燃料专用灶具，并将购买的甲醇按一定比例掺水稀释后制成醇基液体燃料，在未取得危险品运输资质的情况下，通过企业的五菱面包车运输销售给桐庐野鱼馆。

（2）宁波有鸿贸易有限公司（以下简称宁波有鸿贸易），系向杭州硕信能源销售甲醇的单位。危险化学品经营许可证编号：甬K安经（2016）0086（有效期至2019年7月14日），许可范围：其他危险化学品：乙酸乙酯、乙酸甲酯、乙醇（无水）、氢氧化钠、甲醇、2－丙醇、氨溶液［含氨＞10%］、氨。经营方式：票据贸易。经查，该公司没有仓库、物流等设施，杭州硕信能源提出供货需求后，宁波有鸿贸易向江苏、福建等地上游生产厂家购买甲醇，并联系物流运货销售给杭州硕信能源。

二、事故发生经过、应急救援及善后情况

（一）事故发生经过

7月20日晚桐庐野鱼馆停止营业后，店主盛某俊于23时左右最后锁门离开，其时餐馆内的制冷机、冰箱、冰柜，以及液化石油气气化器等电气设备均处于通电或开启状态。7月21日上午8时左右，与桐庐野鱼馆北侧贴邻的台州名小吃店内，李某玉在厨房做面皮时闻到一股煤气味。8时20分左右，李某玉走到厨房外闻到更浓的煤气味。8时32分，桐庐野鱼馆内发生爆炸（事发时餐馆处于非营业状态），导致餐馆内储存的醇基燃料储罐破裂，泄漏油品被高热气体引燃形成大火，并在店铺内蔓延。8时51分，餐馆内一只50 kg液化石油气钢瓶受烘烤发生爆裂（二次爆炸），爆炸气浪将室内火焰带出，导致整个商铺剧烈大火。第一次爆炸产生的冲击波造成沿街多处商铺、事发时经过现场的B2公交车、出租车、私家车、电瓶车等不同程度受损和人员伤亡（2人当场死亡、45人受伤，其中1名伤员于8月3日因抢救无效死亡）。事故共造成3人死亡、44人受伤。

（二）应急救援

8时34分，杭州市公安局110指挥中心接警后，立即调动公安、消防及社会专业力量开展现场救援处置工作。8时42分，消防祥符中队4辆消防车首先到达现场控制火势，随后蒋村、大关、康桥、良渚等消防中队陆续赶到现场，共有5个中队、12辆消防车、72名消防队员参与扑救。8时51分，在消防队员施救过程中，现场发生二次爆炸，由于处置得当，未造成新的人员伤亡。9时10分，明火基本扑灭，45名伤员分别被送往省立同德、市二医院等省市医院，通过绿色通道第一时间进行救治。9时左右，杭州港华燃气有限公司专业人员赶到现场，将位于事故建筑西侧的天然气管道上下游阀门关闭，并对地下管网进行保压查漏。10时50分，杭州市液化气抢修平台与浙江中天煤气公司应急小分队赶到现场，将爆炸现场剩余液化石油气瓶转移到浙江中天煤气公司封存。12时58分，现场救援基本结束。

（三）善后处理情况

为确保伤员得到及时妥善医治，国家、省、市医疗机构积极配合，调配专家力量，共享医疗资源，国家卫计委、南京军区总院、北京301医院、304医院先后调派医疗专家赶到杭州会诊危重伤员，全力参加救治工作。杭州市西湖区政府调集

118名机关事业、社区工作人员，成立47个专项组，全力做好伤亡人员家属陪护、安抚等工作。

因爆炸造成周边小区部分楼层门窗严重受损，出于安全考虑，7月21日晚，当地政府动员7户居民全部安排到附近宾馆暂住，目前受损部位已修缮完毕，居民已回屋居住。7月23日上午9时50分，因事故停止供应的管道天然气经抢修后全部恢复通气。截至8月28日，已有34名伤情较轻人员出院，余下10名伤员继续住院治疗，3名遇难者遗体已全部火化。

三、事故原因和性质

（一）直接原因

经专家勘查取证和技术分析，认定造成事故的直接原因是：桐庐野鱼馆内一只连接气化器的50 kg液化石油气钢瓶瓶阀处于开启状态，在持续高温天气情况下，连接液化石油气灶具与二次减压阀的橡胶软管老化且连接不牢固致软管脱落，使气体持续泄漏，在厨房、气瓶间、备餐间这一联通的相对封闭区域形成爆炸性气体环境，达到爆炸极限后由冰箱压缩机启动时产生电火花点燃而引发爆炸。爆炸产生的冲击波导致醇基燃料储存供应系统、液化石油气储存供应系统物理结构破坏，醇基燃料及现场其他可燃物质发生剧烈燃烧导致临近的一只50 kg液化石油气钢瓶受高温烘烤而超压爆裂，发生第二次爆炸（物理爆炸），整个餐馆持续大火。

（二）间接原因

（1）桐庐野鱼馆未落实安全生产主体责任，经营场所未依法经消防审查合格擅自投入使用；在气瓶储存间堆放醇基液体燃料等易燃易爆物品，存在重大隐患；经营管理者安全意识淡薄，长期向无经营资质的个人购买液化石油气，导致正常情况下应由燃气供应商提供的用户安全用气指导和用气设施安全检查等服务缺失；餐馆使用的部分液化气连接软管的外观和标识均不符合国家标准规范要求且长期未更换；液化气使用安全管理不规范，未建立燃气使用安全管理制度，未组织操作维护人员参加燃气安全知识和操作技能培训。

（2）三墩镇政府未按《安全生产法》《浙江省安全生产条例》等法律法规要求认真落实安全生产属地监管责任，组织指导、跟踪督促镇相关职能部门、社区开展辖区沿街商铺消防安全整治不力。

（3）三墩镇派出所未按《消防监督检查规定》《浙江省公安派出所消防监督检

查实施办法》等规定要求认真履行监督检查职责，日常消防监督工作存在漏洞，在多次检查中均未发现桐庐野鱼馆经营场所未依法经消防审查合格擅自投入使用的问题。

(4) 杭州市西湖区城管局未认真履行《杭州市城管委关于进一步加强市区燃气执法工作的意见》等有关职责规定，对燃气监管执法职责认识不够清晰，对辖区餐饮企业燃气使用环节的监督检查不重视，打击查处辖区内燃气非法经营行为不力，日常监管工作存在漏洞。

(5) 杭州市城管委未认真履行《杭州市燃气管理条例》有关职责规定，对燃气经营、使用和安全管理等活动的监督检查存在漏洞，组织开展全市性燃气执法整治工作不够深入彻底，对下级区（县）开展燃气执法工作督促指导不力。

(6) 杭州市西湖区消防大队未认真履行《消防监督检查规定》等有关职责规定，对乡镇派出所、社区以及物业管理等单位履行消防安全职责的业务指导和监督检查不力。

(7) 杭州市西湖区商务局未认真履行餐饮行业安全生产管理职责。经查，杭州市西湖区安委会于2017年印发的《西湖区进一步明确安全生产工作职责规定》中明确由区商务局负责做好餐饮业安全生产监督管理工作，但该局对应承担的工作职责重视不够，自文件印发以来，未按照“管行业必须管安全”要求，研究制定具体措施督促、指导辖区餐饮企业开展安全生产工作。

(8) 杭州市西湖区安监局未认真履行《安全生产法》有关职责规定，在督促检查、组织协调有关职能部门落实安全生产法定要求方面不够到位。

(9) 杭州市西湖区人民政府未认真贯彻落实燃气管理法律法规和上级有关餐饮场所燃气安全工作部署，对区有关部门、乡镇（街道）履行安全监管职责、做好瓶装燃气安全相关工作组织领导、督促检查不力。

(三) 事故性质

经调查认定，这是一起较大生产安全责任事故。

四、事故整改措施：

(一) 严格相关主体安全责任落实，防患于未然。使用瓶装燃气的餐饮服务单位、经营瓶装燃气的企业和个人等主体要严格履行《安全生产法》《消防法》《城镇燃气管理条例》等规定的安全生产法定职责，落实隐患排查治理责任，从源头上防范事故发生。各餐饮燃气用户要严格执行建设工程消防设计备案、竣工验收消防备案和开业前消防安全检查等要求；建立并落实燃气设施管理使用安全生产责任制、操作规程，加强对操作维护人员安全教育培训；使用有资质的单位提供的瓶装燃气，明确专人负责安全管理和日常检查；使用合格的输气软管配件，对到设计使用年限的要及时更换。各燃气经营主体要严格按经营许可范围经营，落实瓶装燃气固定充装和销售实名制登记制度，严禁充装非自有产权气瓶、向未取得燃气经营许可证的单位或者个人提供用于经营的燃气，严禁未经许可从事瓶装燃气道路运输；做好燃气用户安全用气的指导和定期检查，及时消除事故隐，患。

（二）严格政府部门安全监管职责，确保监管到位有效。各级政府、有关职能部门要深入贯彻落实《中共中央 国务院关于推进安全生产领域改革发展的意见》，坚持“党政同责、一岗双责、齐抓共管、失职追责”以及“管行业必须管安全、管业务必须管安全、管生产经营必须管安全和谁主管谁负责”的原则，严格落实行业监管和属地监管责任。公安消防和基层派出所要加强对社区、物业等单位履行消防安全职责情况的业务指导和监督检查，并将餐饮经营场所的消防审批合法合规情况作为监督检查的重点，依法查处餐饮场所投入使用、营业前未经消防安全检查或检查不符合消防安全要求等行为。建设规划、城市管理、质监、公安、交通、商务等部门要按照各自职责分工，从行业规划、产业政策、技术标准、行政许可、监管执法等方面加强城镇燃气、餐饮等行业安全生产工作，严厉打击查处燃气经营、充装、运输、使用等各个环节的非法违法行为，进一步规范市场秩序。各级政府要加强组织领导和协调，充分发挥消防、城镇燃气、特种设备、商贸等安全生产专业委员会作用，认真分析研究辖区内非法经营和使用燃气、沿街商铺合用场所等影响公共安全的突出问题，建立完善部门信息互通、协调联动、齐抓共管的监管机制，为城市安全运行提供组织和政策保障。

（三）加强对餐饮场所新燃料、新工艺的安全风险评估和管控。各级政府及有关部门要树立隐患就是事故的观念，高度重视餐饮公共场所使用新燃料、新工艺存在的风险问题，按照国家关于构建安全风险分级管控和隐患排查治理双重预防机制要求，发挥专家和第三方专业机构在安全风险识别、管控措施制定、隐患排查治理等方面技术支撑作用，对新燃料、新工艺等在城市公共区域流通、使用各个环节的安全风险进行全面辨识和评估。要强化源头治理，综合运用法律、经济、行政手段和技术管理措施，把可能导致的后果限制在可防、可控范围之内。针对目前中型餐馆普遍使用醇基液体燃料、液化气气化工艺等，但在气化器、管道等设备设施的安装使用方面缺少国家或行业规范标准，以及醇基液体燃料在生产经营储存、道路运输、灶具产品质量和安装使用等方面还存在监管漏洞和薄弱环节，要加大政策的制约和引导力度，加快制定相应的地方法规和行业标准，严格设定准入门槛。进一步明确部门监管职责，建立健全联合执法、违法线索通报、案件移送协查等机制，加大对违法违规的醇基液体燃料储存、经营、运输、使用企业的曝光和联合惩戒力度，督促相关生产经营单位落实安全生产主体责任。

（四）加大燃气使用安全科普宣传力度，提升事故防范能力。各级政府及有关部门要充分利用报纸、广播、电视、网络等媒体途径，多渠道地开展燃气使用安全知识宣传普及和燃气事故案例警示教育，提高社会公众和燃气用户防范燃气泄漏爆炸的安全意识和操作技能。依托专业监管部门、行业协会等社会组织的信息资源和专业优势，加强对社区工作人员、物业管理人员的燃气、消防业务知识培训，在燃气使用量大的餐饮企业推广应用燃气泄漏报警装置和紧急事故自动切断阀等安全技术，提高燃气安全人防技防水平。加快城镇管道燃气建设，增加燃气管网覆盖面，鼓励餐饮企业用户使用管道燃气，压缩瓶装燃气使用空间。健全和畅通燃气安全隐患举报渠道，充分调动社会公众全面参与、主动监督、自觉举报的积极性，推进燃气安全隐患群防群治。